土工合成材料-尾矿复合体界面力学特性及工程应用

Interface Mechanical Properties of Geosynthetics-tailings Complex and Its Engineering Application

易 富 杜常博 李 辉 著

U0315598

北 京

冶金工业出版社

2022

内 容 提 要

本书共 10 章，分别介绍了土工格栅-尾矿复合体界面特性试验、土工格栅-尾矿复合体界面力学模型、土工格栅加筋尾矿流变模型分析及加筋堆积尾矿坝模型试验，然后介绍了模袋充灌特性试验、模袋材料界面剪切特性试验、土工模袋-尾矿复合体界面剪切特性以及模袋界面渐进破坏模型。最后，介绍了辽宁鞍钢矿业集团齐大山选矿厂风水沟尾矿库进行的土工合成材料加筋尾矿堆积坝现场试验。

本书可供尾矿坝筑坝、加固领域的科研人员、企业技术人员或管理人员阅读，也可作为高等院校矿物加工工程专业师生的参考书。

图书在版编目(CIP)数据

土工合成材料-尾矿复合体界面力学特性及工程应用／易富，杜常博，李辉著 . —北京：冶金工业出版社，2022.7

ISBN 978-7-5024-9221-2

Ⅰ.①土… Ⅱ.①易… ②杜… ③李… Ⅲ.①尾矿坝—筑坝—研究 Ⅳ.①TD926.4

中国版本图书馆 CIP 数据核字(2022)第 141829 号

土工合成材料-尾矿复合体界面力学特性及工程应用

出版发行	冶金工业出版社	**电　话**	(010)64027926	
地　址	北京市东城区嵩祝院北巷 39 号	**邮　编**	100009	
网　址	www.mip1953.com	**电子信箱**	service@ mip1953.com	

责任编辑 王梦梦　**美术编辑** 燕展疆　**版式设计** 郑小利
责任校对 梁江凤　**责任印制** 禹　蕊

北京建宏印刷有限公司印刷

2022 年 7 月第 1 版，2022 年 7 月第 1 次印刷

710mm×1000mm　1/16；16 印张；311 千字；244 页

定价 89.00 元

投稿电话 (010)64027932　投稿信箱 tougao@cnmip.com.cn
营销中心电话 (010)64044283
冶金工业出版社天猫旗舰店 yjgycbs.tmall.com
(本书如有印装质量问题，本社营销中心负责退换)

前　言

尾矿库安全是矿山安全的一个重要方面，尾矿库一旦失事将给下游人民造成巨大的生命财产损失。2008 年 9 月 8 日发生的山西省某矿业公司尾矿库溃坝事故造成了 271 人死亡，是迄今为止全世界最大的尾矿库事故；2017 年 3 月 12 日，湖北省黄石市大冶铜绿山铜铁矿尾砂库发生溃坝事故，造成 2 人死亡，1 人失踪。尾矿坝的稳定与安全正成为广受关注和富有挑战性的研究方向。

由于可利用土地资源量逐渐减小和单位土地资源价值不断上升，通过加高尾矿坝的方式增加尾矿库的容量成为矿业企业解决尾矿排放问题的主要方法。目前土工合成材料已成功应用于边坡、路基、岸堤、软基及挡土墙等众多加筋结构中，起到增强土体强度和稳定性的作用，将土工合成材料应用于尾矿库筑坝工程中，可有效提高尾矿坝的边坡坡度，增强其稳定性。通过土工合成材料加筋尾矿坝的工程措施解决现有尾矿库的增高扩容问题，增加其服役期限，是解决尾矿库安全问题的一个有效方法。

尾矿砂作为散体颗粒材料，抗剪强度低是其最突出的工程特性，土工合成材料加筋尾矿坝的作用机制体现为部分压应力通过尾矿砂与加筋材料的界面摩擦转化为对加筋材料的拉应力，使尾矿坝内部应力场重新分布。同时借助于尾矿砂和加筋材料的界面摩擦，限制了尾矿砂的变形，从而提高尾矿坝抗剪强度和整体结构的稳定性。在上述增强加固原理中，土工合成材料与尾矿砂的界面力学特性和协同变形机制是保证整个尾矿坝安全稳定的关键。该研究将有助于提高我国广泛采用上游法筑坝方式的尾矿坝的稳定性，对于土工合成材料在矿山安全中的应用和推广具有重要的工程价值，对于深入研究散体颗粒材料和柔性夹层的界面力学特性和协同作用的机制、推动矿山安全和土工合成材料等相关学科的发展具有重要的科学意义。

本书共 10 章，第 1 章介绍了土工合成材料与加筋尾矿堆积坝的产生背景及国内外现状；第 2 章介绍了土工格栅-尾矿复合体界面特性室内试验，包括直剪、拉拔和三轴试验；第 3 章介绍了土工格栅-尾矿复合体界面力学模型；第 4 章介绍了土工格栅加筋尾矿流变模型；第 5 章介绍了土工格栅加筋堆积尾矿坝模型试验；第 6 章介绍了土工模袋充灌特性试验；第 7 章介绍了土工模袋材料界面剪切特性试验；第 8 章介绍了土工模袋-尾矿复合体界面剪切特性；第 9 章介绍了土工模袋界面渐进破坏模型；第 10 章介绍了辽宁鞍钢矿业集团齐大山选矿厂风水沟尾矿库进行的土工合成材料加筋尾矿堆积坝现场试验，开展了 4 种不同型式尾矿堆积坝（常规坝、土工格栅加筋坝、土工布加筋坝和土工模袋法筑坝）现场原型试验。

本书内容丰富，理论联系实际，可供尾矿坝筑坝、加固领域的科研人员、企业技术人员、管理人员与高等院校师生阅读参考。

本书内容涉及的项目《尾矿砂与土工织物界面宏细观力学特性及协同变形机制研究》得到了国家自然科学基金的资助（51774163），在此表示感谢！

本书撰写过程中，多次进行了研讨和现场调研，得到过很多朋友和同事的帮助，特别感谢辽宁工程技术大学孙琦教授、李军副教授、葛丽娜老师以及辽宁科技学院高健老师，他们对本书的内容提出了宝贵意见和建议，作者在此表示衷心感谢！作者的硕士研究生张利阳、于犇、金洪松、牛犇、徐展、程传旺、卢欣鑫等也为本书的出版做了大量工作，在此一并表示感谢。

　　由于作者水平所限，书中不妥之处，敬请广大读者和同仁批评指正。

作　者

2022 年 5 月

目　　录

1 绪 论

1.1 概 述

近年来，矿产资源开发中的环境、安全问题引起国家和社会的极大关注和重视[1]。尾矿是伴随金属矿山企业选矿而产生的固体废弃物。据不完全统计，截至 2019 年，我国尾矿储量高达 600 亿吨，并以 16 亿吨/年的速度逐年递增[2]。然而，仅有少量粗尾矿用于构筑尾矿坝、充填采区、制作建筑材料等，多数尾矿特别是细粒尾矿利用率极低，尾矿再利用率不足 20%[3]。

坝体失稳、地震液化、洪水漫顶和坝体渗漏等原因都可能造成尾矿库事故。1960 年至 2000 年，我国发生重大尾矿库事故 10 起[4]；2001 年至 2015 年，我国共发生尾矿库事故 99 起[5]；将上述 109 起尾矿库事故进行分类，列于表 1-1。

表 1-1 尾矿库事故分类

类型	溃坝	渗漏	塌方	机械	溺水
次数	69	36	2	1	1
频率/%	63.30	33.03	1.83	0.92	0.92

尾矿库溃坝是造成尾矿库事故的主要原因。溃坝产生的滑体及其堆积物可能直接掩埋村庄、堵塞河道、毁坏道路、破坏农田，其中的有害物质还会对周边环境造成严重污染，部分溃坝危害如图 1-1 所示。

  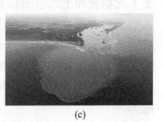

(a) (b) (c)

图 1-1 溃坝危害

(a) 掩埋村庄；(b) 冲毁道路；(c) 污染环境

2020 年 3 月，应急管理部印发的《防范化解尾矿库安全风险工作方案》中明确指出：自 2020 年起，在保证紧缺和战略性矿产矿山正常建设开发的前提下，全国尾矿库数量原则上只减不增。因此，为保护下游居民生命、财产安全，保护周边生态环境，同时确保矿山企业正常运营，金属矿山企业通过在保证安全前提下增加尾矿坝子坝的高度和坡比，以期实现尾矿库扩容。上游法筑坝施工工艺简单、施工初期成本低，我国约 80% 的尾矿库利用砂石材料或粗粒尾砂实施上游法筑坝。随着我国生态文明建设的持续推进，国家已明令限制砂石资源开采。上述国家政策为金属矿山企业的尾矿库建设及运营指明了发展方向：就地取材，利用库存尾砂筑坝实现尾矿库增高扩容。

然而，排放至尾矿库内的尾砂粒径随着选矿工艺的提升变得越来越细[6]。细尾砂具有强度低、不易固结、渗透性差等缺点。继续采用传统施工工艺，不仅难以用细尾砂筑坝，即便构筑成坝也会出现坝体浸润线升高、稳定性变差等安全隐患[7]。

1.2 土工合成材料与加筋尾矿堆积坝

土工合成材料诞生至今已百余年，它是以人工合成的高分子聚合物为原料，制成土工布、土工格栅、土工膜等产品，将其放置于岩土结构表面、内部或不同岩土结构之间，起到增强结构强度、反滤及防渗等作用，广泛应用于路基、边坡、垃圾填埋场等工程[8,9]。早期的土工合成材料，按照其是否透水可划分为土工织物（土工布）和土工膜两大类。土工织物可透水，常用其排水或反滤特性，多用于地基、堤坝等的加固；土工膜则不可透水，常用于垃圾填埋场隔离地下淋滤液。伴随着土工合成材料生产技术的进步和社会需求的改变，诸多新型土工合成材料应运而生，例如：聚苯乙烯泡沫塑料、土工网、土工布与土工膜复合材料、土工织物包裹砂、石等散粒材料形成的包裹系统等。土工织物包裹系统依据尺寸和形状的不同可划分为土工充填袋、土工包和土工模袋（管袋）三种[10]。土工充填袋和土工包的长宽比均较小，通常小于 2，呈正方形或长方形；二者的区别是后者尺寸远大于前者，土工充填袋长度约 1m。抗洪抢险工程中所用的袋装碎石属于土工充填袋，土工包则常用于软基处理。土工模袋亦称为管袋，其区别于土工充填袋和土工包的显著特点是长宽比较大。因此，土工模袋多用于某方向尺寸明显大于其他方向尺寸的工程中，例如：堤坝建设、海岸线防护、围海造陆等。

目前，对于细粒尾矿还没有严格的定义。蔡清[11] 认为颗粒粒径大于0.075mm 的质量占土粒总质量的 50% 以下，排放到尾矿库的尾矿为细粒尾矿。用这种细粒尾矿材料堆坝很难，要堆高坝就更难，Dharma Wijewickreme 等人[12]通过循环直剪试验确定了三种类型的细粒尾矿的力学响应。Martin 等人[13] 指出细粒尾矿的抗剪强度是不确定的，上游法堆积细粒尾矿难以保证尾矿坝的稳定性。我国对于尾矿筑坝加固的研究与实践已经起步，取得了一些研究成果。陈守义[14]分析了影响细粒尾矿堆坝稳定的不利因素，结合已有的国内细粒尾矿筑坝经验，提出了几点解决问题的途径，包括：尽量避免使用细粒尾矿筑坝，对细粒尾矿堆坝进行加固等。赵晖[15]结合国内外筑坝实践，提出采用土工布（加筋处理）筑坝技术来增加坝体抗滑力，对尾矿坝外坡、坝壳部分采用土工织物进行加固防护。魏作安[16]、魏发正[17]采用土工格栅加固了尾矿堆积坝，以提高堆积坝的稳定性，并建立了以土工格栅作为加筋材料的加固设计方案。孙国文等人[18]分析了干滩长度、坡比、尾矿砂密实度及浸润线高度对坝体稳定性的影响及细粒尾矿堆积坝的加固与一般尾矿加固的区别，并指出细粒尾矿堆积坝的加固所采用的措施和方法不应很复杂，也不可能采用机械大规模进行，以保证尾矿库持续使用而不至停产。周燕锋[19]的研究表明，使用土工格栅加筋尾矿堆积子坝可以提高坡比，增加库容。魏作安等人[20]的研究结果表明，土工格栅端部卷轴式加筋法比普通平铺法加筋效果更优。周汉民[21]介绍了处理细粒尾矿填坝问题的标准，同时介绍了几种新技术及其在细尾矿坝工程中的应用，并提出了今后的发展方向。

1.3 土工合成材料-尾矿复合体界面力学特性研究现状

1.3.1 土工格栅-尾矿复合体界面力学特性

1.3.1.1 加筋复合体界面特性试验研究

尾矿是特殊的人工砂石散体材料，力学性质易受到外界环境影响，容易导致尾矿结构的失稳，土工格栅由于其独特的网孔结构，能够对尾矿颗粒产生镶嵌和咬合作用，从而提高加筋尾矿结构的稳定性[22]。在土工格栅加筋尾矿结构设计中需要了解土工格栅-尾矿的界面作用特性[23,24]，因为它直接决定加筋结构的稳定性，其中界面强度参数（包括界面强度指标似黏聚力、似摩擦角及似摩擦系数）是进行加筋结构设计分析的重要参数。

A 直剪拉拔试验装置研制

近年来，筋土界面特性试验装置的研制一直就备受关注，分析筋土界面作用特性的试验装置主要是直剪试验装置和拉拔试验装置，由于试验机理的差异，这导致使用这两种装置得到的试验结果也有很大不同[25-30]，国内外许多学者对直剪和拉拔这两种试验装置进行了大量研制和改装：C. S. Desai 等人[31]研制了多自由度循环直剪仪；M. Sugimoto 等人[32,33]研制了主要用于分析土工格栅与砂土界面作用的中型拉拔测试仪，尺寸为 680mm×300mm×620mm，竖直加载采用了双面气囊；张嘎等人[34]研制了剪切盒尺寸为 250mm×250mm、500mm×360mm 的大型接触面循环加载剪切试验机；徐林荣等人[35]研制一套适用于研究土工格栅与膨胀土界面特性的室内模型试验装置；N. Morci 等人[36]通过尺寸为 1700mm×600mm×680mm 的拉拔箱对筋土界面特性影响因素进行了拉拔试验研究；杨和平等人[37]为分析土工格栅与膨胀土界面特性研制了 CS-LB01 大型数控土工合成材料拉拔试验系统；刘炜等人[38]研制了 500mm×500mm×400mm 大尺寸直剪仪；肖朝昀等人[39]采用大尺寸直剪仪研究了 HDPE 土工膜与无纺土工布的界面剪切性能；陈凯等人[40]利用 DSJ-2 型电动四联等应变直剪仪，分别进行了黏土与不同粒径砂和不同含水率砂的直剪试验；王军等人[41]应用美国公司生产的 ShearTrac Ⅲ 直剪仪，开展了玻璃纤维土工格栅与标准砂的室内直剪试验；高俊丽等人[42]改装了现有大型拉拔剪切仪，使加载方式能够实现柔性承压和刚性承压；蔡剑韬[43]应用叠环式剪切试验机分析了土工格栅与膨胀土的界面特性；王家全等人[44]研制了一台大尺寸可视直剪试验装置，实现了直剪试验过程的可视化和数据自动化采集；易富等人[45]改装的拉拔设备采用万能试验机施加水平拉力，竖向荷载由砝码控制；孟凡祥等人[46]研制了土工合成材料剪切仪，可进行土工合成材料直剪和拉拔试验，但其设备尺寸较小且两种试验箱底面积不同。但目前国内外还没有一种公认的标准或试验方法，所研究的装置均有不足之处：首先，试验过程的可视化，可以进行界面特性的细观分析；其次，直剪试验和拉拔试验需用两种试验装置进行，不能在同一装置进行两种试验且保证试验箱底面积相同，方便进行两种试验的对比分析；最后，试验数据的读取与处理存在误差。所以，研制出新型土工合成材料直剪拉拔摩擦试验系统至关重要。

B 不同土工格栅网孔尺寸的界面特性试验研究

目前加筋尾矿结构中土工格栅的选用未考虑网孔尺寸的影响，仅考虑土工格栅的极限抗拉强度，致使土工格栅网孔尺寸的选用还存在较大的人为性，所以研究网孔尺寸对土工格栅-尾矿界面特性的影响至关重要。对于筋土界面特性的研究大多采用试验方法[47-49]，一般都以直剪和拉拔试验为主，但由于试验机理的差异，这两种试验得到的结果有很大不同，部分国内外学者对这两种试验方法进行了对比研究：Wang Z 等人[25]认为土的剪胀性在拉拔试验中比在直剪试验中表现得更明显；Niemiec J 等人[50]认为直剪试验的内摩擦角相对比较稳定，而拉拔试验的内摩擦角会随着土工合成材料拉伸强度的降低而减小；张嘎等人[28]得出直剪试验和拉拔试验都不能完整反映筋土界面作用特性，但二者可相互补充；张波等人[51]认为拉拔试验获得的界面参数会大于直剪试验的结果；史旦达等人[30]通过直剪和拉拔试验对比了单、双向土工格栅加筋工况，认为填料对双向土工格栅的嵌锁咬合力增强，宏观上表现为较高的界面黏聚力，加筋效果优于单向土工格栅；孟凡祥等人[46]认为玻璃纤维土工格栅界面剪切强度在拉拔试验得到的比直剪试验得到的小，而机织土工布界面剪切强度在两种试验中接近，但对应的峰值相差较大；刘文白等人[29]认为直剪试验在格栅与土相对位移较小时能反映实际情况，拉拔试验却在相对位移较大时能反映实际情况；杨敏等人[52]研究土工布与黄土界面摩擦作用时发现，直剪试验曲线表现为硬化型，拉拔曲线表现成软化型。试验机理的差异导致直剪和拉拔两种试验得到的结果有很大不同，许多学者对这两种试验方法进行了对比研究土工合成材料与填料的界面作用特性[50,51,53-56]，填料主要为砂和土，土工合成材料大多针对土工织物。近年来，随着土工格栅的逐步应用，格栅与填料的界面作用特性开始逐渐被研究[27,57-61]，土工格栅因其具有网眼、肋条等独特的表面结构能发挥出镶嵌、咬合作用，已广泛应用于路基、岸堤、边坡及挡土墙等众多加筋结构中[62-64]，起到了增强土体强度和稳定性的作用，取得了良好的工程效果。但目前各类规范和标准中关于界面强度指标的取值并未考虑土工格栅特有的网孔结构，致使在实际工程中土工格栅的选用存在较大的人为性，唐晓松等人[65]提出了加筋界面由格栅-土体界面和土体-土体界面综合的摩擦作用，应该将土工格栅-土界面的摩擦作用从界面综合的摩擦作用中分离出来，采用土工格栅-土的界面摩擦作用表征土工格栅加筋效果。

C 加筋复合体界面强度特性研究

国内外主要通过直剪和拉拔试验研究筋土界面特性，但是三轴压缩试验也是研究筋土相互作用的有效手段，基于三轴压缩试验研究土工合成材料加筋砂土作用机理，一些国内外学者提出了"等效围压原理"和"准黏聚力原理"[48,66]。1974年Francois Schlosser和Nguyenthanh Long首先利用三轴试验研究加筋砂的力学特性。此后，一些学者开始通过三轴试验研究土工合成材料加筋砂土的强度特性及加筋效果[67-70]：Robert[71]通过三轴试验分别分析了围压对素土和加筋土抗剪强度指标的影响规律；赵川等人[72]采用大型三轴仪进行了素碎石土和加筋碎石土的排水剪切试验，分析了加筋碎石土应力-应变关系并提出了本构关系模型；吴景海等人[73]以6种不同种类的土工合成材料（土工织物、塑料拉伸土工格栅、经编土工格栅、玻纤土工格栅和土工网）为加筋材料，以砂和石灰粉煤灰为填料，进行三轴压缩试验比较不同种类土工合成材料对砂土的加筋效果；魏红卫等人[74,75]通过三轴剪切试验研究了加筋对黏性土体强度及应力-应变关系的影响及不同排水条件下的加筋效果；张孟喜等人[76]提出了立体加筋方法，通过三轴试验对比了立体加筋与普通加筋的差异，研究了立体加筋方式对强度及应力应变的影响；Khedkar等人[77]通过三轴试验对比了3种围压下纯砂、单层加筋砂和双层加筋砂的应力应变曲线；Khaniki等[68]通过加筋土三轴试验分别分析了围压对素土与加筋土的抗剪强度指标的影响规律；管振祥[78]通过窗纱加筋尾矿的固结排水三轴试验研究了尾矿力学性质随加筋层数的变化规律；Asha等人[79]根据多层土工格栅加筋颗粒底基层的静、循环三轴试验结果，确定了不同高度土工格栅加筋的集料强度和刚度特性；Chen 等人[80]将大型三轴试验与扫描电子显微术（SEM）和 X 射线能谱分析技术（EDX）相结合，分别进行了固结排水和固结不排水试验分析剪切过程中加筋土的微观结构变化；Nouri 等人[81]研究了在三轴单调排水条件下加筋砂的受力性能，确定了加筋砂的应力应变、体积变化特性和抗剪强度参数，并估算了加筋砂在不同应变水平下的强度比；晏长根等人[82]采用小比例土工格室模型进行了不同加筋方式的室内三轴试验，研究土工格室加筋黄土的剪切性能；王家全等人[83]通过 PFC3D 进行了三轴试验数值模拟，并与室内三轴试验结果对比验证，分析加筋层数对抗剪强度指标及细观参数的影响；Ying 等人[84]进行了玻璃纤维土工格栅垂直加筋黏土的松散不排水三轴试验，讨论了不同加筋直径、不同立筋高度和不同围压对加筋黏土强度的影响；为了评估碎石基层土工格栅加筋效益，Abu-Farsakh 等人[85]通过重复荷载三轴试验（RLT）对试件的弹性变形和永久变形进行了试验研究，试验结果表明，与未加筋土样相比，土工格栅加筋土样在循环荷载作用下的永久变形较小，土工格栅的几何形状和拉伸模量对试件的性能有显著影响；宁掌玄等人[86]和冯美生等人[87]进行了加筋层数为 1、2、4 层的聚丙烯机织布加筋尾矿的三轴压缩试验，研究加筋尾矿的变形及强度特征；Zheng 等人[88]为了研究玄武岩纤维增强尾矿（BFRT）的力学性能，进行了一系列的室内三轴试验，研究了纤维长度、纤维含量、粒径、干密度和围压 5 个参数对 BFRT 力学性能的影响。上述学者进行的土工合成材料加筋砂土的三轴试验主要针对强度特性，加筋材料主要是土工织物，其次是土工格栅；而尾矿属于特殊的人工散体砂，对于土工合成材料加筋尾矿的加筋效果及筋材有无的对比分析研究较少。

1.3.1.2　加筋复合体界面特性理论研究

A　筋土界面拉拔行为

在加筋结构设计中，为了使填料中产生的拉应力有效传递到筋材上，要求筋材具有足够的抗拉强度，以避免筋土界面的拉拔破坏。其中应力和位移是从拉拔端逐渐传递到自由端，因此材料的拉拔行为对这个渐进破坏过程有较大影响[89-91]。Lopes 等人[92]指出，填料的密实度、试样的围压及其拉拔位移的速率都会影响土工格栅的抗拔强度，并且随着上述影响值的增加而增大；陈榕等人[93]基于拉拔试验探讨了碎石配比含量和竖向应力对土工格栅拉拔阻力特性的影响；徐超等人[49]揭示了格栅横肋和纵肋在拉拔模式下的作用机制和格栅网格对拉拔阻力的影响；汪明元等人[94]对拉拔试验中土工格栅的应力、变形特征和界面摩阻力进行了理论分析，研究了格栅与压实膨胀土界面的拉拔性状；靳静等人[27]认为筋土界面拉拔力由界面摩擦力和横肋端承阻力两部分组成，拉拔位移较小时，拉拔力以界面摩擦力为主，随拉拔位移增大，横肋端承阻力逐渐成为拉拔力主要来源。由于拉拔试验过程中直接获得筋材不同位置的数据响应十分困难，为此许多学者都基于拉拔试验推导了筋土拉拔界面分析模型[95,96]。Konami等人[97]基于土工合成材料现场拉拔试验，提出了一种简单的条带弹性模型，对拉拔试验结果在屈服前拉拔行为和筋材的有效长度等方面得到了较好的预测；为了分析平面土工合成材料的抗拔性能，Abramento 等人[98]提出了基于剪滞理论的模型；Sobhi 等人[99]基于刚塑性剪切应力的可伸长筋材，提出了一种界面拉出模型；刘续等人[100]在拉拔条件下推导出了拉力和位移沿筋材分布公式。但目前还没有一个统一的界面拉拔公式分析模型，以用于筋土界面拉拔行为的分析。

  B 筋土拉拔界面理论模型

  土工合成材料在加筋工程中的应变硬化与应变软化是土工合成材料常见力学特性，许多关于筋土界面相互作用试验研究[10,102]中都强调了筋材的这一显著特性。史旦达等人[30]对比单、双向土工格栅加筋工况，认为单向格栅加筋时拉拔曲线一般表现为应变软化型，而双向格栅加筋拉拔曲线表现为应变硬化型。通常，评价筋土界面特性的力学试验主要有两种：直剪试验和拉拔试验。然而，在分析筋土界面内部稳定和相互作用时，采用拉拔试验[103]更合适，因为拉拔试验中应力和位移是从拉拔端逐渐传递到自由端，能够全面反应筋土的相互作用机理。一般情况下，对筋土界面特性理论方面研究需考虑剪应力与位移之间的关系[63,101,104-107]，Sobhi 等人[99]提出了基于弹塑性剪应力位移可伸缩性筋材的拉拔界面模型；Long 等人[108]采用抛物线拟合曲线来描述筋土界面的非均匀剪切分布；Gurung 等人[109]和 Misra 等人[110]采用双曲线计算模型分析界面剪应力与位移的变化关系；Gurung 等人[111]则在之前的研究基础上简化了锚固段的边界条件，利用双曲线模型进行拟合分析得到了锚固段的应力位移解；Esterhuizen 等人[112]提出了峰值前和峰值后都采用双曲线表示的位移软化模型；林伟岸等人[113]将峰值前、峰值后塑性软化和塑性流动的剪应力与位移变化均采用直线模拟；张鹏等人[114]提出三阶段弹塑性剪应力-位移模型，峰值前采用双曲线模拟，峰值后的塑性软化和塑性流动阶段采用直线模拟。上述筋土界面模型虽能较好地模拟拉拔行为，但未能考虑筋材拉拔全过程不同阶段界面的渐进破坏特性[114]。为了真实描述筋土界面拉拔过程中不同阶段的渐进破坏作用特性，国内外学者针对筋材应变软化特性提出了一些计算模型，例如 Hong 等人[115]用弹塑性理论模型来研究土钉与土界面的拉拔状态下的渐进破坏；Zhu 等人[116]和 Chen 等人[117]通过三参数模型推导了筋土界面轴力和剪应力在不同拉拔阶段的解析表达式。在关于筋土界面特性的研究中，对于应变硬化特性只有较少计算模型，而且至今还未有同时包含筋材应变硬化和应变软化两种塑性变形特征的计算模型。

  1.3.1.3 加筋尾矿复合体本构模型研究

  加筋尾矿是由土工格栅和尾矿两部分组成的复合体，其中土工格栅是高分子聚合物，变形表现出明显的流变特征[118]，尾矿是特殊的人工砂石材料。作为加筋材料，土工格栅在加筋结构中长期处于受拉状态，在长期荷载作用下表现出特有的蠕变和应力松弛特性，引起加筋结构内部应力状态的重新分布，对加筋结构的稳定性和变形产生较大影响。最初常用弹塑性理论研究土工合成材料的本构关系，不考虑土工合成材料变形的时间效应，如线性、双曲线、多项式[18,119,120]等经验模型；而近年来，考虑到土工合成材料的流变性能，一些学者提出了经验模型、元件模型和内时模型等流变模型[121-124]，表征加筋材料的黏弹塑性变形特征。对于元件模型来说，Sawicki[125]根据土工格栅蠕变试验结果，提出了三参数黏弹性模型（见图1-2（a））；该模型由弹簧和Kelvin体两部分串联而成，能够反映土工格栅低应力下的蠕变规律，但是格栅的起始蠕变点并非三参数模型计算出的，不能反映土工格栅的塑性特征；因而Sawicki为了考虑土工格栅的塑性变形，在三参数黏弹性模型的基础上增加1个线性塑性元件，提出了四参数黏弹塑性模型（见图1-2（b））。Kongkitkul等人[126]认为格栅弹塑性和流变性都是黏性的影响，提出了由弹性元件、非线性黏性元件和非线性塑性元件组成的非线性黏弹塑性模型（见图1-2（c）），这个模型能够模拟不同荷载速率的弹塑性行为，但涉及的公式较多，参数确定较为困难。在此基础上，研究加筋土的本构模型也考虑了加筋材料的流变特性，并把筋材和土体看成宏观均匀的复合材料，认为筋土的相互作用表现为内力[127]。加筋土的本构模型先后经历了从弹性、弹塑性到流变性的发展过程[125,128-130]。如A. Sawicki等人[131]认为筋材与土体之间不产生相对滑动，土体为满足莫尔-库仑破坏准则的理想弹塑性材料，加筋土宏观应力由筋材与土体的微观应力组成，建立了加筋土弹塑性模型；肖成志等人[132]、李丽华等人[133]、周志刚等人[134]在Sawicki的基础上提出了考虑筋材蠕变性能的加筋土流变模型。但现有很多加筋土本构模型都不是普遍适用的模型，在许多方面有待试验进一步验证。

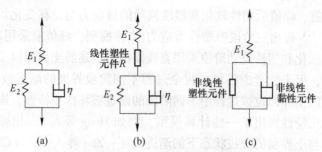

图1-2 常用的土工格栅元件模型

（a）三参数模型；（b）四参数模型；（c）非线性黏弹塑性模型

1.3.1.4 土工格栅加筋尾矿堆积坝模型试验研究

上述学者的研究成果均证实了上述模型能准确地描述界面的渐进破坏特征和

软化特征，但他们主要都集中对筋土界面、筋-筋界面及桩-土等界面的研究。模袋体为土工织物与固结土组成的复合土结构，模袋坝主要依靠模袋体间的摩擦力抵抗库内尾砂的土压力，有关模袋复合土结构的界面破坏模型研究却极为少见。

尾矿库是矿山企业生产中的重要设施，它的运行状况不仅关系到矿山的生产建设能否顺利进行，还关系到坝体下游人民群众的生命财产安全及周边环境[135-139]。有学者研究采用加筋的方法提高尾矿坝坝体稳定性。易富等人[140]研究了土工格栅及土工布加筋对尾矿堆积坝稳定性的影响，结果表明加筋尾矿似黏聚力随加筋层数的增加呈线性增加。Zheng 等人[88]采用玄武岩对尾矿堆积坝进行加筋，结果表明玄武岩纤维增强尾矿的力学性能随着纤维长度及含量的增加而增加。Liu 等人[141]也对玄武岩加筋尾矿进行了研究，结果表明在尾矿中加入玄武岩纤维可以提高剪切强度和内聚力。Liu 等人[142]研究了加筋对漫坝溃坝下尾矿坝的影响，结果表明加筋对漫坝溃坝下尾矿颗粒的运动具有有效的阻滞作用。

针对难以实现的原型研究，引入物理模型进行相似试验研究很有必要，作为工程科学研究的重要手段之一，已被广泛应用于许多领域[88,143-149]。模型试验可以得到研究对象在规律上的或定性的结论。虽然通过物理模型不能完全地描述一个物理现象，但是可以定性地对其进行观测，利用模型与原型的相似性，对所研究的物理现象在规律和机制上进行分析，通过比例尺可以进行一定的定量分析。目前，在模型试验研究方面，加筋结构的模型试验研究先后有很多学者做了大量工作，得出了有益的结论。Dash 等人[150]对土工格室、平面土工格栅或条形基础下随机分布网格单元加筋砂床承载力的室内模型试验获得的结果进行了比较，结果表明土工格室加固是最有利的加固形式。尹光志等人[151]采用龙都尾矿库内的尾矿作为试验材料，以该尾矿库的设计尾矿坝为原形堆积尾矿坝体模型，进行尾矿堆积坝加筋加固的破坏模型试验，检验了尾矿堆积的尾矿堆坝加筋加固的作用效果，获得了加筋尾矿坝体与不加筋尾矿坝体的不同破坏模式和机制。Matsuoka 等人[152]提出了一种土工袋加固边坡、地基新技术，并对其增强机制、工程特性和设计方法等进行了较为深入的研究。Mehrjardi 等人[153]考虑了填土颗粒、土工格栅孔径和加载板对加筋土挡墙的尺寸效应，通过加的荷载和地表沉降评估挡墙模型的响应，以进一步了解加筋土挡墙的特性。Ehrlich 等人[154]研究了压实对土工格栅加筋土墙性能的影响，结果表明就加筋张力和施工后位移而言，压实起到了决定性作用。Portelinha 等人[155]为了研究填土的渗透能力对挡墙结构性能的影响，建立了全尺寸加筋土挡墙，采用灌溉系统模拟降雨过程，测量了填土体积含水率、基质吸力、墙面位移和格栅应变的变化。Jing 等人[156]进行了加筋尾矿坝漫顶破坏模型试验，揭示了筋带在尾矿坝漫顶溃坝过程中的阻滞作用，得到了采取加筋措施能有效减轻尾矿库洪水漫顶破坏这一结论。

1.3.2 土工模袋-尾砂复合体界面力学特性研究现状

1.3.2.1 模袋技术发展及应用现状

自 20 世纪 50 年代开始，土工布冲砂袋开始逐渐地转变为永久性挡土（水）结构物，用于修筑堤坝和库岸边坡加固。1953 年，荷兰发生了世属罕见的特大洪水。鹿特丹南部海湾的堤坝遭到风暴和海啸袭击且损毁严重，倒灌的海水淹没了 20 万公顷的土地，致使 1800 余人丧生，为当地政府及人民带来无法估量的损失。自 1956 年起，荷兰政府斥资 40 亿美元、耗时 30 年，利用土工布冲砂袋修建了迄今为止规模最大、实属罕见的水利工程——荷兰三角洲工程，经实践检验有效抵御多次海啸袭击[157]。1988 年，荷兰 Nicolon BV 公司自主研发出可充灌泥沙的土工布冲砂袋，将其注册、命名为 GEOTUBE，并逐步将模袋技术向全球推广。模袋技术兴起后最先传入日本，1959 年，日本在维纶（聚乙烯醇缩甲醛纤维）缝制的土工布袋中充灌砂浆，用于伊势湾围堰修复中的护坡工程[158]。

1973 年，美国将密西西比河的河底淤泥充灌至土工织物缝制而成的土工袋，形成了土工布冲砂袋并应用于密西西比河的防波堤增高工程。模袋技术的应用，既缓解了密西西比河的河道淤堵问题，又有效解决了筑堤资源短缺的问题；同时，将每公里筑堤造价由原来的 169 万美元缩减至 96 万美元，每公里造价节约 43.2%，不仅将施工成本降低了 3.68 亿美元，还将工期缩短至原来的一半[159]。1976 年，美国国家环境保护局（USEPA）联合密西西比州的环境监管部门颁布了禁止向密西西比河排放城市污水的法令，但并未提供有效的城市污水处理方案。2000 年，Fowler 等人开展了城市污水充灌土工布管袋的室内及现场试验，结果表明土工布管袋的过滤可有效降低城市污水中粉砂颗粒，使城市污水的泥沙含量满足排放要求。于是，土工布冲砂袋开始应用于城市污水处理[160]。自 1984 年起，模袋技术在澳大利亚逐步推广。澳大利亚土壤过滤公司（Soil Filters Australia Pty）开始生产土工布冲砂袋，将其用于有毒废弃物围堵、防坡堤施工及库岸边坡冲刷控制[161]等领域，经实践检验模袋技术可达到预期效果。在南美洲，哥伦比亚最早使用土工布冲砂袋。在布韦那文图拉，人们将土工布冲砂袋首尾连接围成一圈，构筑挖泥区岛屿。经实践检验，采用模袋技术构筑的岛屿可经受约 4m 高潮汐的考验[162]。

20 世纪 80 年代以来，模袋技术开始在我国应用并迅速发展。最初，我国将泥沙充灌至土工袋用于制作排体镇压构件。我国真正意义上的模袋坝最早出现于 1985 年，河海大学和华东电力设计院等单位在上海石洞口电厂长江口江滩灰库修建了 75m 长的模袋坝试验段，经历 11 级台风后模袋坝试验段完好无损，自此将模袋坝用于灰库建设并逐渐向其他领域推广[163]。1992 年，上海勘察设计院在上海月浦水厂水库利用模袋构筑了挡水围堰[164]。1998 年，在永定河建闸清淤施工中，原计划采用明渠导流并修筑草土围堰用以挡水。然而，堆存开挖明渠产生的大量弃土将不可避免地造成土地资源的浪费；同时，由于构筑围堰的土方量较大且运费较高，草土围堰的施工成本显著增加。将永定河底淤积的泥沙就地充灌至模袋，利用脱水后的模袋构筑围堰，不仅完成了永定河清淤，还为围堰施工节约成本超 2000 万元[165]。2002 年，采用聚丙烯编织布制作长 10m，直径 1.2m 的模袋，砂浆充灌至模袋并脱水后形成重约 14t 的土工布充砂枕，将其抛至扬河段长江主流形成潜坝坝芯；再利用内层为无纺布外层为聚丙烯编织布的复合材料，缝制长 10m，直径 1.9m 的模袋，充砂、脱水后形成重约 40t 的复合土工布充砂枕，抛沉后用作潜坝坡面。最终，不可思议地在长江主流构筑了长千余米，高 30m 的潜坝并震惊世界[166]。借鉴长江潜坝构筑经验，采用 $350g/cm^2$ 的聚丙烯机织布缝制大尺寸抛沉土工包，采用 $230g/cm^2$ 的聚丙烯机织布缝制坝芯模袋，采用外层为 $230g/cm^2$ 的聚丙烯机织布、内层为 $150g/cm^2$ 的针刺无纺土工布的复合材料缝制坝坡模袋，利用模袋技术完成了长江深水巷道整治[167]。2003 年，在太仓市第二水厂水库建设中，采用充砂模袋砌筑围堰，用以处理淤泥质地基的承载能力不足以承受坝体荷载的问题，将充砂模袋作为永久结构并用其构筑了坝体消浪平台[168]。2006 年，上海交通建设总承包公司在长江口二期工程的深水巷道治理中，基床排体上采用了模袋斜坡堤心施工工艺，实现了模袋水下充灌及铺设[169]。2008 年，羊山深水港建设中，利用 $230g/cm^2$ 的聚丙烯机织布缝制了长约百米、宽约 20m 的大型模袋，将粒径小于 0.075mm 颗粒含量不超过 15% 的砂浆充灌其中，脱水后模袋高度可达 0.7m[170]。2010 年，在港珠澳大桥建设中也应用了模袋技术。为了构筑珠澳口岸人工填岛，利用大尺寸、大质量模袋置换深厚软基，有效解决了软基强度低和抛石在重力作用下无法就位的问题[171]。2016 年，中交集团在香港国际机场利用模袋技术实现了填海拓地，确保该机场第三跑道建设的顺利进行[172]。无独有偶，模袋技术在澳门、上海、厦门等地的机场建设中同样发挥着重要作用。

模袋技术在上述领域的成功应用，使人们积累了丰富的实践经验，推动了模袋技术的发展。为了解决细尾砂堆存量大、利用率低且理想筑坝资源短缺的问题，国内外许多学者将模袋技术应用于尾矿坝建设，以期实现利用细尾砂安全筑坝[173-175]。

1.3.2.2 土工模袋充灌特性研究现状

将细尾矿浆作为模袋充灌料，使更多的细尾砂在袋内固结，水顺畅地排出，实现细尾砂资源化的同时，还可加快施工进度、节省施工成本，社会效益和经济效益显著[163]。用于缝制模袋的土工织物多为经纱和纬纱相互编织而成的织造类土工织物。生产织造类土工织物时，由于纱线粗细、纱线用量和编织工艺的不同，在其表面不可避免地留存不同尺寸的孔隙，这才使得土工织物具有透水不透砂的特性。《公路工程土工合成材料—土工模袋》（JT/T 515—2004）中将等效孔径 O95 作为土工模袋的物理性能参数，其中 O 代表织造类土工织物表面孔隙的等面积圆直径，O95 表示小于该孔径的孔隙数量占总孔隙数量的 95%。土工模袋等效孔径与模袋排水性能和保砂性能息息相关。

　　若模袋等效孔径过大，虽能增强模袋的透水性，但部分细尾砂颗粒会随自由水排出，导致细尾砂利用率降低；若模袋等效孔径过小，虽然能提高细尾砂利用率，但模袋内的自由水较难排出，模袋脱水缓慢进而影响施工进度，严重时甚至出现细颗粒堵塞模袋孔隙，导致自由水无法排出，最终形成"水袋"。如何解决模袋透水性和保砂性之间的矛盾，是突破细尾砂模袋技术瓶颈首先要解决的技术难题。

　　国内外许多学者依据模袋充灌试验，在模袋充灌特性方面开展了大量的研究。为了促进模袋在疏浚泥浆及固体废弃物浆体脱水中的应用，Weggel 等人[176]建立了悬挂式模袋排水的无量纲分析模型，提出了数据分析流程，并将实测模袋排水数据与模型计算排水数据进行对比分析，二者吻合较好。悬挂式模袋在排水过程中模袋底面无支撑，与工程实践中模袋充灌施工存在差别，且悬挂模袋内浆体的自重将引起机织布在纵向的拉伸变形，改变了机织布孔隙尺寸[177]。Guo 等人[178]考虑了缝制模袋的土工布与袋内固结土的摩擦作用以及模袋与地基之间的摩擦作用，提出了一种新的模袋排水模型，研究了模袋的简化设计方法及模袋充灌过程中的变形问题；通过对比分析纯浆体充灌模袋（首次充灌）和袋内包含固结土和浆体（后续充灌）时的计算参数，揭示了拉应力沿模袋横截面的分布规律。Plaut 等人[179]认为填料与模袋之间的界面摩擦可能导致模袋中最大张力的显著增加，并针对模袋尺寸、充填浆料密度、充灌高度和界面摩擦系数等参数对模袋性能的影响开展了一系列的研究工作。邱长林等人[180]利用颗粒较小的粉土配置浆体开展模袋充灌试验，研究了粉土在模袋内固结特性，建立了泥浆重度随深度线性增加时模袋变形和力学特性的计算方法，验证了该计算方法的可靠性，并指出在计算模袋变形时应考虑粉土泥浆在沉淀过程中的不均匀性，为模袋设计提供参考。周汉民[181]采用裂膜丝机织布缝制模袋，开展了全尾及分级尾砂的模袋充灌试验，发现相同条件下分级尾矿的充填次数及模袋排水时间间隔均少于全尾矿，研究了充灌模袋的细尾砂粒径范围，指出了模袋充灌效率、固结尾砂颗粒结构及组成、模袋体强度等均与尾矿浆浓度相关。刘伟超等人[182]提出了高压力充填条件下模袋变形参数无量纲计算的适用条件，对其进行改进并提出了低压力充填时模袋高度、形状、所受张力、底部应力和排水速率的计算方法，指出充灌压力与排水速率正相关。吴月龙等人[183]提出了自排水、掺加固化剂排水和真空预压排水 3 种不同的模袋排水形式，在模袋充淤筑堤施工现场分别采用上述三种排水形式开展了不同材料模袋的排水模型试验和筑堤试验，研究了不同材料及排水形式下模袋孔隙水压力变化规律、堤身变形和袋内固结淤泥物理力学参数，为选择模袋材料及充灌泥浆重度提供了可靠的技术依据。通过对不同排水形式下施工费用的估算，发现掺加固化剂排水最为经济；相较于自排水式和真空预压排水式，造价降低约14.9%和23.4%。张曼等人[184]设计了一套土工管袋脱水系统用于苏州某垃圾填埋场的污泥脱水，该系统包括了脱水平台设计、管袋选型、动力设备安装和加药系统设计，去除了污水中的有害物质，实现了生活垃圾无害化处理。为了解决黏土颗粒含量较高泥浆在模袋中排水固结效率低的问题，董晶等人[185]、张景辉等人[186]、白妮等人[187]、罗璐等人[188]在泥浆中掺入不同种类的絮凝剂，并辅以机械和超声波等方法，虽然实现了模袋快速脱水，但应用范围受限。吴海民等人[189]在模袋表面增设充灌口，提出了充灌口放水排泥及边充边排的施工方法，在上海市南汇东滩围垦施工现场开展了管袋脱水现场试验，通过孔隙水压力、含水率和干密度等实测参数的对比分析，验证了放水排泥、边充边排施工方法的优越性。

疏浚或吹填淤泥具有含水率高、强度低、透水性差和易发生压缩变形的特点，让充填至模袋内的淤泥实现快速固结，是围海造陆、滩涂开发和海岸线治理等工程中亟待解决的技术难题。杨智等人[190]、张敬等人[191]、刘成锋等人[192]采用固化技术对充填至模袋内的淤泥进行处理，实现了袋内淤泥快速脱水。吴月龙等人[193]在相对密度为1.2和1.3的淤泥浆中掺入1%、3%、5%和7%的水泥，并充灌至聚丙烯编织布模袋，开展模袋排水特性试验研究，实现了吹填海泥的快速脱水及固化。研究结果表明：袋内充填相对密度为1.2的淤泥浆时，模袋总排水量最大；模袋的总排水量随水泥掺量的增大，先增加后减小，水泥掺量为3%时排水总量最大，排水速度最快，排水效果最理想；模袋排水主要集中在前期（约占充灌试验总时长的30%），充灌试验中后期排水量较少。Zhang等人[194]在高含水率的疏浚海相黏土中掺加低含量水泥形成泥浆用作土地复垦工程中的模袋充填材料，开展了水泥固化土的无侧限抗压强度试验，指出了充灌泥浆中的水泥用量不应超过干燥疏浚废弃土的15%。

1.3.2.3 细粒土（砂）固化研究现状

目前，固化处理技术仍处于探索阶段，国内外学者研究的焦点主要集中于固化剂选择和固化机理方面。刘爱民[195]和缪志萍[196]对淤泥固化土的强度、变形及渗透性进行了室内试验，提出了以固化土强度作为评价淤泥固化效果的指标，并以此来选择淤泥固化剂。郭印等人[197,198]从固化剂种类及掺量、水化反应特点、水化产物种类、数量及形态入手，利用图像分析、物相分析及微观结构分析对固化土的固化机制开展了一系列的研究。黄新等人[199]在粉砂土掺入水泥作为固化剂，探索了固化土的抗压强度与水泥掺量的关系，推导了水泥浆包裹土颗粒和填充孔隙所用水泥量的理论计算公式，分析了水泥掺量不同时，水泥在固化土结构形成过程中所起的作用。岳吉双等人[200]在天津港的淤泥质粉土中分别掺入不同比例的水泥和粉煤灰，进行模袋固化土配比试验，建立了固化土无侧限抗压强度及贯入阻力随固化固结时间的变化规律，提出了最佳配合比，论证了淤泥土资源化的可行性并为其提供了理论依据。姚君等人[201]采用压汞试验研究不同初始密度和养护时间下，淤泥固化土的孔隙结构特征和孔隙间的转化规律，并结合孔隙度和渗透率试验，研究孔隙结构特征对淤泥固化土渗透性的影响规律。杨爱武等人[202]对不同固结时间的城市污泥固化土进行电镜扫描及 X 射线衍射分析，研究发现：固化剂的水化反应随固结时间增长而逐渐深入，土颗粒团聚现象越发明显，土骨架越明显，固化土强度大大提高。

在利用低含量水泥固化高含水率软黏土时，Horpibulsuk 等人[203]认为水灰比恰当地揭示了水泥颗粒和黏土颗粒之间的相互作用，即含水率反应软黏土的微观结构，而水泥掺量则影响软黏土的胶凝程度。因此，将水灰比作为控制水泥固化土强度的重要参数。郑少辉等人[204]利用质量比为 10%~20% 的高炉矿渣硅酸盐水泥固化含水率为 140%~220% 的海相黏土，研究了水泥掺量、含水率、水灰比与固化土强度的关系，提出了关于水灰比的固化土强度经验公式。史旦达等人[205]在疏浚砂土和黏土中掺入自制固化剂，通过直剪试验和压缩试验，研究了不同固化剂掺量和不同固结时间下固化土剪切强度和压缩特性的变化规律，借助扫描电镜分析了固化土微观结构和宏观力学特性的关系；研究结果表明固化土的内摩擦角和黏聚力均随固结时间而增长，且固化剂掺量越大，强度指标改善效果越明显；砂土固化土抗剪强度的提高主要表面为黏聚力的增大，内摩擦角增幅较小；黏土固化土的内摩擦角和黏聚力均显著提高；固化土中的固体颗粒在固化剂的胶凝作用下，形成大的颗粒团。颗粒团的平均粒径和平均面积较原土颗粒有所增大；因此，固化土抗剪强度的提升在微观层面上表现为平均粒径和平均面积的增大，即孔隙平均半径和平均面积的减小。蔡燕燕等人[206]利用质量比为 0、4% 和 6% 的水泥固化滨海风积砂，并对固化砂进行三轴剪切试验（固结排水剪），研究结果表明固化砂的应力-应变曲线呈现软化趋势，水泥掺量对固化砂强度影响显著。水泥掺量为 4% 时，部分水化产物黏附在砂颗粒的表面，随着水化反应的深入，颗粒表面逐渐变得粗糙；水泥掺量为 6% 时，包裹砂颗粒的水化产物增多，砂颗粒间的孔隙逐渐被水化产物充填，颗粒之间的胶结作用增人，颗粒外观近似为团聚形态。胡舜娥等人[207]采用质量比为 0、2%、4% 和 6% 的 P·O32.5 普通硅酸盐水泥加固风积砂，对比分析了固结时间 7d 和 28d 固化土三轴剪切试验结果，发现：无论固结排水剪切试验（CC）还是固结不排水剪切试验（CU），水泥的水化反应在 7d 时基本完成，固化土强度基本形成，固结时间 7d 和 28d 固化土强度相差不大；当水泥掺量较低（2%）时，水化产物较少，胶凝作用较弱，无法使砂颗粒凝聚为整体，分布于砂颗粒之间的水泥颗粒反而成为杂质，破坏了原风积砂的完整性，导致固化砂强度略有降低。田庆利等人[208]在天津南疆港区围堰施工现场，采用 $187g/cm^3$ 的机织土工布缝制 20~40m 长的模袋，将淤泥土、4%~12% 的普通硅酸盐水泥、少量潜伏性固化剂与海水混合均匀作为模袋充灌浆料，借助真空吸水工艺实现了模袋固化土的快速脱水、固结，并研究了不同水泥掺量和龄期下模袋固化土的强度变化规律。

为了提高软土地基强度及降低软土地基的压缩性和渗透性，同时实现固体废弃物（粉煤灰、矿渣等）资源化，Ge 等人[209]利用矿渣代替水泥固化高岭土并开展不同固结时间下固化土无侧限抗压强度试验，提出了用固化土的早期强度预测无侧限抗压强度的修正模型。

细尾矿浆与淤泥类似，利用细尾矿浆充填模袋时，为了加快细尾砂在模袋内的沉积速度，缩短模袋脱水时间，提高模袋强度，可借鉴固化技术对细尾矿浆进行固化处理[210]。

1.3.2.4　土工模袋界面特性及界面模型研究现状

利用土工合成材料对工程结构进行加筋设计由来已久。为了探索土工合成材料的加筋机理及加筋结构的破坏理论，诸多学者借助拉拔试验、直剪试验和斜板试验针对筋-土界面[211-213]、土工布-土工布界面[214-216]及模袋内固结土[217,218]的剪切特性进行了大量的研究并取得了显著的成果，为模袋界面特性研究提供了值得借鉴的经验。

模袋坝是利用模袋间的剪切特性来维持坝体安全稳定。模袋层叠时，土工布与土工布相互接触；模袋出现失稳破坏时，更是直接地表现为沿土工布接触面发生滑动。研究土工布间的界面剪切特性，可以为模袋坝设计提供重要参数，对于分析模袋坝的稳定性具有重要的工程意义。

Carbone 等人[214]借助斜板试验和振动台试验研究了非织造土工布-土工膜界面的干摩擦特性；Aldeeky 等人[215]通过不同倾角的斜板试验研究了铺砂方式对砂-有纺土工布界面及砂-无纺土工布界面剪切特性的影响规律；Beliaev 等人[219]指出，不同编织方式的芳纶织物之间的界面静摩擦系数差异高达 20%；Aiban 等人[220]开展了砂-有纺土工布界面的拉拔试验，发现拉拔试验中有纺土工布的拉伸应变由受拉端向自由端逐渐减小，砂-有纺土工布界面摩擦特性与有纺土工布表面凹凸不平的纹理结构有关；Yin 等人[221]通过拉拔试验，对细尾砂-土工织物界面和细尾砂-土工格栅界面的剪切特性进行了探索，发现二者的界面摩擦系数均不超过 0.22；Bacas 等人[216]利用大型直剪仪，针对垃圾填埋场中土工布-土工膜、排水土工复合材料-土工膜和土-土工膜三种界面的剪切特性进行了 159 次试验，研究发现土工布-土工膜和排水土工复合材料-土工膜界面的粗糙度越高，抗剪强度越大，而土-土工膜界面的抗剪强度则随着土体抗剪强度的增大而增大；李宇等人[222]利用直剪试验对有纺土工布、无纺土工布和复合土工布之间的多种界面进行了摩擦特性试验研究，研究发现界面摩擦系数随正应力的增大而减小，并逐步趋于稳定；杨春山等人[223]采用直剪试验研究了聚丙烯土工布间的界面摩擦特性，并指出摩擦特性符合摩尔-库仑强度理论；黄文彬等人[224]对比研究了砂土-机织布界面和砂土-裂膜丝界面，认为机织布较裂膜丝能更充分地发挥黏结、嵌锁效应，从而硬化趋势更明显；肖朝昀等人[39]利用大尺寸直剪仪，研究了 HDPE 土工膜与无纺土工布在干燥、潮湿条件下的界面剪切特性。

虽然上述成果对研究土工布间的界面剪切特性提供了宝贵的经验，但是仍有待进一步完善。首先，模袋通常选用由经线和纬线穿梭编织而成织造类土工布缝制，模袋材料表面呈微小凹凸不平（见图 1-3），除了经向、纬向强度差异之外，还应考虑不同的经向、纬向组合对界面剪切特性的影响；其次，在模袋充灌及坝体形成后，模袋不可避免地存在被水润湿的情况，应分别开展干燥和湿润状态下界面剪切特性的研究。

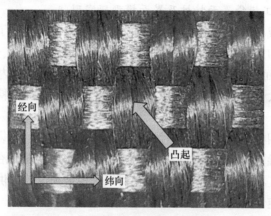

图 1-3 模袋材料表面

与筋-土界面、筋-筋界面相比，有关模袋体层间界面特性的研究起步较晚、成果较少，现有的研究成果多源自国内学者。2007 年，潘阳等人[225]利用拉拔试验和直剪试验分别研究了土工布间界面、土工布-砂（土）界面、模袋界面及袋内砂（土）的剪切特性，试验结果表明模袋界面似摩擦角与土工布间界面似摩擦角和袋内充填材料摩擦角的平均值最为接近，这为估算模袋界面强度及材料选择提供了有益参考。2008 年，Matsushima 等人[226]在现场试验中将模袋布设成与水平面成一定角度并向受力侧倾斜，与水平层叠模袋相比，显著提升了模袋界面强度。2011 年，黄端阳等人[227]在聚丙烯编织袋中充填红土构筑开展了挡土墙模型试验，从分形几何理论出发，采用均方根坡度角法估算了模袋截面轮廓线的截距 A、斜率 β 及分析位数 D，推导了模袋截面轮廓线粗糙系数，结合模袋抗压强度对模袋界面抗剪强度进行了预测，并通过模袋界面直剪试验对预测界面强度进行验证。2013 年，朱君星等人[228]在模袋内充填干尾矿，借助大型直剪仪开展了不同含水率及法向压力下模袋界面剪切试验。通过对比分析发现，低含水率下模袋界面强度较大。2016 年，刘斯宏等人[229]在模袋内分别充填河砂、开挖土和堆石料，将模袋层间接触面设置为无缝、横缝（接缝垂直于拉力方向）、纵缝（接缝平行于拉力方向）和十字缝（横缝与纵缝相互垂直）四种不同的形式，开展了水上、水下模袋界面摩擦试验。研究发现：模袋内土颗粒的粒径越大，模袋界面咬合作用越明显，模袋界面强度越大；试验过程中上层模袋部分嵌入下层模袋接缝，接触面设置为横缝和十字缝时，模袋界面强度大于无缝和纵缝，但横缝和十字缝设置时界面强度相差不大；当模袋界面位于水下时，水分子的润滑作用对界面强度有所削减。2017 年，文华等人[230]在聚丙烯编织袋内充填建渣（废弃混凝土和废弃砖头），开展了层间无连接扣和层间有连接扣两种工况下的建筑渣土工袋间界面直剪试验。研究发现：层间无连接扣时，界面剪切强度规律与砂土类似，界面似摩擦角约为 40°；界面有连接扣时与黏土类似，界面似摩擦角约为38°，似黏聚力约为 8.5kPa。层间增设的连接扣可起到嵌锁咬合作用，使相邻层土工袋更好地形成一个整体，当土工袋受剪切时在界面上产生附加黏聚力（似黏聚力），增加了建渣土工袋间界面的初始剪切强度。然而，连接扣设置削减了土工袋界面面积，反而降低了界面似摩擦角。若要增大模袋界面强度，可选择刚度大的材料制作连接扣并对其表面进行粗糙处理。2018 年，符思华等人[231]通过改装的岩石直剪仪开展了 70%、80% 和 95% 三个充填度下模袋界面摩擦试验，研究发现模袋界面强度符合摩尔-库仑强度理论，模袋充填度越大、袋内尾砂越密实，模袋界面强度越大，且充填越高界面黏聚力越小。陈笑林等人[232]采用土工布包裹铝棒开展了模袋层间摩擦试验并通过 DEM 对试验过程进行了模拟，从细观角度揭示了模袋及袋内颗粒的受力规律及运动特征。研究发现模袋界面位移由受力端逐渐向自由端传递，模袋层间的摩擦力能导致模袋滚动。杨春山等人[223]通过直剪试验研究了土工布-砂界面及土工布间界面的摩擦特性，通过自制的拉拔试验装置研究了模袋界面的摩擦特性。研究发现：虽然三类界面强度均符合摩尔-库仑强度准则，但是三类界面剪应力-位移曲线的形态特征各不相同。2020 年，樊科伟等人[233]采用卵石充填聚丙烯编织袋开展了袋装石间的直剪试验，揭示了袋装石界面的剪切位移与剪应力的变化规律，研究了相邻层间卵石颗粒的咬合作用及由模袋接缝产生的嵌固作用对袋装石破坏特征及界面强度和影响规律，并指出嵌固作用与界面上的法向应力正相关，而咬合作用与界面上的法向应力负相关。袋装石界面位移与剪应力曲线出现两处近似水平直线，将第一处水平直线解释为袋内卵石破坏，第二处解释为袋装石沿接触界面的水平滑动，进而得出了袋装石界面强度大于袋内充填料抗剪强度的结论。

上述学者的研究成果对于认识模袋体层间界面特性提供了巨大帮助，为模袋技术应用及推广提供了值得借鉴的经验。然而，随着固化处理技术在模袋充灌施工中的应用，固化处理技术除了能加快模袋脱水固化，是否影响模袋力学特性，有待进一步研究。

研究界面特性可揭示土工合成材料加筋机理，为加筋结构设计、施工提供了坚实的理论基础，界面参数是加筋结构设计的基础指标[234]。国内外学者借助试验、理论分析和数值模拟等手段，在土工合成材料界面模型方面也进行了大量的研究，提出了理想弹塑性模型、双曲线模型、三折线模型、四折线模型、指数模型并对其进行改进用于描述不同种类物体接触界面的剪应力与剪切位移关系，为土工合成材料界面研究提供了值得借鉴的经验[235-241]。刘续等人[100]认为拉拔试验中格栅-土界面的摩擦特性与格栅拉伸模量及筋土界面初始刚度有关，当界面位移较小时，界面剪应力与界面位移满足线性关系。Huang 等人[107]、Gurung 等人[109]、Misra 等人[110]用双曲线模型分析了界面剪应力沿着界面长度方向的变化规律，却忽略了初始拉拔阶段界面剪应力与界面位移的弹性变化过程。大量试验结果表明峰值剪应力过后，界面表现出不同程度的软化特性。Esterhuizen 等人[112]提出了筋土界面功的软化模型和位移软化模型，并指出前者更适用来描述筋土界面特性。Seo 等人[242]从扰动理论出发提出了筋土界面软化模型。曹文贵等人[243]、Makkar 等人[244]和成浩等人[245]依据统计损伤理论提出了界面软化模型。

诸多学者还通过试验研究证实了土工合成材料界面剪应力非均匀分布及界面破坏具有明显的渐进性特征[91,246,247]。于是，为了更真实、准确地反映出加筋结构中界面的渐进性破坏，部分学者开始用渐进破坏理论表述界面模型。Hong 等人[115]、Misra 等人[248]选用理想弹塑性模型分别对边坡土钉锚固界面及桩土界面的渐进破坏过程进行了模拟。Zhu 等人[116]、Chen 等人[117]采用三线性界面模型分别描述了纤维加筋土界面及注浆锚索界面的渐进性破坏特征，并求得了不同阶段界面剪应力以及轴向荷载的解析解。赖丰文等人[249]分析了格栅-土界面拉拔试验中界面剪应力与界面位移的关系，发现剪应力峰值过后界面剪应力随界面位移的增加近似指数衰减，提出了能够反映界面渐进性破坏特征的弹性-指数软化模型。

1.3.3　土工合成材料在加筋尾矿堆积坝中的应用

尾矿库是尾矿的堆存场所，也是矿山最大的危险源，如何有效地改善尾矿堆积坝的稳定性一直备受世人关注，它的运行状况不仅关系到矿山的生产建设能否顺利进行，还关系到坝体下游人民群众的生命财产安全及周边环境[135-138,250]。

众所周知，土工合成材料是改善土壤结构和土壤强度的良好新型材料，已广泛用于加固路基和边坡工程[88,145,251-252]。尾矿坝的加固与路基和边坡工程的加固类似，土工合成材料已被考虑应用到加固尾矿坝堆筑中[146-149,221,253]。

模型试验作为工程科学研究的重要手段之一，能够得到研究对象在规律上的或定性的结论，已被广泛应用于许多领域[143]，国内外有关加筋地基的室内模型试验研究先后有很多学者做了大量工作，得出了有益的结论[144,156]。尹光志等人[254]以龙都尾矿库为背景设计尾矿堆积坝模型，进行了加筋堆积坝的破坏模型试验，检验了坝体加筋的作用效果以及获得坝体加筋与否的不同破坏模式；赵一姝等人[255]进行了尾矿库坝漫顶破坏模型试验，揭示了加筋能有效减轻尾矿库洪水漫顶破坏。Matsuoka 等人[152]提出了一种土工袋加固边坡、地基新技术，并对其增强机制、工程特性和设计方法等进行了较为深入的研究。但加筋尾矿堆积坝的受力机制、变形规律和稳定性不仅与加筋材料的性质及其布置有关，还与尾矿砂的性质、施工工艺及环境等因素有关，仅采用模型试验无法完全模拟现场具体的施工方式和环境影响[256-258]。由于加筋机理的复杂性，既有的试验成果不可能全部为加筋尾矿工程提供依据，现场加筋尾矿堆积坝试验有利于对加筋尾矿机理的进一步认识。

1.4 土工合成材料加筋尾矿堆积坝技术的提出

从 1960 年法国科学家 Vidal H[259]通过三轴试验首次提出并验证了加筋土这种新技术，到 20 世纪 80 年代初期国内开始广泛地应用加筋土技术，目前土工合成材料已在边坡、路基、岸堤、地基加固、挡土墙等加筋结构中得到了成功应用[255,260]。尾矿砂是一种比较特殊的人工砂，其力学特性及颗粒级配与普通砂土有所不同，与其他类型的土，如黄土、碎石土等的力学特性差异更大，已有学者开展了土工合成材料加筋尾矿砂的相关研究，如辛保泉等人[261]开展了现场模型试验，对比了有无土工布的情况下溃坝发展规律及有无土工布对溃坝的影响。白建平等人[262]通过室内试验及数值模拟的方法，主要研究了采用土工合成材料对尾矿砂进行加筋对其渗透系数的影响及加筋密度对其渗透系数的影响规律；刘晓非等人[263]对尾矿坝筑坝中存在的增高扩容难、稳定性差、排泄固结慢等问题进行了详细阐述，并探讨了土工合成材料在构建渗水盲沟，对于增强尾矿坝稳定性所能发挥的作用。周燕锋[19]探讨了现有的几种边坡稳定性分析方法对于土工合成材料加筋的边坡稳定性分析的适用性，之后通过数值模拟方法着重研究了土工格栅对于提高尾矿坝稳定性的重要作用；目前已有部分矿山企业在筑坝时开始尝试使用各类土工合成材料对其进行加筋[20,264]。以上研究及现场应用结果均表明，将土工合成材料用在尾矿坝筑坝工程中，用于提高尾矿坝的坡度，增强其稳定性是可行的，这为通过土工合成材料加筋尾矿坝解决一些土地紧缺地区的现有尾矿库增高扩容难、增高后的尾矿坝溃坝风险大等问题，增加其服役期限，解决尾矿库安全问题提供了一个新方法。但到目前为止，对于筋-土界面力学特性的研究还走在工程实践的后面，不能很好地指导工程实践。所以对筋-土界面力学特性开展深入研究，获得筋-土界面力学特性，阐明加筋机理，用于指导工程设计，具有一定的理论和工程价值。

尾矿砂作为散体颗粒材料，其突出的工程特性是抗剪强度低、粒径小。尾矿砂的颗粒组成、粒径和级配都与天然沙土有较大差异[265]。土工合成材料加筋的加筋机制为：通过土工合成材料与所加筋土之间的摩擦作用，将原土体内部的剪应力通过筋-土之间的摩擦力，转化为加筋材料的拉应力，而土工合成材料抗拉能力较强、拉伸变形小，从而能够抵抗加筋土体内部的部分剪切力，并且不会产生过大变形，这样便实现了对原抗剪强度较弱的土体进行了加筋。限制其产生过大的侧向变形，从而防止因其导致的坝体失稳灾害的发生。而在土工合成材料加筋结构中，筋土之间的界面摩擦系数大小，土工合成材料的孔径或等效孔径与所加筋土颗粒之间的匹配程度等因素是影响其加筋性能能否充分发挥的主要因素，也是待解决的主要问题。目前虽然土工合成材料在工程中的应用越来越广泛，但应用于尾矿库筑坝工程中的研究较少，对于土工合成材料与尾矿界面之间的力学特性研究还未曾开展。

参考文献

[1] 吕庭刚. 尾矿库安全现状综合评价 [D]. 云南：昆明理工大学，2005：7-9.

[2] 李玉凤，包景岭，张锦瑞. 铁尾矿资源开发利用现状分析 [J]. 中国矿业，2015（11）：77-81.

[3] 矿山废石和尾矿. 尾矿不仅能制备砂石——扔掉尾矿前，先了解尾矿的再选技术和应用途径！[EB/OL]. 2019年5月28日. https：//www.sohu.com/a/316944999_99894134.

[4] 柴建设，王姝，门永生. 尾矿库事故案例分析与事故预测 [M]. 北京：化学工业出版社，2011：3-32.

[5] 梅国栋，王云海. 我国尾矿库事故统计分析与对策研究 [J]. 中国安全生产科学技术，2010（3）：211-213.

[6] Wang Chen，David Harbottle，Liu Qingxia，et al. Current state of fine mineral tailings treatment：A critical review on theory and practice [J]. Minerals Engineering，2014，58（4）：113-131.

[7] 伍玲玲，张志军，喻清，等. 微生物注浆改善某金属矿尾砂性质的试验研究 [J]. 中国矿业大学学报，2018，47（6）：1354-1359.

[8] 王晓丰，黄强. 土工合成材料在工程建设中的应用 [J]. 科技信息，2012，3（29）：355-357.

[9] 付珍珠. 土工合成材料水力性能检测系统的研究 [D]. 天津：天津科技大学，2019.

[10] 刘伟超. 土工织物充填管袋充填特性及计算理论研究 [D]. 杭州：浙江大学，2012.

［11］ 蔡清，程江涛，于沉香．细粒尾矿的定义及分类方法探讨［J］．土工基础，2014，28
（1）：91-93.

［12］ Dharma Wijewickreme, Maria V. Sanin, Graham R. Greenaway. Cyclic shear response of
fine-grained mine tailings［J］. Can. Geotech. J, 2005, 42: 1408-1421.

［13］ Martin T E, McRoberts E C. Some considerations it the stability analysis of upstream tailings
dams［J］. Proceedings, Tailings and Mine Waste'99, Fort Collins, Colorado.

［14］ 陈守义．浅议上游法细粒尾矿堆积坝问题［J］．岩土力学，1995，16（3）：70-76.

［15］ 赵晖．细颗粒尾矿筑坝技术的探索［J］．黄金，1990，11（2）：27-31.

［16］ 魏作安．细粒尾矿及其堆坝稳定性研究［D］．重庆：重庆大学，2004.

［17］ 魏发正．金马铅锌矿细粒尾矿库的加固实践［J］．矿业安全与环保，2008，35（4）：
47-51.

［18］ 孙国文，余果，尹光志．影响细粒尾矿坝安全稳定性因素及对策［J］．矿业安全与环
保，2006，33（1）：63-65.

［19］ 周燕锋．土工格栅加筋尾矿坝坝体稳定性分析［D］．大连：大连理工大学，2013.

［20］ 魏作安，徐佳俊，陈宇龙，等．端部卷轴式土工格栅加固尾矿堆积坝［J］．东北大学学
报（自然科学版），2014，35（6）：880-884.

［21］ 周汉民．偏细粒尾矿堆坝中的新技术及其发展方向［J］．有色金属，2011，63（5）：
1-3.

［22］ Wang Z, Jacobs F, Ziegler M. Visualization of load transfer behaviour between geogrid and sand
using PFC2D［J］. Geotextiles and Geomembranes, 2014, 42（2）: 83-90.

［23］ 吴景海，陈环，王玲娟，等．土工合成材料与土界面作用特性的研究［J］．岩土工程学
报，2001，23（1）：89-93.

［24］ Bathurst R J, Ezzein F M. Geogrid pullout load-strain behaviour and modelling using a
transparent granular soil［J］. Geosynthetics International, 2016, 23（4）: 271-286.

［25］ Wang Z, Richwien W. A study of soil-reinforcement interface-friction［J］. Journal of
Geotechnical and Geoenvironmental Engineering, 2002, 128（1）: 92-94.

［26］ 张文慧，王保田，张福海，等．双向土工格栅与粘土界面作用特性试验研究［J］．岩土
力学，2007，28（5）：1031-1034.

［27］ 靳静，杨广庆，刘伟超．横肋间距对土工格栅拉拔特性影响试验研究［J］．中国铁道科
学，2017，38（5）：1-8.

［28］ 张嘎，张建民．土与土工织物接触面力学特性的试验研究［J］．岩土力学，2006，27
（1）：51-55.

［29］ 刘文白，周健．土工格栅与土界面作用特性试验研究［J］．岩土力学，2009，30（4）：
965-970.

［30］ 史旦达，刘文白，水伟厚．单双向塑料土工格栅与不同填料界面作用特性对比试验研究
［J］．岩土力学，2009，30（8）：2237-2244.

［31］ Desai C S, Drumm E C, Zaman M M. Cyclic testing and modeling of interfaces［J］. Journal of
Geotechnical Engineering, 1985, 111（6）: 793-815.

[32] Sugimoto M, Alagiyawanna A M N, Kadoguchi K. Influence of rigid and flexible face on geogrid pullout tests [J]. Geotextiles and Geomembranes, 2003, 19 (5): 257-277.

[33] Sugimoto M, Alagiyawanna A M N. Pullout behavior of geogrid by test and numerical analysis [J]. Journal of Geotechnical and Geoenvironmental Engineering, 2003, 129 (4): 361-371.

[34] 张嘎, 张建民. 大型土与结构接触面循环加载剪切仪的研制及应用 [J]. 岩土工程学报, 2003, 25 (2): 149-153.

[35] 徐林荣, 凌建明, 刘宝琛. 土工格栅与膨胀土界面摩擦阻力系数试验研究 [J]. 同济大学学报, 2004, 32 (2): 172-176.

[36] Mocri N, Recalcati P. Factors affecting the pullout behaviour of extruded geogrids embedded in a compacted granular soil [J]. Geotextiles and Geomembranes, 2006, 24 (4): 220-242.

[37] 杨和平, 万亮, 郑健龙. 大型数控拉拔试验系统的研制及应用 [J]. 岩土工程学报, 2007, 29 (7): 1080-1084.

[38] 刘炜, 汪益敏, 陈页开, 等. 土工格室加筋土的大尺寸直剪试验研究 [J]. 岩土力学, 2008, 29 (11): 3133-3138.

[39] 肖朝昀, 涂帆. HDPE 土工膜与无纺土工布界面剪切性能试验研究 [J]. 工程力学, 2010, 27 (12): 186-191.

[40] 陈凯, 姜振泉, 孙强. 砂与粘土接触界面的力学特性试验 [J]. 煤田地质与勘探, 2012, 40 (4): 56-59.

[41] 王军, 林旭, 刘飞禹, 等. 砂土与格栅界面相互作用的直剪试验研究 [J]. 岩土力学, 2014, 35 (增刊1): 113-120.

[42] 高俊丽, 李晶. 大型拉拔直剪仪剪切盒的改装 [J]. 上海大学学报 (自然科学版), 2014, 20 (6): 802-812.

[43] 蔡剑韬. 土工格栅加筋膨胀土拉拔试验研究 [J]. 岩土力学, 2015, 36 (增刊1): 204-208.

[44] 王家全, 周岳富, 唐咸远, 等. 可视大模型加筋土直剪数采仪的研发与应用 [J]. 岩土力学, 2017, 38 (5): 1533-1540.

[45] 易富, 杜常博, 张利阳. 金尾矿与土工格栅界面摩擦特性的试验 [J]. 安全与环境学报, 2017, 17 (6): 2217-2221.

[46] 孟凡祥, 徐超. 筋土之间直剪试验与拉拔试验的对比分析 [J]. 水文地质工程地质, 2009, 36 (6): 80-84.

[47] Bathurst R J, Ezzein F M. Geogrid and soil displacement observations during pullout using a transparent granular soil [J]. Geotechnical Testing Journal, 2015, 38 (5): 1-13.

[48] 包承纲. 土工合成材料界面特性的研究及试验验证 [J]. 岩石力学与工程学报, 2006, 25 (9): 1735-1744.

[49] 徐超, 廖星樾. 土工格栅与砂土相互作用机制的拉拔试验研究 [J]. 岩土力学, 2011, 32 (2): 423-428.

[50] Niemiec J. Investigation of soil-geosynthetic interface properties: [Master Thesis] [R]. West Virginia University, Morgantown, West Virginia, 2005.

［51］张波，石名磊．粘土与筋带直剪试验与拉拔试验对比分析［J］．岩土力学，2005（S1）：61-64.

［52］杨敏，李宁，刘新星，等．土工布加筋土界面摩擦特性试验研究［J］．西安理工大学学报，2016，32（1）：46-51.

［53］Tan S A, Chew S H, Wong W K. Sand-geotextile interface shear strength by torsional ring shear tests［J］. Geotextiles and Geomembranes, 1998, 16（3）：161-174.

［54］Lydick L D, Zaqorski G A. Interface friction of geonets：a literature survey［J］. Geotextiles and Geomembranes, 1991, 10（5-6）：549-558.

［55］Fleming I R, Sharma J S, Jogi M B. Shear strength of geomembrane-soil interface under unsaturated conditions［J］. Geotextiles and Geomembranes, 2006, 24（3）：274-284.

［56］Ochiai H, Otani J, Hayashic S, et al. The pull-out resistance of geogrids in reinforced soil［J］. Geotextiles and Geomembranes, 1996, 14（1）：19-42.

［57］Alagiyawanna A M N, Sugimoto M, Sato S, et al. Influence of longitudinal and transverse members on geogrid pullout behavior during deformation［J］. Geotextiles and Geomembranes, 2001（19）：483-507.

［58］Palmeira E M. Bearing force mobilisation in pull-out tests on geogrids［J］. Geotextiles and Geomembranes, 2004, 22（6）：481-509.

［59］Abdi M R, Zandieh A R. Experimental and numerical analysis of large scale pull out tests conducted on clays reinforced with geogrids encapsulated with coarse material［J］. Geotextiles and Geomembranes, 2014, 42（5）：494-504.

［60］Lyons C K, Fannin J. A comparison of two design methods for unpaved roads reinforced with geogrids［J］. Canadian Geotechnical Journal, 2006, 43（12）：1389-1394.

［61］Onur M I, Tuncan M, Evirgen B, et al. Behaviour of soil reinforcement in slopes［J］. Procedia Engineering, 2016, 143：486-489.

［62］Leshchinsky D, Han J. Geosynthetic reinforced multitiered walls［J］. Journal of Geotechnical and Geoenvironmental Engineering, ASCE, 2004, 130（12）：1225-1235.

［63］Richard J B, Nicholas V L, Dave L, et al. The influence of facing stiffness on the performance of two geosynthetic reinforced soil retaining walls［J］. Canadian Geotechnical Journal, 2006, 43（12）：1225-1237.

［64］Kevin L C, Jonathan F. A comparison of two design methods for unpaved roads reinforced with geogrids［J］. Canadian Geotechnical Journal, 2006, 43（12）：1389-1394.

［65］唐晓松，郑颖人，王永甫，等．关于土工格栅合理网孔尺寸的研究［J］．岩土力学，2017，38（6）：1583-1588.

［66］雷胜友．加筋黄土的三轴试验研究［J］．西安公路交通大学学报，2000，20（2）：30-35.

［67］Atmazidis D K. Sand-geotextile interaction by triaxial compression testing［J］. Geomembranes and Related Products, 1994（1）：27-30.

［68］Khaniki A K, Daliri F. Analytical and experimental approaches to obtain the ultimate strength of reinforced earth elements ［J］. KSCE Journal of Civil Engineering, 2013, 17 （5）: 1001-1007.

［69］ Haeri S M, Nourzad R, Oskrouch A M. Effect of geotextile reinforcement on the mechanical behavior of sands ［J］. Geotextiles and Geomembranes, 2000, 18 （6）: 385-402.

［70］ Ingold T S. Reinforced clay subjected to undrained triaxial loading ［J］. Journal of the Geotechnical Engineering Division, 1983, 109 （5）: 738-743.

［71］ Koerner R M. Emerging and future developments of selected geosynthetic applications ［J］. Journal of Geotechnical and Geoenvironmental Engineering, 2000, 126 （4）: 293-306.

［72］ 赵川, 周亦唐. 土工格栅加筋碎石土大型三轴试验研究 ［J］. 岩土力学, 2001, 22 （4）: 419-422.

［73］ 吴景海, 王德群, 王玲娟, 等. 土工合成材料加筋的试验研究 ［J］. 土木工程学报, 2002, 35 （6）: 93-99.

［74］ 魏红卫, 喻泽红, 邹银生. 排水条件对土工合成材料加筋黏性土特性的影响 ［J］. 水利学报, 2006, 37 （7）: 838-845.

［75］ 魏红卫, 喻泽红, 尹华伟. 土工合成材料加筋黏性土的三轴实验研究 ［J］. 工程力学, 2007, 24 （5）: 107-113.

［76］ 张孟喜, 闵兴. 单层立体加筋砂土性状的三轴试验研究 ［J］. 岩土工程学报, 2006, 28 （8）: 931-936.

［77］ Khedkar M S, Mandal J N. Behaviour of cellular reinforced sand under triaxial loading conditions ［J］. Geotechnical and Geological Engineering, 2009, 27 （5）: 645-658.

［78］ 管振祥. 加筋尾矿砂三轴试验研究 ［J］. 石家庄铁道大学学报 （自然科学版）, 2014, 27 （S1）: 138-140.

［79］ Nair A M, Latha G M. Large diameter triaxial tests on geosynthetic-reinforced granular subbases ［J］. Journal of Materials in Civil Engineering, 2015, 27 （4）: 04014148. 1-04014148. 8.

［80］ Chen X, Zhang J, Li Z. Shear behaviour of a geogrid-reinforced coarse-grained soil based on large-scale triaxial tests ［J］. Geotextiles and Geomembranes, 2014, 42 （4）: 312-328.

［81］ Nouri S, Nechnech A, Lamri B, et al. Triaxial test of drained sand reinforced with plastic layers ［J］. Arabian Journal of Geosciences, 2016, 9 （1）: 53.

［82］ 晏长根, 顾良军, 杨晓华, 等. 土工格室加筋黄土的三轴剪切性能 ［J］. 中国公路学报, 2017, 30 （10）: 17-24.

［83］ 王家全, 张亮亮, 陈亚菁, 等. 土工格栅加筋砂土三轴试验离散元细观分析 ［J］. 水利学报, 2017, 48 （4）: 426-434, 445.

［84］ Nie Y, Li Y J, Hu F H, et al. Triaxial test on clay with vertical reinforcement ［C］// Proceedings of the 2017 3rd International Forum on Energy, Environment Science and Materials （IFEESM 2017）. 2018.

［85］ Abu-Farsakh M, Souci G, Voyiadjis G Z, et al. Evaluation of factors affecting the performance of geogrid-reinforced granular base material using repeated load triaxial tests ［J］. Journal of Materials in Civil Engineering, 2012, 24 （1）: 72-83.

［86］宁掌玄，冯美生，王凤江，等．多层加筋尾矿砂三轴压缩试验［J］．岩土力学，2010，31（12）：3784-3788.

［87］冯美生，王来贵，王凤江．加筋尾细砂三轴压缩试验研究［J］．山西大学学报（自然科学版），2011，34（S2）：144-147.

［88］Zheng B，Zhang D，Liu W，et al. Use of basalt fiber-reinforced tailings for improving the stability of tailings dam［J］．Materials，2019，12（8）：1306.

［89］Potts，David M. Finite element analysis in geotechnical engineering：application［M］．London：Thomas Telford，2001.

［90］杜坤乾，李国祥，李品华，等．钢塑土工格栅在土石混合料中的拉拔试验研究［J］．防灾减灾工程学报，2015，35（5）：644-650.

［91］张诚成，朱鸿鹄，唐朝生，等．纤维加筋土界面渐进性破坏模型［J］．浙江大学学报（工学版），2015，49（10）：1952-1959.

［92］Lopes M L，Ladeira M. Influence of the confinement soil density and displacement rate on soil-geogrid interaction［J］．Geotextiles and Geomembranes，1996（14）：543-554.

［93］陈榕，栾茂田，赵维，等．粉质混合碎石土中土工格栅拉拔阻力特性试验研究［J］．防灾减灾工程学报，2008，28（1）：49-53，86.

［94］汪明元，龚晓南，包承纲，等．土工格栅与压实膨胀土界面的拉拔性状［J］．工程力学，2009，26（11）：145-151.

［95］Wang Z J，Jacobs F，Ziegler M. Experimental and DEM investigation of geogrid-soil interaction under pull-out loads［J］．Geotextiles and Geomembranes，2016，44（3）：230-246.

［96］王协群，张俊峰，邹维列，等．格栅-土界面抗剪强度模型及其影响因素［J］．土木工程学报，2013，46（4）：133-141.

［97］Konami T，Imaizumi S，Takahashi S. Elastic considerations of field pull-out tests on polymer strip［A］．Proc. Int. Symp. on Earth Reinforcement，Kyushu，Japan，1996：57-62.

［98］Abramento M. Analysis of pullout tests for planar reinforcements in soil［J］．Journal of Geotechnical Engineering，1995，121（6）：476-485.

［99］Sobhi S，Wu J T H. An interface pullout formula for extensible sheet reinforcement［J］．Geosynthetics International，1996，3（5）：565-582.

［100］刘续，唐晓武，申昊，等．加筋土结构中筋材拉拔力的分布规律研究［J］．岩土工程学报，2013，35（4）：800-804.

［101］Sivakumar Babu G L，Sridharan A，Kishore Babu K. Composite reinforcement for reinforced soil applications［J］．Journal of the Japanese Geotechnical Society of Soils and Foundations，2003，43（2）：123-128.

［102］Nakamura T，Mitachi T，Ikeura I. Estimating method for the in-soil deformation behavior of geogrid based on the results of direct box shear test［J］．Journal of the Japanese Geotechnical Society of Soils and Foundations，2003，43（1）：47-57.

［103］杨广庆，李广信，张保俭．土工格栅界面摩擦特性试验研究［J］．岩土工程学报，2006，28（8）：948-952.

[104] Sawicki A. Modelling of geosynthetic reinforcement in soil retaining walls [J]. Geosynthetics International, 1998, 5 (3): 327-345.

[105] Gurung N. 1-D analytical solution for extensible and inextensible soil/rock reinforcement in pull-out tests [J]. Geotextiles and Geomembranes, 2001, 19 (4): 195-212.

[106] Yuan Z H. Pullout response of geosynthetic in soil-theoretical analysis [J]. Geo-Frontiers, 2011: 4388-4397.

[107] Huang C, Hsieh H, Hsieh Y. Hyperbolic models for a 2-D backfill and reinforcement pullout [J]. Geosynthetics Internationa, 2014, 21 (3): 168-178.

[108] Long P V, Bergado D T, Balasubramaniam A S, et al. Interaction between soil and geotextile reinforcement [J]. Geotechnical Special Publication, 1997, 69: 560-578.

[109] Gurung N, Iwao Y, Madhav M R. Pullout test model for extensible reinforcement [J]. International Journal for Numerical and Analytical Methods in Geomechanics, 1999, 23 (12): 1337-1348.

[110] MisraA, Chen C H, Oberoi R, et al. Simplified analysis method for micropile pullout behavior [J]. Journal of Geotechnical and Geoenvironmental Engineering, 2004, 130 (10): 1024-1033.

[111] Gurung N. A theoretical model for anchored geosynthetics in pull-out tests [J]. Geosynthetics International, 2000, 7 (3): 269-284.

[112] Esterhuizen J J B, Fliz G M, Duncan J M. Constitutive behavior of geosynthetic interface [J]. Journal of Geotechnical and Geoenvironmental Engineering, 2001, 127 (10): 834-840.

[113] 林伟岸, 朱斌, 陈云敏, 等. 考虑界面软化特性的垃圾填埋场斜坡上土工膜内力分析 [J]. 岩土力学, 2008, 29 (8): 2063-2069.

[114] 张鹏, 王建华, 陈锦剑. 土工织物拉拔试验中筋土界面力学特性 [J]. 上海交通大学学报, 2004, 38 (6): 999-1002.

[115] Hong C Y, Yin J H, Zhou W H, et al. Analytical study on progressive pullout behavior of a soil nail [J]. Journal of Geotechnical and Geoenvironmental Engineering, 2012, 138 (4): 500-507.

[116] Zhu H H, Zhang C C, Tang C S, et al. Modeling the pullout behavior of short fiber in reinforced soil [J]. Geotextiles and Geomembranes, 2014, 42 (4): 329-338.

[117] Chen J H, Saydam S, Hagan P C. An analytical model of the load transfer behavior of fully grouted cable bolts [J]. Construction and Building Materials, 2015, 101 (1): 1006-1015.

[118] 杨果林, 王永和. 加筋土筋材工程特性试验研究 [J]. 中国公路学报, 2001, 14 (3): 11-16.

[119] Ling H I, Liu H. Finite element studies of asphalt concrete pavement reinforced with geogrid [J]. Journal of Engineering Mechanics, 2003, 129 (7): 801-811.

[120] Siriwardane H, Gondle R, Kutuk B. Analysis of flexible pavements reinforced with geogrids [J]. Geotechnical & Geological Engineering, 2010, 28 (3): 287-297.

[121] 栾茂田, 肖成志, 杨庆, 等. 土工格栅蠕变特性的试验研究及粘弹性本构模型 [J]. 岩

土力学, 2005, 26 (2): 187-192.

[122] 刘华北. 土工合成材料循环受载、蠕变和应力松弛特性的统一本构模拟 [J]. 岩土工程学报, 2008, 28 (7): 823-828.

[123] 彭芳乐, 李福林, 江智森, 等. 任意加载条件下土工合成材料的弹粘塑性及本构模型 [J]. 工程力学, 2009, 26 (8): 50-58.

[124] Huang B, Bathurst R J, Hatami K. Numerical study of reinforced soil segmental walls using three different constitutive soil models [J]. Journal of Geotechnical and Geoenvironmental Engineering, 2009, 135 (10): 1486-1498.

[125] Sawicki A. A basis for modeling creep and stress relaxation behavior of geogrids [J]. Geosynthetics International, 1998, 5 (6): 637-645.

[126] Kongkitkul Warat, Tatsuoka Fumio, Hirakawa Daiki. Rate-dependent load-strain behaviour of geogrid arranged in sand under plane strain compression [J]. Soils and Foundations, 2007, 47 (3): 473-491.

[127] 陈群, 朱分清, 何昌荣. 加筋土本构模型研究进展 [J]. 岩土工程技术, 2003 (6): 360-363.

[128] Gerrard C M. Reinforced soil: an orthorhombic material [J]. Journal of the Geotechnical Engineering, 1982, 108 (12): 1460-1474.

[129] Nejad Ensan M, Shahrour I. A simplified elasto-plastic macroscopic model for the reinforced earthmaterial [J]. Mechanics Research Communications, 2000, 27 (1): 79-86.

[130] 张孟喜, 孙钧. 土工合成材料加筋土应变软化特性及弹塑性分析 [J]. 土木工程学报, 2000, 33 (3): 104-107.

[131] Sawicki A. Rheological model of geosynthetic reinforced soil [J]. Geotextiles and Geomembranes, 1999, 17: 33-49.

[132] 肖成志, 栾茂田, 杨庆. 考虑格栅流变性的加筋挡土墙格栅等效应力计算 [J]. 岩土工程技术, 2004, 18 (1): 23-27.

[133] 李丽华, 王钊, 陈轮. 考虑筋材蠕变特性的加筋土流变模型 [J]. 岩土力学, 2007, 28 (8): 1687-1690.

[134] 周志刚, 李雨舟. 基于土工格栅黏弹特性的加筋土本构模型研究 [J]. 岩石力学与工程学报, 2011, 30 (4): 850-857.

[135] Mcdermott R K, Sibley J M. The aznalcollar tailings dam accident a case study [J]. Mineral Resources Engineering, 2000, 9 (1): 101-118.

[136] Marcus W A, Meyer G A, Nimmo D R. Geomorphic control of persistent mine impacts in a Yellowstone Park streamand implications for the recovery of fluvial systems [J]. Geology, 2001, 29 (4): 355-358.

[137] Fourie A B, Blight G E, Papageorgiou G. Static liquefaction as a possible explanation for themerrie spruit tailings dam failure [J]. Canadian Geotechnical Journal, 2001, 38 (4): 707-719.

[138] Kemper T, Sommer S. Estimate of heavy metal contamination in soils after a mining accident

using reflectance spec-troscopy [J]. Environmental Science and Technology, 2002, 36 (12): 2742-2747.

[139] Tynybekov A K, Aliev M S. The ecological condition of Kadji-Sai uranium tailings [J]. Environmental Security and Public Safety, 2007: 187-195.

[140] Yi F, Du C. Triaxial Testing of Geosynthetics Reinforced Tailings with Different Reinforced Layers [J]. Materials, 2020, 13 (8): 1943.

[141] Liu Jianzhong, et al. Mechanical and permeation response characteristics of basalt fibre reinforced tailings to different reinforcement technologies: an experimental study [J]. Royal Society Open Science, 2021, 8 (9): 210669.

[142] Liu Kehui, et al. Study on hydraulic incipient motion model of reinforced tailings [J]. Water, 2021, 13 (15): 2033.

[143] Hancock G R. The use of landscape evolution models in mining rehabilitation design [J]. Environmental Geology, 2004, 46 (5): 561-573.

[144] Chen S C, Zheng Y F, Wang C A, et al. A large-scaletest on overtopping failure of tow artificial dams in taiwan [J]. Engineering Geology for society and territory, 2015, 2: 1177-1181.

[145] Shen L Y, Zhou K P, Wei Z A, et al. Research on geosynthetics in tailings dam reinforcement [J]. Advanced Materials Research, 2012, 402: 675-679.

[146] Festugato L, Consoli N C, Fourie A. Cyclic shear behaviour of fibre-reinforced mine tailings [J]. Geosynthetics International, 2015, 22 (2): 196-206.

[147] Wei Z, Yin G, Li G, et al. Reinforced terraced fields method for fine tailings disposal [J]. Minerals Engineering, 2009, 22 (12): 1053-1059.

[148] Consoli N C, Nierwinski H P, Da Silva A P, et al. Durability and strength of fiber-reinforced compacted gold tailings-cement blends [J]. Geotextiles and Geomembranes, 2017, 45 (2): 98-102.

[149] Du C, Yi F. Analysis of the Elastic-Plastic Theoretical Model of the Pull-Out Interface between Geosynthetics and Tailings [J]. Advances in Civil Engineering, 2020 (8): 1-22.

[150] Dash S K, Rajagopal K, Krishnaswamy N R. Performance of different geosynthetic reinforcement materials in sand foundations [J]. Geosynthetics International, 2004, 11 (1): 35-42.

[151] 尹光志, 魏作安, 万玲, 等. 细粒尾矿堆坝加筋加固模型试验研究 [J]. 岩石力学与工程学报, 2005 (6): 1030-1034.

[152] Matsuoka H, Liu S H. New earth reinforcement method by geotextile bag [J]. Soils and Foundations, 2003, 43 (6): 173-188.

[153] Mehrjardi G H T, Khazaei M. Scale effect on the behaviour of geogrid-reinforced soil under repeated loads [J]. Geotextiles and Geomembranes, 2017, 45 (6): 603-615.

[154] Ehrlich M, Mirmoradi S H, Saramago R P. Evaluation of the effect of compaction on the behavior of geosynthetic-reinforced soil walls [J]. Geotextiles and Geomembranes, 2012,

34：108-115.

[155] Portelinha F H M, Zornberg J G. Effect of infiltration on the performance of an unsaturated geotextile-reinforced soil wall ［J］. Geotextiles and Geomembranes, 2017, 45 （3）：211-226.

[156] Jing X, Chen Y, Williams D, et al. Overtopping Failure of a Reinforced Tailings Dam：Laboratory Investigation and Forecasting Model of Dam Failure ［J］. Water, 2019, 11 （2）：315.

[157] Perrier H. Use of soil-filled synthetic pillows for erosion protection ［C］//Proceedings of 3rd International Conference on Geotextiles. Vienna, Austria, 1986：1115-1119.

[158] 张文斌, 谭家华. 土工布充砂袋的应用及其研究进展 ［J］. 海洋工程, 2004, 22 （2）：98-104.

[159] Fowler Jack. Geotextile tubes and flood control ［J］. Geotechnical Fabrics Report, 1997, 15 （5）：28-37.

[160] Fowler Jack. Dewatering sewage sludge with geotextile tubes ［ED/OL］. http：//geotecassociates. com/.

[161] Restall S J, Jackson L A, Heerten G, et al. Case studies showing the growth and development of geotextile sand containers：an Australian perspective ［J］. Geotextiles and Geomembranes, 2002, 20 （5）：321-342.

[162] Fowler Jack. Use of geotubes in Colombia, South America ［ED/OL］. http：//geotecassociates. com/.

[163] 束一鸣. 我国管袋坝工程技术进展 ［J］. 水利水电科技进展, 2018, 38 （1）：1-11, 18.

[164] 迟景魁, 白建颖, 沈建强. 编织袋充填技术应用 ［C］//全国第三届土工合成材料学术会议论文选集. 天津：天津大学出版社, 1992：380-385.

[165] 陈桂杰, 王跃峰. 编织袋充填技术在永定新河建闸清淤设计中的应用 ［J］. 水利水电工程设计, 1998 （4）：24-25.

[166] 镇江市长江河道管理处, 江苏省水利厅科技处. 镇江市长江镇扬河段和畅洲左汉口门控制工程 ［J］. 江苏水利, 2003 （7）：52.

[167] 吕妍. 长江南京以下 12.5m 深水航道明年交工 ［N］. 新华日报, 2017-04-07 （3）.

[168] 束一鸣, 张乃国, 史海珊, 等. 长江口复杂软土地基上堤坝的设计——太仓市第二水厂蓄淡避成水库围堤设计 ［J］. 水利水电科技进展, 2003, 23 （6）：33-36.

[169] 楼启为. 长江口深水航道治理工程袋装砂堤心成型及砂被铺设施工工艺 ［J］. 水运工程, 2006 （B12）：74-77.

[170] 阮学成. 大型土工织物充灌袋在上海洋山深水港海堤建设中的应用 ［J］. 水运工程, 2006 （11）：31-33.

[171] 董志良, 刘嘉, 朱幸科, 等. 大面积围海造陆围堰工程关键技术研究及应用 ［J］. 水运工程, 2013 （5）：168-175.

[172] 冯良记. 中交集团中标香港机场填海拓地项目 ［EB/OL］. （2016-10-09）http：//www. cccnews. cn/zjxw/gsyw/201610/t20161009 _ 50464. html.

[173] Assinder P J, Breytenbach M, Wiemers J. Utilizing geotextile tubes to extend the life of a Tailings Storage Facility. In: Proceeding of the First Southern African Geotechnical Conference, Sun City, South Africa, 2016: 373-379.

[174] Wilke M, Breytenbach M, Reunanen J, et al. Effient and environmentally sustainable tailings treatment and storage by geosynthetic dewatering tubes: working principles and talvivaara case study [C] //In: Proceedings Tailings and Mine Waste. Vancouver, 25-28 Oct.

[175] 李巧燕, 王惠栋, 马国伟, 等. 尾矿坝筑坝模袋力学性能试验研究 [J]. 岩土力学, 2016, 37 (4): 957-964.

[176] Richard Weggel J, Dortch J, Gaffney D. Analysis of fluid discharge from a hanging geotextile bag [J]. Geotextiles and Geomembranes, 2011, 29 (1): 65-73.

[177] 唐琳. 拉应变对土工织物孔径特征及反滤性能影响的研究 [D]. 杭州: 浙江大学, 2014: 41-42.

[178] Guo W, Chu J, Nie W. Analysis of geosynthetic tubes inflated by liquid and consolidated soil [J]. Geotextiles and Geomembranes, 2014, 42 (4): 277-283.

[179] Plaut R H, Stephens T C. Analysis of geotextile tubes containing slurry and consolidated material with frictional interface [J]. Geotextiles and Geomembranes, 2012, 32: 38-43.

[180] 邱长林, 闫玥, 闫澍旺. 泥浆不均匀时土工织物充填袋特性 [J]. 岩土工程学报, 2008, 30 (5): 760-763.

[181] 周汉民. 基于模袋法堆坝的尾矿坝稳定性研究 [D]. 北京: 北京科技大学, 2017.

[182] 刘伟超, 杨广庆, 汤劲松, 等. 土工织物充填管袋设计计算方法研究 [J]. 岩土工程学报, 2016, 38 (sup1): 203-208.

[183] 吴月龙, 唐彤芝, 徐波, 等. 模袋淤泥筑堤现场试验研究 [J]. 重庆交通大学学报 (自然科学版), 2017, 36 (9): 66-72.

[184] 张曼, 甄胜利, 黄志亮, 等. 土工管袋用于垃圾填埋场污泥塘污泥脱水的工程实例 [J]. 环境卫生工程, 2018, 26 (2): 91-96.

[185] 董晶, 费义昆, 梁佳斌. 土工管袋污泥脱水工程的设计注意事项 [J]. 环境科技, 2014, 27 (1): 38-41.

[186] 张景辉, 刘朝辉, 卢丹. 超声辅助絮凝强化污染底泥土工管袋脱水减容 [J]. 化学工程, 2011, 29 (10): 16-18.

[187] 白妮, 王爱民, 姜慧. 聚氯化铝铁与聚丙烯酰胺协同处理城市污水研究 [J]. 非金属矿, 2015, 38 (5): 78-80.

[188] 罗璐, 施周, 周先敏, 等. 絮凝剂和溶菌酶联用促进污泥脱水性能 [J]. 湖南大学学报 (自然科学版), 2018, 45 (12): 131-137.

[189] 吴海民, 束一鸣, 常广品, 等. 高含黏 (粉) 粒土料充填管袋高效脱水工艺现场模型试验 [J]. 岩土工程学报, 2016, 38 (S1): 209-215.

[190] 杨智, 袁磊, 李森, 等. 充泥管袋和模袋混凝土在堤防中的应用 [J]. 水利水电科技进展, 2000, 20 (2): 44-46.

[191] 张敬, 叶国良, 朱耀庭. 水泥固化土新材料在围堁堤心结构中应用研究 [J]. 海洋工

程，2007，25（3）：115-121.

[192] 刘成锋，周伟. 大模袋充填固化泥用于滩海路堤堤心技术的研究 [J]. 石油工程建设，2009，34（6）：22-26.

[193] 吴月龙，朱芳芳，陈东东，等. 吹填海泥掺水泥充灌模袋筑堤试验 [J]. 水利与建筑工程学报，2014，12（5）：79-82.

[194] Zhang R J, Santoso A M, Tan T S, et al. Strength of High Water-Content Marine Clay Stabilized by Low Amount of Cement [J]. Journal of Geotechnical and Geoenvironmental Engineering, 2013, 139: 2170-2181.

[195] 刘爱民. 低掺量水泥固化土的强度影响因素分析 [J]. 水运工程，2007，2：24-27.

[196] 缪志萍，刘汉龙. 堤防水泥固化培土强度的试验研究 [J]. 华东船舶工业学院学报，2005，19（5）：20-24.

[197] 郭印，徐日庆，邵允铖. 淤泥质土的固化机理研究 [J]. 浙江大学学报（工学版），2008，42（6）：1071-1075.

[198] 郭印. 淤泥质土的固化及力学特性的研究 [D]. 杭州：浙江大学，2007.

[199] 黄新，宁建国，郭晔，等. 水泥掺量对固化土结构形成的影响研究 [J]. 岩土工程学报，2006，28（4）：436-441.

[200] 岳吉双，王振江，刘蜜. 模袋固化土室内配比试验 [J]. 水运工程，2011，2：36-39.

[201] 姚君，孙秀丽，刘文化，等. 疏浚淤泥固化土宏微观孔隙结构特征及其对渗透性影响 [J]. 大连理工大学学报，2018，58（5）：456-463.

[202] 杨爱武，胡垚. 新型城市污泥固化土工程特性及微观机理 [J]. 岩土力学，2018，39（S1）：69-78.

[203] Horpibulsuk S, Miura N, Nagaraj T S. Assessment of strength development in cement-admixed high water content clays with Abrams' law as a basis [J]. Geotechnique, 2003, 53 (4): 439-444.

[204] 郑少辉，赖汉江，章荣军，等. 不同水灰比水泥固化黏土的强度特性试验研究 [J]. 地下空间与工程学报，2014，10（6）：1281-1284，1292.

[205] 史旦达，齐梦菊，许冰沁，等. 固化疏浚土宏-微观力学特性室内试验研究 [J]. 长江科学院院报，2018，35（1）：117-122，127.

[206] 蔡燕燕，江浩川，俞缙，等. 水泥固化滨海风积砂力学特性试验及细观数值仿真 [J]. 岩土工程学报，2016，38（11）：1973-1980.

[207] 胡舜娥，蔡燕燕，俞缙，等. 水泥固化滨海风积砂三轴试验研究 [J]. 地下空间与工程学报，2014，10（3）：573-579.

[208] 田庆利，李宝华，祝业浩. 大型固化土充泥模袋的研究及在天津港南疆围堰工程中的应用 [J]. 中国港湾建设，2002（4）：50-53.

[209] Louis Ge, Chien Chih Wang, Chen Wei Hung, et al. Assessment of strength development of slag cement stabilized kaolinite [J]. Construction and Building Materials, 2018, 184: 492-501.

[210] Lang Liu, Jie Xin, Yan Feng, et al. Effect of the Cement-Tailing Ratio on the Hydration

Product and Microstructure Characteristics of Cemented Paste Backfill [J]. Arabian Journal for Science and Engineering, 2019, 44 (7): 6547-6556.

[211] Lee Shyue Leong, Mannan Mohammad Abdul, Ibrahim Wan Hashim Wan. Shear strength evaluation of composite pavement with geotextile as reinforcement at the interface [J]. Geotextiles and Geomembranes, 2020, 48 (3): 230-235.

[212] Jotisankasa Apiniti, Rurgchaisri Natthapat. Shear strength of interfaces between unsaturated soils and composite geotextile with polyester yarn reinforcement [J]. Geotextiles and Geomembranes, 2018, 46 (3): 338-353.

[213] Shijin Feng, Jieni Chen, Hongxin Chen, et al. Analysis of sand-woven geotextile interface shear behavior using DEM [J]. Canadian Geotechnical Journal, 2020, 57 (3): 433-447.

[214] Carbone L, Gourc J P, Carrubba P, et al. Dry friction behavior of a geosynthetic interface using inclined plane and shaking table tests [J]. Geotextiles and Geomembranes, 2015, 43 (4): 293-306.

[215] Aldeeky H, Hattamleh O A, Alfoul B A. Effect of Sand Placement Method on the Interface Friction of Sand and Geotextile [J]. International Journal of Civil Engineering, 2016, 14 (2B): 133-138.

[216] Bacas B M, Cañizal J, Konietzky H. Frictional behaviour of three critical geosynthetic interfaces [J]. Geosynthetics International, 2015, 22 (5): 355-365.

[217] Khachan M M, Bhatia S K. Influence of fibers on the shear strength and dewatering performance of geotextile tubes [J]. Geosynthetics International, 2016, 23 (5): 317-330.

[218] Lawson C R. Geotextile containment for hydraulic and environmental engineering. Geosynthetics International, 2008, 15 (6): 384-427.

[219] Beliaev A P, Beliakova T A, Chistiakov P V, et al. The influence of the weaving pattern on the interface friction in aramid fabrics under the conditions of the transverse loading [J]. International Journal of Mechanical Sciences, 2018, 145: 120-127.

[220] Aiban S A, Ali S M. Nonwoven geotextile-sabkha and -sand interface friction characteristics using pull-out tests [J]. Geosynthetics International, 2001, 8 (3): 193-220.

[221] Yin G, Wei Z, Wang J G, et al. Interaction characteristics of geosynthetics with fine tailings in pullout test [J]. Geosynthetics International, 2008, 15 (6): 428-436.

[222] 李宇, 陈德春, 金鹰. 土工织物的摩擦特性 [J]. 东北林业大学学报, 2003, 31 (2): 67-69.

[223] 杨春山, 莫海鸿, 魏立新, 等. 土工模袋砂界面摩擦特性试验研究 [J]. 地下空间与工程学报, 2018, 14 (1): 26-32.

[224] 黄文彬, 陈晓平. 土工织物与吹填土界面作用特性试验研究 [J]. 岩土力学, 2014, 35 (10): 2831-2837.

[225] 潘洋, 秦庆娟. 土工编织袋摩擦角的试验研究 [J]. 上海水务, 2007, 23 (3): 43-46.

[226] Matsushima K, Aqil U, Mohri Y, et al. Shear strength and deformation characteristics of geosynthetic soil bags stacked horizontal and inclined [J]. Geosynthetics International, 2008,

15（2）：119-135.

［227］黄端阳，马石城．模袋水泥土的界面粗糙度和抗剪强度的分形估算［J］．土工基础，2011，25（1）：61-64.

［228］朱君星，张默，曹作忠，等．尾矿土工织物编织袋层间界面摩擦强度特性研究［J］．金属矿山，2013，404：114-117.

［229］刘斯宏，樊科伟，陈笑林，等．土工袋层间摩擦特性试验研究［J］．岩土工程学报，2016，38（10）：1874-1880.

［230］文华，曹兴，邹娇丽，等．建渣土工袋力学特性试验研究［J］．浙江工业大学学报，2017，45（2）：217-222.

［231］符思华，刘小文，刘星志，等．尾矿充填模袋界面摩擦性能试验研究［J］．水文地质工程地质，2018，45（1）：83-88.

［232］陈笑林，贾凡，李剑萍，等．土工袋层间摩擦过程的细观研究［J］．能源与环保，2018，39（4）：27-31，39.

［233］樊科伟，刘斯宏，廖洁，等．袋装石土工袋剪切力学特性试验研究［J］．岩土力学，2020，41（2）：1-8.

［234］李广信．关于土工合成材料加筋设计的若干问题［J］．岩土工程学报，2013，35（4）：605-610.

［235］Weizhi Su，Richard J. Fragaszy. Uplift testing of model anchors［J］. Geotech. Engrg，1988，114：961-983.

［236］Benmokrane B，Chennouf A，Mitri H S. Laboratory evaluation of cement-based grouts and grouted rock anchors［J］. International Journal of Rock Mechanics and Mining Sciences & Geomechanics Abstracts，1995，32（7）：633-642.

［237］Cai Y，Esaki T，Jiang Y J. An analytical model to Predict axial load in grouted rock bolt for soft rock tunneling［J］. Tunnelling and Underground Space Technology，2004，19：607-618.

［238］陈国周，贾金青．拉力型锚杆应力分布的非线性分析［J］．地下空间与工程学报，2008（1）：49-54.

［239］尤春安．锚固系统应力传递机理理论及应用研究［D］．青岛：山东科技大学，2004：72-75.

［240］张培胜，阴可．拉力型锚杆锚固段传力机理的全过程分析方法［J］．地下空间与工程学报，2009，5（4）：716-723.

［241］黄明华，周智，欧进萍．拉力型锚杆锚固段拉拔受力的非线性全历程分析［J］．岩石力学与工程学报，2014，33（11）：2090-2199.

［242］Seo M W，Park I J，Park J B. Development of displacement-softening model for interface shear behavior between geosynthetics［J］. Soils and Foundation，2004，44（6）：27-38.

［243］曹文贵，赵明华，刘成学．基于 Weibull 分布的岩石损伤软化模型及其修正方法研究［J］．岩石力学与工程学报，2004，23（19）：3226-3231.

［244］Makkar F M，Chandrakaran S，Sankar N. Performance of 3-D geogrid-reinforced sand under direct shear mode［J］. International Journal of Geotechnical Engineering，2017（1）：1-9.

［245］成浩，王旺，张家生，等．加筋粗粒土筋土界面剪切特性与统计损伤软化模型研究［J］．铁道科学与工程学报，2018，15（11）：2780-2787.

［246］李丽萍，赖丰文，陈福全，等．土工合成材料加筋土界面渐进拉拔行为的理论解析

［J］. 有色金属（矿山部分），2016, 68 (4)：74-80.

［247］曹延波，彭芳乐，小竹望，等. 加筋砂土边坡渐进性变形破坏的数值分析［J］. 岩石力学与工程学报，2010, 29（S2）：3905-3915.

［248］Misra A, Chen C H. Analytical solution for micropile design under tension and compression［J］. Geotechnical & Geological Engineering, 2004, 22 (2)：199-225.

［249］赖丰文，李丽萍，陈福全. 土工格栅筋土拉拔界面的弹性-指数软化模型与性状［J］. 工程地质学报，2018, 126(4)：31-39.

［250］Tynybekov A K, Aliev M S. The ecological condition of Kadji-Sai uranium tailings［J］. Environmental Security and Public Safety, 2005, 47：187-195.

［251］Iryo T, Rowe R K. On the hydraulic behavior of unsaturated nonwoven geotextiles［J］. Geotextiles & Geomembranes, 2003, 21 (6)：381-404.

［252］Maleki A, Lajevardi S H, Brianon L, et al. Experimental study on the L-shaped anchorage capacity of the geogrid by the pullout test［J］. Geotextiles and Geomembranes, 2021, 49 (4)：1046-1057.

［253］Li L, Mitchell R. Effects of reinforcing elements on the behavior of weakly cemented sands［J］. Canadian Geotechnical Journal, 1988, 25 (2)：389-395.

［254］尹光志，张东明，魏作安，等. 土工合成材料与细粒尾矿界面作用特性的试验研究［J］. 岩石力学与工程学报，2004, 23 (3)：426-429.

［255］赵一姝，敬小非，周筱，等. 筋带对尾矿坝漫坝破坏过程阻滞作用试验研究［J］. 中国安全科学学报，2016, 26 (1)：94-99.

［256］Bathurst R J. Static response of reinforced soil retaining walls with nonuniform reinforcement［J］. International Journal of Geomechanics, 2001, 1 (4)：428-433.

［257］杨广庆，吕鹏，张保俭，等. 整体面板式土工格栅加筋土挡墙现场试验研究［J］. 岩石力学与工程学报，2007, 26 (10)：2077-2083.

［258］朱根桥，汪承志，李霞. 高速公路加筋陡坡路基长期工作特性研究［J］. 岩土力学，2012, 33 (10)：227-232, 324.

［259］Vidal H. The principle of reinforced earth［J］. Highway Research Record, 1969, 282：1-5.

［260］Ling H I, Liu H B, Kaliakin N, et al. Analyzing dynamic behavior of geosynthetic-reinforced soil retaining walls［J］. Journal of Engineering Mechanics, 2004, 130 (8)：911-920.

［261］辛保泉，万露，耿龙龙，等. 尾矿库溃坝室外模型试验及灾害预测分析［J］. 中国安全生产科学技术，2018, 14 (5)：102-108.

［262］白建平，叶辰，赵一姝，等. 不同筋料对尾矿坝渗透特性影响规律研究［J］. 中国安全生产科学技术，2016, 12 (8)：55-59.

［263］刘晓非，郭君. 细粒尾矿特性研究及其堆坝工程实践［J］. 有色金属（矿山部分），2016, 68 (5)：82-86.

［264］秦柯，付兆茜. 尾矿土工织物复合体在某尾矿库治理中的应用［J］. 现代矿业，2016, 32 (9)：214-215.

［265］徐进. 尾矿料物理力学性质试验研究及尾矿坝动力稳定性分析［D］. 长沙：中南大学，2007.

2 土工格栅-尾矿复合体界面特性试验

界面特性研究的定量方法主要是进行各种加筋土的试验，包括：室内试验（直剪、拉拔和三轴试验）、静力模型试验以及现场试验。本章主要介绍筋-尾矿界面特性的室内试验，直剪试验模拟摩擦作用，比较简单易行，成果规律性较好。拉拔试验模拟摩擦和嵌锁作用全过程，在分析筋土界面内部稳定和相互作用时，采用拉拔试验更合适，因为拉拔试验中应力和位移是从拉拔端逐渐传递到自由端的，能够全面反应土工格栅与土的相互作用机理[1]。三轴试验也是常用的室内试验方法，此时将加筋土试样当作复合体[2]。

2.1 直剪拉拔试验仪器研制

本试验仪器是由南京某仪器公司开发的 YT1200 土工合成材料直剪拉拔试验系统所研制的试验装置，该系统主要包括试验箱（直剪和拉拔）、垂直加载系统、水平加载系统、图像摄录系统和数据采集系统组成，试验装置如图 2-1 所示。

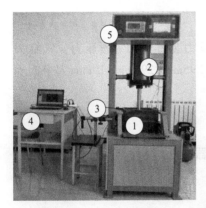

图 2-1 试验装置

1—试验箱；2—垂直加载系统（包括气泵）；3—水平加载系统；4—图像摄录系统；5—数据采集系统

2.1.1 试验箱

本仪器的两种试验箱是直剪试验箱和拉拔试验箱，如图 2-1 所示。直剪试箱分为上直剪箱和下直剪小车，试验时土工合成材料固定在下直剪小车上，上直剪箱内部尺寸为 300mm×300mm×150mm（长×宽×高），在上直剪箱侧面中央开口 200mm×50mm 尺寸大小；拉拔试验箱内部尺寸为 300mm×300mm×220mm，在试验箱前后正中开 300mm×10mm 窄缝，供土工合成材料的引出，试验时筋材水平铺设在试验箱的窄缝高度位置，在拉拔箱侧面中央开口 200mm×90mm 大小；在直剪试验箱和拉拔试验箱的开口处内侧粘上 10mm 厚的钢化有机玻璃，便于观测试验过程中筋材的变形并拍摄照片，以实现试验过程中筋土界面的可视。直剪和拉拔试验原理示意图如图 2-2 所示。

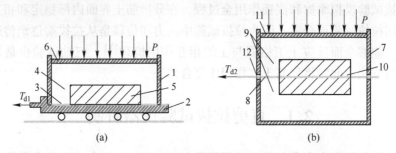

图 2-2   直剪和拉拔试验原理示意图

（a）直剪试验；（b）拉拔试验

1—上直剪箱（固定）；2—直钢小车；3，8—筋材；7—拉拔箱；4，9—填料；
5，10—可视窗口（有机玻璃）；6，11—承压板；12—10mm 窄缝

2.1.2　垂直加载系统

　　垂直加载系统由带压力传感器的气缸通过反力装置施加上覆压力，气缸为 30L 的空气压缩机，在气压加载系统顶部有一块 295mm×295mm×10mm 大小的承压板，可均匀施加 0~200kPa 范围内上覆压力。

2.1.3　水平加载系统

　　水平加载系统采用速率可控的带拉力传感器拉压电机，可为试验施加 0~5mm/min 范围内恒定加载速度并测量试验力。

2.1.4　图像摄录系统

　　图像采集系统由奥斯微 AO-3M140 视频视显微镜、专用光源及支架组成，采用细观量测技术采集分析处理筋土界面图像；图像采集系统直接与计算机相连，进行图像的采集与初步处理。

2.1.5 数据采集系统

本试验装置设有控制面板如图2-1（a）所示。左侧控制面板与竖向加载系统相连，可进行上覆压力的设定，右侧控制面板与水平加载系统相连，可将试验结果实时地反映在显示屏上，实现了对试验数据的实时监控，以便试验出现问题后及时分析或停止；试验时数据自动采集保存，试验机与计算机相连，在试验结束后数据可导入计算机。

2.1.6 试验仪器的特点

相较于国内外其他类似直剪拉拔设备，本章研制的土工合成材料直剪拉拔试验系统具有如下技术特点。

（1）直剪与拉拔两用，两种试验箱底面面积相同，可方便开展不同工况的直剪与拉拔试验，并进行对比分析，这是本设备相较于其他同类设备具备的一个明显的技术优点。

（2）试验箱由具有一定刚度的钢板和受力时不变形的有机玻璃组成，可避免试验时边界效应的影响，尤其对于直剪试验来说，试验箱尺寸比同类尺寸大，对尺寸效应有一定减小，而拉拔试验装置的尺寸效应可通过润滑侧壁和控制筋材长宽比来减少这一影响。

（3）加载系统控制方便。在竖直方向上，采用气压加载系统控制试验设备的竖向加载，便于荷载的控制和卸载，可以对试验箱内的填料施加不同的恒定上覆压力；在水平方向上，由拉压电机控制水平加载的恒定速度，可设定不同的加载速度。

（4）试验过程可视。采用视频显微镜在试验箱侧面开口处对整个试验过程进行摄录，获得直剪与拉拔试验过程中筋土界面区域填料颗粒位移及细观参数的变化规律。

（5）数据采集自动化，试验过程中实现了试验数据的实时监测和自动化采集，保证了试验的高效及结果的准确性。

（6）试验仪器一体化。整个试验设备除图像摄录系统外统一安装在一个试验台上，使拉压电机作用在试验箱的力和反力装置产生在试验箱的反作用力相互抵消，便于试验控制及减少试验误差。

2.2 试验填料及筋材参数指标

2.2.1 尾矿填料

试验所用尾矿砂填料来源于鞍钢矿业集团齐大山选矿厂风水沟尾矿库，为了降低砂中水分对试验结果的影响，采用干尾矿砂，含水率为3.75%，该尾矿砂具有的物理性质指标见表2-1。尾矿砂颗粒级配为：有效粒径d_{10} = 0.10mm，中值粒径d_{30} = 0.19mm，限制粒径d_{60} = 0.30mm，经计算，该尾矿的不均匀系数C_u =3 < 5，曲率系数C_c = 1.2 在1~3之间，说明该尾矿属于级配不良，颗粒级配曲线如图2-3所示，具体颗粒级配见表2-2。

表 2-1　尾矿填料参数取值

重度/kN·m⁻³	变形模量/MPa	泊松比	黏聚力/kPa	内摩擦角 φ /(°)
17.4	30	0.25	1	33.4

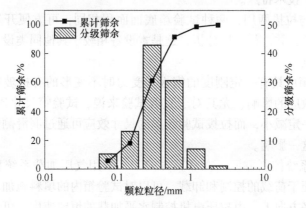

图 2-3　尾矿颗粒级配曲线

表 2-2　尾矿砂颗粒级配

颗粒组成/%					限制粒径/mm			不均匀系数 C_u	曲率系数 C_c
1.18~0.6mm	0.6~0.3mm	0.3~0.15mm	0.15~0.075mm	<0.075mm	d_{60}	d_{30}	d_{10}		
6.81	30.89	42.98	12.98	5.15	0.3	0.19	0.10	3.00	1.20

2.2.2　土工合成材料

如图2-4所示，试验采用的土工合成材料为 TGSG35 双向拉伸塑料土工格栅（见图2-4（a））、短纤针刺土工布（见图2-4（b））和 EGA30 玻璃纤维土工格栅（见图2-4（c）），这三种土工合成材料在各种加筋工程中应用有较好应用效果，具体的加筋材料参数见表2-3。

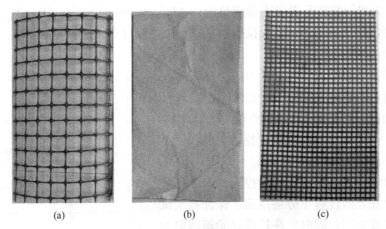

| (a) | (b) | (c) |

图 2-4　试验所用土工合成材料

表 2-3　土工合成材料性能参数

TGSG35 土工格栅力学参数		性能指标	针刺短纤土工布力学参数	性能指标	EGA30 土工格栅力学参数		性能指标
纵横向拉伸强度/kN·m⁻¹		35	纵横向断裂强度/kN·m⁻¹	30	网孔尺寸（长×宽）/mm×mm		12.7×12.7
标称伸长率/%	纵	15	纵横向标称伸长率/%	40~80	断裂强度/kN·m⁻¹	径向	30
	横	13	CBR 顶破强力不小于/kN	13		纬向	30
2%伸长率时拉伸强度不小于/kN·m⁻¹	纵	12	纵横向撕破强力不小于/kN	12	断裂伸长率不小于/%	径向	4
	横	12	等效孔径/mm	0.05~0.2		纬向	4
5%伸长率时拉伸强度不小于/kN·m⁻¹	纵	24	垂直渗透系数/cm·s⁻¹	1.0×10⁻³	耐温性不小于/℃		-100~280
	横	24	厚度/mm	4.2	厚度/mm		2.5

2.3　直剪拉拔试验原理及步骤

筋土之间的界面作用特性也可以用界面似摩擦系数 f 描述，其值一般用界面摩擦强度与对应法向应力 σ_n 的比值进行计算：

$$f = \frac{\tau_p}{\sigma_n} \tag{2-1}$$

进行试验时，在土工格栅即被拉出时，假定土工格栅上下表面剪应力均匀分布且满足平衡条件，进行计算可获得直剪和拉拔界面摩擦强度：

$$\tau_p = \frac{T_{d1}}{A_{if}} \Big/ \tau_p = \frac{T_{d2}}{2A_{if}} \tag{2-2}$$

式中，τ_p 为界面摩擦强度（直剪或拉拔），kPa；σ_n 为法向应力，kPa；T_{d1}、T_{d2} 为筋材受到的最大剪切力、最大拉拔力，kN；A_{if} 为筋材埋入试验箱的面积，经计算 $A_{if} = 0.09m^2$。

直剪试验和拉拔试验均在不同法向应力 σ_n 作用下进行，可绘制出 τ_p-σ_n 曲线并进行线性拟合，如图 2-5 所示，该拟合直线符合莫尔-库仑定律，由此可确定出直剪或拉拔的界面强度指标似黏聚力 c_{if} 和似摩擦角 φ_{if}。

试验时，以尾矿砂的密度控制试验槽的装砂量，并在装砂过程中分层压实，保证每组试验的密实度相同；同时，在拉拔试验箱两侧均匀涂上润滑油以减少试验过程的尺寸效应；直

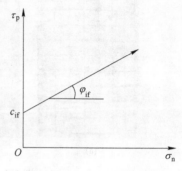

图 2-5　τ_p-σ_n 曲线示意图

剪试验剪切速度和拉拔试验速度均设定为 2mm/min。试验结束后，记录每组试验的峰值（最大剪切力、最大拉拔力）以便后续分析。

2.4　加筋尾矿复合体界面宏细观特性分析

2.4.1　试验方案

试验方案设计土工格栅和土工布（见图 2-4（a）和（b））分别在 4 种不同法向应力（10kPa、20kPa、30kPa、40kPa）下进行直剪和拉拔试验，共计 16 组，具体方案见表 2-4。为了降低试验结果的离散性，每组试验进行 1~3 组平行试验。

表 2-4　试验方案

试验类别	加筋材料	法向应力/kPa
直剪试验	土工格栅	10、20、30、40
	土工布	
拉拔试验	土工格栅	
	土工布	

2.4.2　直剪试验结果分析

2.4.2.1　直剪界面宏观特性分析

如图 2-6 所示为不同法向应力下土工格栅和土工布与尾矿的直剪试验结果。由图 2-6 可知，土工格栅和土工布与尾矿的直剪试验曲线变化规律基本一致，剪

切力首先随着剪切位移增大而增大，达到峰值后剪切力基本稳定；直剪试验曲线的总体规律都是在剪切位移达到 10mm 前，剪切力增长较快，随后逐渐减缓，且随着法向应力增大，剪切力达到的峰值越大。

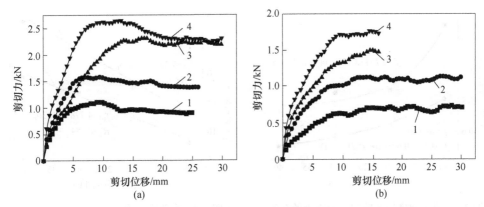

图 2-6 土工格栅和土工布的直剪试验曲线

(a) 土工格栅；(b) 土工布

1—10kPa；2—20kPa；3—30kPa；4—40kPa

根据公式（2-1）可计算得到直剪似摩擦系数与法向应力变化关系，如图 2-7 所示。由图 2-7 可知，土工格栅和土工布的直剪似摩擦系数与法向应力均呈负指数关系，随着法向应力的增大，似摩擦系数减小，且减小速度逐渐减缓；土工格栅的直剪似摩擦系数介于 0.74~1.32 之间，土工布的直剪似摩擦系数介于 0.49~0.82 之间，相同法向应力条件下，土工格栅的直剪似摩擦系数比土工布的直剪似摩擦系数大 36%左右。

根据公式（2-2）计算可得直剪摩擦强度与法向应力的变化关系，如图 2-8 所示。从图 2-8 可以发现，土工格栅和土工布的直剪摩擦强度与法向应力都有很好的线性关系，相关系数都在 97%以上，验证了该仪器直剪试验的可靠性；图 2-8 中的线性拟合公式根据摩尔-库仑强度准则可以得出，土工格栅和土工布与尾矿的界面强度指标似黏聚力分别为 7.36kPa、4.78kPa，似摩擦角分别为 29.57°、20.96°；土工格栅计算得到的界面强度指标均比土工布的界面强度指标大，其中似黏聚力相差 35.1%，似摩擦角相差 29.1%，由此可知，直剪试验条件下筋材网孔的有无对筋-尾矿界面强度指标似黏聚力和似摩擦角均有较大影响。

2.4.2.2 直剪界面细观特性分析

试验过程中采用视频显微镜在可视玻璃窗口前方拍摄直剪筋-尾矿界面区域内尾矿颗粒的运动状态，如图 2-9 所示为土工格栅在法向应力 20kPa 作用下的直剪界面尾矿颗粒运动变化。由图 2-9 可知，尾矿颗粒在筋-尾矿直剪界面处主要表现为平移形式，对比图中标志颗粒 1 和颗粒 2 可发现，越靠近界面处的颗粒位移越大；在剪切过程中随着界面区域内颗粒的运动，区域外的细小颗粒会逐渐向界面内运动。

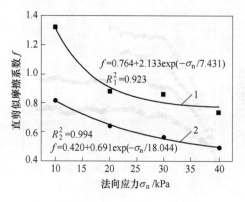

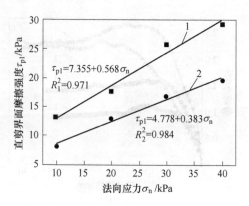

图 2-7　直剪似摩擦系数与法向应力的关系
1—土工格栅；2—土工布

图 2-8　直剪摩擦强度与法向应力的关系
1—土工格栅；2—土工布

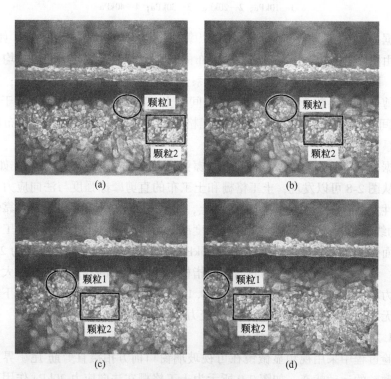

图 2-9　直剪界面尾矿颗粒运动状态变化
(a) 直剪时间 0s；(b) 直剪时间 20s；(c) 直剪时间 40s；(d) 直剪时间 60s

2.4.2.3 直剪界面细观变化与宏观响应的联系

根据图像分析软件可求得直剪过程中的细观参数，似孔隙率为孔隙所占的像素点数目除以整个直剪界面区域的像素点总数（非填料真实孔隙率，为界面区域的细观孔隙率）[3]，而统计范围内每一填料颗粒的平均接触数目认定为平均接触数。图 2-10 所示为土工格栅在不同法向应力下直剪界面区域内细观参数似孔隙率和平均接触数的变化规律。由图 2-10 可以发现，刚开始剪切过程中，颗粒从原来的位置发生平移，尾矿体发生剪涨现象，使得似孔隙率增大，平均接触数减小，当剪切过程处于相对稳定状态后，颗粒被压密，导致似孔隙率降低，平均接触数增多；但由于尾矿属于级配不良，颗粒比较均匀，导致在试验时似孔隙率和平均接触数随剪切位移的变化不明显。进一步分析细观参数与宏观变量之间的关系，随着宏观变量法向应力的增加，细观参数似孔隙率减小，平均接触数增加，而反映在宏观上的现象为填料颗粒被压密，筋材需要克服的阻力增大，从而导致剪切力随着法向应力的增加而增加，当剪切力达到峰值平稳后，细观参数也开始趋于稳定。

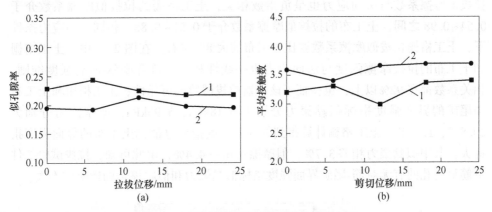

图 2-10 直剪界面区域细观参数的变化规律

(a) 似孔隙率；(b) 平均接触数

1—20kPa；2—40kPa

2.4.3 拉拔试验结果分析

2.4.3.1 拉拔界面宏观特性分析

不同法向应力下土工格栅和土工布与尾矿的拉拔试验结果，如图 2-11 所示。由图 2-11 可知，不同法向应力下土工格栅与尾矿的拉拔试验曲线随拉拔位移的增大缓慢达到峰值，且达到峰值的位移较其他试验曲线大很多，而土工布的拉拔试验曲线拉拔力随着拉拔位移增大迅速达到峰值后明显下降。对比图 2-6 可以看出，直剪和拉拔试验曲线的峰值都随着法向应力增大而增大。

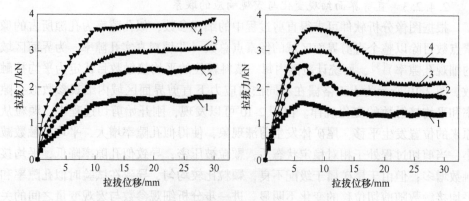

图 2-11 土工格栅和土工布的拉拔试验曲线

1—10kPa；2—20kPa；3—30kPa；4—40kPa

根据式（2-1）和式（2-2）分别计算得到拉拔似摩擦系数和拉拔摩擦强度与法向应力的变化关系，如图2-12和图 2-13 所示。图 2-12 中土工格栅和土工布的拉拔似摩擦系数与法向应力也呈负指数相关，土工格栅的拉拔似摩擦系数介于0.54~0.98 之间，土工布的拉拔似摩擦系数介于 0.51~0.88，相同法向应力条件下，土工格栅拉拔似摩擦系数要比土工布的大 8%左右。在图 2-13 中，土工格栅和土工布的拉拔摩擦强度与法向应力也呈线性相关，符合摩尔-库仑强度准则，相关系数都在92%以上，也验证了该仪器拉拔试验的可靠性；土工格栅和土工布与尾矿的界面强度指标似黏聚力分别为 6.18kPa、5.95kPa，似摩擦角分别为20.81°、19.90°，土工格栅计算得到的界面强度指标也都比土工布的界面强度指标大，其中似黏聚力相差3.7%，似摩擦角相差4.4%，由此可知，拉拔试验条件下筋材网孔的有无对筋-尾矿界面强度指标似黏聚力和似摩擦角的影响均不大。

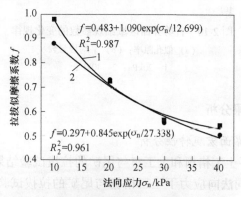

图 2-12 拉拔似摩擦系数与法向应力的关系

1—土工格栅；2—土工布

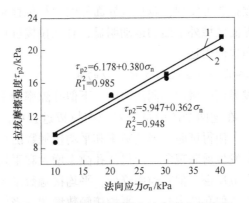

图 2-13 拉拔摩擦强度与法向应力的关系

1—土工格栅；2—土工布

2.4.3.2 拉拔界面细观特性分析

土工格栅在法向应力为 20kPa 作用下的拉拔界面尾矿颗粒运动状态，如图 2-14 所示。由图 2-14 可知，尾矿颗粒在筋-尾矿拉拔界面区域内主要表现为平移形

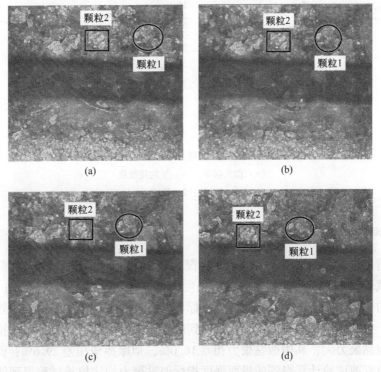

图 2-14 拉拔界面尾矿颗粒运动状态变化

（a）拉拔时间 0s；（b）拉拔时间 20s；（c）拉拔时间 40s；（d）拉拔时间 60s

式，对比颗粒1和颗粒2可发现，越靠近界面处的颗粒位移越大，在界面区域外上面的尾矿颗粒比界面区域外下面的运动明显，且在拉拔过程中界面区域外上面的细小颗粒会逐渐向界面内运动。

2.4.3.3　拉拔界面细观变化与宏观响应的联系

土工格栅在拉拔界面区域内不同法向应力下似孔隙率和平均接触数的变化规律，如图2-15所示。在这两个图中可以发现在拉拔过程中，由于尾矿属于级配不良，颗粒比较均匀，使得试验时似孔隙率和平均接触数随拉拔位移的变化不明显；尾矿体刚开始会发生剪胀现象，使得似孔隙率增大和平均接触数减小，拉拔达到相对稳定颗粒会被压密，似孔隙率降低，平均接触数增多。随着宏观变量法向应力增加，细观参数似孔隙率减小，平均接触数增加，当拉拔力达到峰值平稳后，细观参数也开始趋于稳定，反映在宏观上的现象就是填料颗粒被压密，筋材需要克服的阻力增大，进而导致拉拔力随着法向应力的增加而增加。

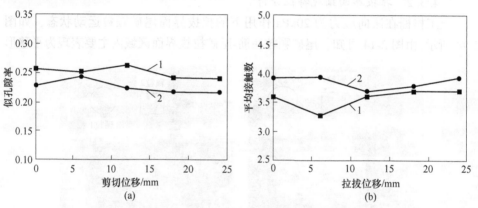

图2-15　拉拔界面区域细观参数的变化规律
（a）似孔隙率；（b）平均接触数
1—20kPa；2—40kPa

2.4.4　两种试验结果的对比分析

直剪和拉拔两种试验结果的对比情况见表2-5。由表可知，无论直剪试验还是拉拔试验，土工格栅与尾矿的界面强度指标（似黏聚力和似摩擦角）和似摩擦系数均比土工布与尾矿的界面强度指标大，所以土工格栅加筋尾矿的效果更理想。对于土工格栅，由直剪试验计算得到的界面强度指标似黏聚力均比拉拔试验得到的似黏聚力大，其中似黏聚力相差16.0%，似摩擦角相差29.6%；而对于土工布，由直剪试验计算得到的界面强度指标似黏聚力均比拉拔试验得到的似黏聚力小，其中似黏聚力相差19.7%，似摩擦角相差5.1%；至于似摩擦系数的变化关系，土工格栅的直剪似摩擦系数比拉拔似摩擦系数稍大，与土工格栅和尾矿界面强度指标似摩擦角的变化一致；而土工布的直剪似摩擦系数比拉拔似摩擦系数小，与土工布和尾矿界面强度指标似黏聚力的变化一致。从两种试验得到的土工格栅细观参数似孔隙率和平均接触数的数值关系可以看出，拉拔试验得到的细观参数均比直剪试验的细观参数稍大，考虑到似黏聚力在筋土界面作用中占主导作用[4]，这样从细观上也验证了得到的宏观界面参数变化关系。

表 2-5　直剪和拉拔试验的结果对比

试验种类		界面强度指标		似摩擦系数 f	细观参数	
		似黏聚力 c_{if}/kPa	似摩擦角 φ_{if}/(°)		似孔隙率	平均接触数
土工格栅	直剪试验	7.36	29.57	0.74~1.32	0.19~0.25	2.88~3.70
	拉拔试验	6.18	20.81	0.54~0.98	0.21~0.26	3.01~3.94
土工布	直剪试验	4.78	20.96	0.49~0.82	—	—
	拉拔试验	5.95	19.90	0.51~0.88	—	—

综上，结合以上分析可知土工格栅对加筋尾矿的效果更理想，这是由于其特有的网孔结构，产生对尾矿颗粒的镶嵌和咬合作用，但土工格栅网孔尺寸的确定有待进一步研究；由于直剪和拉拔两种试验机理的不同，在加筋尾矿工程中应根据实际情况充分考虑筋材在加筋尾矿中所处的位置，合理判断出是属于直剪摩擦还是拉拔摩擦，从而选取合适的试验方法及界面强度参数。

2.5　不同网孔尺寸土工格栅-尾矿界面特性分析

本节在文献［5］的基础上推导了在加筋尾矿工程中把格栅-土界面的摩擦作用从界面综合的摩擦作用中分离出来的界面强度指标计算方法，通过室内直剪和拉拔试验对不同网孔尺寸土工格栅与尾矿的界面摩擦特性分别了进行研究，得到了两种试验时的土工格栅网孔尺寸对界面强度指标的影响规律，进而进行对比分析讨论直剪和拉拔试验对土工格栅合理网孔尺寸选择的影响，进而探求土工格栅加筋尾矿的合理网孔尺寸，为实际工程中加筋尾矿坝筑坝设计提供支持。

2.5.1　界面参数指标计算方法

唐晓松等人[5]通过不同网孔尺寸土工格栅的筋土界面特性分析中得出，为了针对性地研究土工格栅加筋作用，应该将格栅-土界面摩擦作用从界面综合摩擦作用中分离出来。在研究土工格栅加筋尾矿相互作用时，加筋尾矿界面的破坏符合莫尔-库仑破坏准则：

$$\tau_p = c_{if} + \sigma_n \tan\varphi_{if} \tag{2-3}$$

加筋界面的作用是由尾矿-尾矿界面和格栅-尾矿界面共同作用表征的，故尾矿-尾矿界面和格栅-尾矿界面的破坏也都符合莫尔-库仑破坏准则：

$$\tau_{t-t} = c_{t-t} + \sigma_{t-t}\tan\varphi_{t-t} \tag{2-4}$$

$$\tau_{g-t} = c_{g-t} + \sigma_{g-t}\tan\varphi_{g-t} \tag{2-5}$$

式中，$\sigma_n = \sigma_{t-t} = \sigma_{g-t}$，因为综合加筋界面和其中尾矿-尾矿界面和格栅-尾矿界面均在同一作用面。

界面剪应力的合力等于剪应力与剪切面积的乘积，即

$$\tau_p A_{if} = \tau_{t-t}A_{t-t} + \tau_{g-t}A_{g-t} \tag{2-6}$$

式中，$A_{if} = A_{t-t} + A_{g-t}$。

将式（2-3）~式（2-5）代入式（2-6）得：

$$(c_{if} + \sigma_n\tan\varphi_{if})A_{if} = (c_{t-t} + \sigma_{t-t}\tan\varphi_{t-t})A_{t-t} + (c_{g-t} + \sigma_{g-t}\tan\varphi_{g-t})A_{g-t} \tag{2-7}$$

王凤江等人[6]认为加筋尾矿可显著提高尾矿砂黏聚力的大小，但对摩擦角的影响较小。本节考虑土工格栅加筋尾矿时对界面强度指标中似黏聚力的影响较大，所以忽略加筋对似摩擦角的影响，即假定土工格栅加筋尾矿前后似摩擦角数值不变：

$$\varphi_{if} = \varphi_{t-t} = \varphi_{g-t} \tag{2-8}$$

将式（2-8）代入式（2-7）可得

$$c_{if}A_{if} = c_{t-t}A_{t-t} + c_{g-t}A_{g-t} \tag{2-9}$$

式中，c_{if} 可由试验计算求得，c_{t-t}、A_{if}、A_{t-t}、A_{g-t} 均已知，由此可以求得格栅-尾矿界面参数指标 c_{g-t}，这样就能把格栅-尾矿界面摩擦作用从界面综合摩擦作用中分离出来。

类比《公路土工合成材料应用技术规范》（JGT/T D32—2012）[7] 中界面摩擦系数比的定义，将格栅-尾矿界面摩擦系数比 K 定义为格栅-尾矿界面参数指标 c_{g-t} 与尾矿黏聚力 c_{t-t} 之比，即

$$K = c_{g-t}/c_{t-t} \tag{2-10}$$

2.5.2 试验方案

将试验所用土工格栅按照不同网孔尺寸进行裁剪，其中图 2-4（c）中土工格栅网孔尺寸为 12.7mm×12.7mm 形式，继续裁剪为 25.4mm×25.4mm、38.1mm×38.1mm、50.8mm×50.8mm、63.5mm×63.5mm 形式，如图 2-16 所示。然后直剪和拉拔试验分别按照裁剪的不同网孔尺寸格栅设计 5 组试验方案，每组试验分别在 4 种不同法向应力（10kPa、20kPa、30kPa、40kPa）下进行，共计 40 组试验方案，每组试验进行 1~3 组平行试验以降低试验结果的离散性，不同网孔尺寸格栅的试验方案及对应的格栅-尾矿界面与剪切面面积比见表 2-6。

表2-6 不同网孔尺寸格栅的试验方案

试验方案	网孔净尺寸（长×宽）/mm×mm	纵横向土工格栅条带宽度/mm	格栅-尾矿接触面面积 $A_{g\text{-}t}$ /m²	尾矿-尾矿接触面面积 $A_{t\text{-}t}$ /m²	格栅-尾矿界面与剪切面面积比 $A_{g\text{-}t}/A_{if}$
1	12.7×12.7		0.0775	0.0125	0.8611
2	25.4×25.4		0.0484	0.0416	0.5378
3	38.1×38.1	8	0.0343	0.0557	0.3811
4	50.8×50.8		0.0265	0.0635	0.2944
5	63.5×63.5		0.0203	0.0697	0.2256

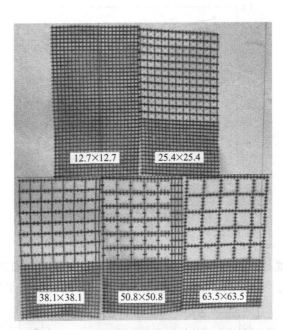

图 2-16 裁剪后不同网孔尺寸的土工格栅

2.5.3 直剪试验时网孔尺寸对界面特性的影响

直剪试验时不同网孔尺寸土工格栅所受到的最大剪切力数值见表2-7。根据公式（2-1）可计算出直剪似摩擦系数，并得到直剪似摩擦系数和格栅-尾矿界面与剪切面面积比的变化关系，如图2-17所示。由图2-17可知，直剪似摩擦系数和格栅-尾矿界面与剪切面面积比呈负指数关系（拟合结果见表2-7），土工格栅的直剪似摩擦系数介于 0.5～1.7；随着格栅-尾矿界面与剪切面面积比的减小，直剪似摩擦系数先缓慢降低，当面积比达到 0.4 时，直剪似摩擦系数迅速降低；且法向应力越大，直剪似摩擦系数变化范围越小。

表 2-7 直剪试验下不同网孔尺寸格栅最大剪切力

上覆荷载/kPa	最大剪切力/kN					直剪似摩擦系数拟合公式	$R^2/\%$
	网孔尺寸(长×宽)/mm×mm						
	12.7× 12.7	25.4× 25.4	38.1× 38.1	50.8× 50.8	63.5× 63.5		
10	1.529	1.254	1.053	0.795	0.554	$f = 1.801 - 2.708\exp(-k/0.271)$	99.3
20	1.775	1.681	1.529	1.190	0.976	$f = 1.000 - 1.932\exp(-k/0.159)$	97.1
30	2.316	2.023	1.829	1.680	1.425	$f = 0.911 - 0.724\exp(-k/0.340)$	98.3
40	2.653	2.456	2.315	2.023	1.825	$f = 0.747 - 0.693\exp(-k/0.215)$	98.0

注：$k = A_{g\text{-}t}/A_{if}$ 为指数函数系数。

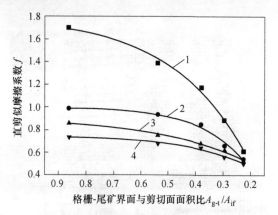

图 2-17 直剪似摩擦系数的变化规律

1—10kPa；2—20kPa；3—30kPa；4—40kPa

直剪摩擦强度与试验过程中施加的法向应力变化关系，如图 2-18 所示。由图 2-18 可以发现，不同网孔尺寸格栅加筋尾矿的界面试验结果变化很大，这是

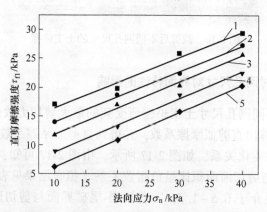

图 2-18 法向应力与直剪摩擦强度的关系

1—直剪试验1；2—直剪试验2；3—直剪试验3；4—直剪试验4；5—直剪试验5

由于土工格栅加筋尾矿的相互作用包含格栅与尾矿的摩擦与镶嵌作用两个方面[8]，格栅网孔尺寸变化对这两个作用的影响较大；直剪摩擦强度与法向应力有很好的线性关系，得到界面强度指标的拟合公式：直剪试验1，$\tau_{p1} = 0.4348\sigma_n + 12.1111$；直剪试验2，$\tau_{p1} = 0.4388\sigma_n + 9.6222$；直剪试验3，$\tau_{p1} = 0.4540\sigma_n + 7.3334$；直剪试验4，$\tau_{p1} = 0.4638\sigma_n + 4.2055$；直剪试验5，$\tau_{p1} = 0.4736\sigma_n + 1.4389$；相关系数均在90%以上。根据摩尔-库仑强度准则可以得出格栅-尾矿的界面强度指标似黏聚力和似摩擦角，具体数值见表2-8。

表2-8　直剪试验数据拟合结果及格栅-尾矿界面的摩擦系数比

试验方案	$A_{g\text{-}t}/A_{if}$	直剪摩擦强度拟合公式	$R^2/\%$	c_{if}/kPa	$\varphi_{if}/(°)$	$c_{g\text{-}t}/kPa$	$K = c_{g\text{-}t}/c_{t\text{-}t}$
1	0.8611	$\tau_{p1} = 0.4348\sigma_n + 12.1111$	97.2	12.11	23.50	13.90	13.90
2	0.5378	$\tau_{p1} = 0.4388\sigma_n + 9.6222$	99.7	9.62	23.69	17.03	17.03
3	0.3811	$\tau_{p1} = 0.4540\sigma_n + 7.3334$	98.8	7.33	24.42	17.61	17.61
4	0.2944	$\tau_{p1} = 0.4638\sigma_n + 4.2055$	99.4	4.21	24.88	11.90	11.90
5	0.2256	$\tau_{p1} = 0.4736\sigma_n + 1.4389$	99.9	1.44	25.34	3.75	3.75

根据表2-8可得不同格栅网孔尺寸直剪试验方案下筋-尾矿的界面强度指标变化情况，如图2-19所示。由图2-19可知：随着格栅-尾矿界面与剪切面面积比的减小，格栅-尾矿直剪界面强度指标似黏聚力减小，似摩擦角增大；当格栅网孔尺寸由12.7mm×12.7mm到63.5mm×63.5mm，似黏聚力由12.11kPa减小到1.44kPa，减小幅度为88.1%，似摩擦角由23.50°增大到25.34°，增大幅度为7.3%；由此可知，在直剪试验条件下，格栅网孔尺寸的变化对格栅-尾矿界面强度指标似黏聚力的影响显著，对似摩擦角的影响较小，这与文献［6］得到的结论一致，也印证了本文假定的合理性，即土工格栅加筋尾矿对界面强度指标中似摩擦角的影响不大。

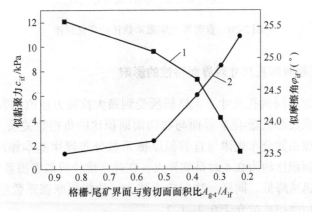

图2-19　格栅网孔尺寸与直剪界面强度指标的关系

1—似黏聚力；2—似摩擦角

　　根据式（2-9）将格栅-尾矿的界面摩擦作用从界面综合摩擦作用中分离出来，得到直剪试验的格栅-尾矿界面参数指标 c_{g-t} 见表 2-8，再根据式（2-10）计算得到直剪试验条件下的界面摩擦系数比 K，其中尾矿的黏聚力 c_{t-t} 默认为 1kPa。如图 2-20 所示为直剪试验时格栅-尾矿界面摩擦系数比和格栅-尾矿界面与剪切面面积比的关系。从图 2-20 中可以发现：格栅-尾矿界面摩擦系数比随着格栅-尾矿界面与剪切面面积比的减小先缓慢上升后快速减小；当接触面面积比大于 0.4时，格栅-尾矿摩擦系数比随着格栅-尾矿接触面积的减小轻微上升，格栅加筋效果有一定的提高，表示土工格栅的加筋作用不是网孔尺寸越小越好，还要考虑到格栅横肋对尾矿填料产生的摩阻力作用，格栅横肋的宽度和长度都对格栅-尾矿界面强度指标有一定影响[4]；而当面积比小于 0.4 时，格栅-尾矿界面摩擦系数比随着格栅-尾矿接触面积减小发生陡降；最终当接触面面积比为 0.23 时，即格栅网孔尺寸为 63.5mm×63.5mm 时，格栅-尾矿直剪界面摩擦系数比为 3.75，表示此时格栅的加筋作用已经很小了。

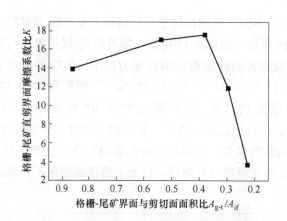

图 2-20　直剪界面摩擦系数比的变化规律

2.5.4　拉拔试验时网孔尺寸对界面特性的影响

　　拉拔试验时不同网孔尺寸土工格栅所受到最大拉拔力数值见表 2-9。图 2-21 为拉拔似摩擦系数和格栅-尾矿界面与剪切面面积比的负指数关系。由图 2-21 可知，拉拔似摩擦系数分布规律与直剪似摩擦系数分布规律基本相同，格栅-尾矿界面与剪切面面积比约为 0.4 时是临界点，在此之前拉拔似摩擦系数减小速率较为缓慢，之后迅速降低。同样，法向应力越大，拉拔似摩擦系数变化范围越小；土工格栅拉拔似摩擦系数介于 0.2~1.2。

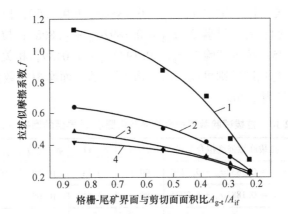

图 2-21 拉拔似摩擦系数的变化规律

1—10kPa；2—20kPa；3—30kPa；4—40kPa

表 2-9 拉拔试验下不同网孔尺寸格栅的最大拉拔力

上覆压力 /kPa	最大拉拔力/kN					拉拔似摩擦系数拟合公式	$R^2/\%$
	网孔尺寸（长×宽）/mm×mm						
	12.7× 12.7	25.4× 25.4	38.1× 38.1	50.8× 50.8	63.5× 63.5		
10	2.033	1.578	1.271	0.795	0.554	$f = 1.262 - 1.942\exp(-k/0.323)$	98.3
20	2.315	1.829	1.505	1.173	0.855	$f = 0.727 - 0.894\exp(-k/0.369)$	99.5
30	2.640	2.023	1.775	1.517	1.200	$f = 0.631 - 0.573\exp(-k/0.629)$	97.9
40	3.024	2.642	2.316	1.826	1.598	$f = 0.445 - 0.500\exp(-k/0.287)$	98.1

如图 2-22 所示为拉拔摩擦强度与施加法向应力的线性拟合关系得到界面摩

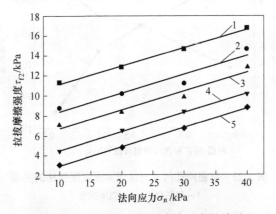

图 2-22 法向应力与拉拔摩擦强度的关系

1—拉拔试验 1；2—拉拔试验 2；3—拉拔试验 3；4—拉拔试验 4；5—拉拔试验 5

擦参数的拟合公式：拉拔试验 1，$\tau_{p2} = 0.1832\sigma_n + 9.3250$；拉拔试验 2，$\tau_{p2} = 0.1881\sigma_n + 6.5084$；拉拔试验 3，$\tau_{p2} = 0.1892\sigma_n + 4.8083$；拉拔试验 4，$\tau_{p2} = 0.1914\sigma_n + 2.5945$；拉拔试验 5，$\tau_{p2} = 0.1932\sigma_n + 1.0139$；相关系数均在90%以上。根据摩尔-库仑强度准则可以得出格栅-尾矿的界面摩擦参数似黏聚力和似摩擦角，具体结果见表2-10。

表 2-10 拉拔试验数据拟合结果及格栅-尾矿界面的摩擦系数比

试验方案	$A_{g\text{-}t}/A_{if}$	拉拔摩擦强度拟合公式	$R^2/\%$	c_{if}/kPa	$\varphi_{if}/(°)$	$c_{g\text{-}t}/kPa$	$K = c_{g\text{-}t}/c_{t\text{-}t}$
1	0.8611	$\tau_{p2} = 0.1832\sigma_n + 9.3250$	99.3	9.33	10.38	10.67	10.67
2	0.5378	$\tau_{p2} = 0.1881\sigma_n + 6.5084$	89.0	6.51	10.65	11.25	11.25
3	0.3811	$\tau_{p2} = 0.1892\sigma_n + 4.8083$	93.5	4.81	10.71	11.00	11.00
4	0.2944	$\tau_{p2} = 0.1914\sigma_n + 2.5945$	99.7	2.60	10.84	6.34	6.34
5	0.2256	$\tau_{p2} = 0.1932\sigma_n + 1.0139$	99.4	1.01	10.93	1.04	1.04

根据表2-10可得不同格栅网孔尺寸拉拔试验方案下筋-尾矿的界面强度指标变化情况，如图2-23所示。由图2-23可知：当格栅网孔尺寸由12.7mm×12.7mm增大到63.5mm×63.5mm，似黏聚力由9.33kPa减小到1.01kPa，减小幅度为89.2%，似摩擦角由10.38°增大到10.93°，增大幅度为5.1%，即随着土工格栅网孔尺寸的增大，格栅-尾矿拉拔界面强度指标与直剪界面强度指标变化一致，似黏聚力减小，似摩擦角增大；格栅网孔尺寸的变化对格栅-尾矿拉拔界面强度指标似黏聚力的影响显著，对似摩擦角的影响较小。

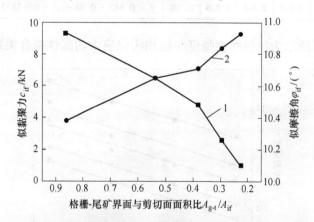

图 2-23 格栅网孔尺寸与拉拔界面强度指标的关系
1—似黏聚力；2—似摩擦角

将拉拔试验的格栅-尾矿的界面摩擦作用从界面综合的摩擦作用中分离出来得到格栅-尾矿界面参数指标，再计算出拉拔试验条件下的界面摩擦系数比，结果见表 2-10。如图 2-24 所示为拉拔试验时格栅-尾矿界面摩擦系数比和格栅-尾矿界面与剪切面面积比的关系。从图 2-24 可以得出与直剪试验相同的结论，即格栅-尾矿摩擦系数比在格栅-尾矿界面与剪切面面积比大于 0.4 时轻微上升，变化幅度较小，面积比小于 0.4 时，格栅-尾矿摩擦系数比发生陡降，土工格栅加筋作用开始迅速消失。

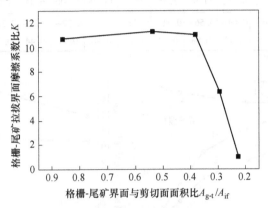

图 2-24   拉拔界面摩擦系数比的变化规律

2.5.5   关于土工格栅合理尺寸选取的讨论

结合以上直剪试验和拉拔试验的结果进行对比分析，见表 2-11 和图 2-25。由表图可知，相同条件下，界面强度指标由直剪试验计算得出的比拉拔试验得出的大，其中似黏聚力相差约 30%，似摩擦角相差约 55%，即相同条件下，拉拔界面似黏聚力约为直剪界面似黏聚力的 0.7 倍，拉拔界面似摩擦角约为直剪界面似摩擦角的 0.45 倍；对于似摩擦系数，直剪试验得出的比拉拔试验得出的大，佐证了界面强度指标的变化关系；至于从界面综合摩擦作用中分离得到的界面参数指标 c_{g-t}，直剪试验得出的比拉拔试验得出的大，且随着格栅网孔尺寸的增大，二者相差越来越大，当格栅网孔尺寸为 12.7mm×12.7mm 时，直剪试验得出的比拉拔试验的大 23.2%，而当格栅网孔尺寸为 63.5mm×63.5mm 时，二者相差 72.3%。进一步分析可知，土工格栅加筋尾矿的合理网孔尺寸建议为格栅-尾矿界面与剪切面的界面比为 0.4 左右时，即本文格栅网孔尺寸为 38.1mm×38.1mm 时，此时土工格栅加筋尾矿的效果最佳。

表 2-11   直剪和拉拔试验结果对比

试验类别	直剪试验					拉拔试验					平均差值/%
	1	2	3	4	5	1	2	3	4	5	
c_{if} /kPa	12.11	9.62	7.33	4.21	1.44	9.33	6.51	4.81	2.60	1.01	30

试验类别	直剪试验					拉拔试验					平均差值/%
	1	2	3	4	5	1	2	3	4	5	
φ_{if} /(°)	23.50	23.69	24.42	24.88	25.34	10.38	10.65	10.71	10.84	10.93	55
c_{g-t} /kPa	13.90	17.03	17.61	11.90	3.75	10.67	11.25	11.00	6.34	1.04	37
f	0.74~1.70	0.68~1.39	0.64~1.17	0.56~0.88	0.51~0.62	0.42~1.13	0.37~0.88	0.32~0.71	0.25~0.44	0.22~0.31	—

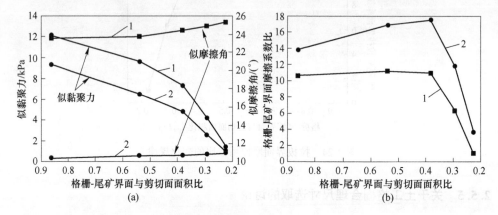

图 2-25 界面强度指标的直剪试验值与拉拔试验值对比关系

（a）界面强度指标；（b）界面摩擦系数比

1—直剪试验；2—拉拔试验

2.6 加筋尾矿复合体强度特性分析

为了研究土工合成材料（土工格栅和土工布）加筋尾矿的变形及强度特征，进行了不同加筋层数下增强尾矿的室内三轴压缩试验，同时为了便于比较，做了素尾矿的三轴试验，分析加筋尾矿强度特性随加筋层数的变化规律，探索不同加筋层数下土工合成材料加筋尾矿结构层的加固机理，为土工合成材料应用加固尾矿坝设计提供参考。

2.6.1 三轴试验概况

开展土工合成材料加筋尾矿的室内三轴试验，试验装置和筋材的布置如图 2-26所示。由于加筋尾矿结构对水的作用比较敏感，故三轴试验采用固结不排水的非饱和试验。试验所用尾矿砂和土工合成材料（见图 2-4 (b)、(c)）的性能参数见 2.2 节。

图 2-26　三轴试验装置

2.6.1.1　试件制备

三轴压缩实验试件的直径为 61.8mm，高度为 125mm，在制备试件时，土工格栅和土工布裁剪成直径为 61.8mm 的圆形，将筋材和砂层表面适当刮毛，以增大筋材与砂层的摩擦咬合作用，然后按照要求制备不同加筋层数的试件。单层加筋试件，筋材居中横向平铺，多层加筋试件，试件间距均匀。试件在最佳含水率14.5%下进行击实，所有试件均分六层击实至相同压实度[9]，土工合成材料的布置示意图如图 2-27 所示。

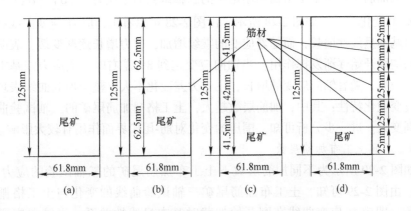

图 2-27　土工合成材料的布置示意图（N 为加筋层数）

（a）$N=0$；（b）$N=1$；（c）$N=2$；（d）$N=4$

2.6.1.2　试验步骤及方案

试验方案设计土工合成材料在 4 种不同围压（100kPa、200kPa、300kPa、400kPa）下进行三轴试验；试验共分 4 种加筋层数进行模拟，分别是 0、1、2、

4层；土工合成材料分别选用土工格栅和土工布。共计28组试验，具体方案见表2-12。

表2-12　试验所用加筋材料及方案

试验方案	试验材料	加筋层数	围压/kPa	备注
1	土工格栅	0	100、200、300、400	不同加筋层数下土工格栅增强尾矿强度特性研究
2		1		
3		2		
4		4		
5	土工布	1		不同加筋层数下土工布增强尾矿强度特性研究
6		2		
7		4		

试验加载速率为1mm/min，试验剪切过程中关闭排水阀，剪切到主应力差出现峰值或达到15%轴向应变时，试验结束。

2.6.2　三轴试验结果与分析

2.6.2.1　不同加筋尾矿层数下的应力-应变曲线

A　不同土工格栅加筋层数

不同加筋层数下土工格栅加筋尾矿的三轴试验的主应力差（$\sigma_1 - \sigma_3$）与轴向应变 ε_a 的变化关系，如图2-28所示。由图2-28可以看出，应力-应变曲线在开始加载时基本呈线性增长，而随着应变的继续增加，应力增长逐渐变缓，表明土工格栅的加固开始逐渐发挥作用；当轴向应变达到8%左右时，主应力差基本达到峰值；随后，随着轴向应变的增长，主应力差变化不大，整个加载曲线表现出一定的应变硬化特性；其中，加筋层数越大，土工格栅加筋尾矿的三轴试验曲线变化范围变大。进一步分析可知，围压的变化对筋-尾矿界面作用有较大影响。

B　不同土工布加筋层数

如图2-29所示为不同加筋层数下土工布加筋尾矿的三轴试验的应力-应变曲线。由图2-29可知，土工布加筋尾矿三轴试验曲线的变化与土工格栅的基本一致，即应力-应变曲线在刚开始加载时基本呈线性关系，当轴向应变达到8%左右时，主应力差基本达到峰值；随后，随着轴向应变的增长，主应力峰值有一定下降的趋势，整个加载曲线表现出一定的应变软化特性；加筋层数越大，土工格栅加筋尾矿的三轴试验曲线变化范围变大，加筋尾矿试验曲线软化特性越明显。

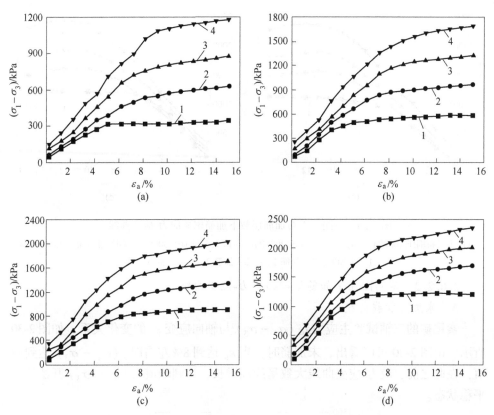

图 2-28 不同土工格栅加筋层数下加筋尾矿应力-应变曲线

(a) 土工格栅围压 100kPa; (b) 土工格栅围压 200kPa;

(c) 土工格栅围压 300kPa; (d) 土工格栅围压 400kPa

1—无加筋; 2—加筋 1 层; 3—加筋 2 层; 4—加筋 4 层

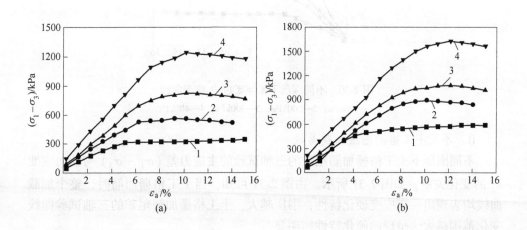

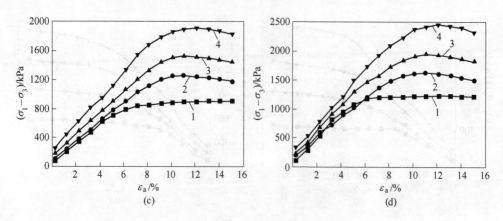

图 2-29　不同土工布加筋层数下加筋尾矿应力-应变曲线

（a）土工布围压 100kPa；（b）土工布围压 200kPa；（c）土工布围压 300kPa；（d）土工布围压 400kPa

1—无加筋；2—加筋 1 层；3—加筋 2 层；4—加筋 4 层

2.6.2.2　不同围压下加筋尾矿的应力-应变曲线

A　未加筋加载曲线

素尾矿的三轴试验主应力差 $(\sigma_1 - \sigma_3)$ 与轴向应变 ε_a 的变化关系，如图 2-30 所示。由图 2-30 可以看出，未加筋时，当 ε_a 达到 8% 左右时，$(\sigma_1 - \sigma_3)$ 达到峰值，在此之前，应力-应变曲线大致呈线性增长，达到峰值后 $(\sigma_1 - \sigma_3)$ 开始处于平稳状态。

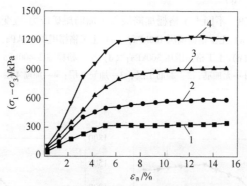

图 2-30　不同围压下素尾矿应力-应变曲线

1—100kPa；2—200kPa；3—300kPa；4—400kPa

B　不同土工格栅围压加载曲线

不同围压下土工格栅加筋尾矿的三轴试验的主应力差 $(\sigma_1 - \sigma_3)$ 与轴向应变 ε_a 的变化关系，如图 2-31 所示。由图 2-31 可知，当土工格栅加筋时，整个加载曲线均表现出一定应变硬化特性，围压越大，土工格栅加筋尾矿的三轴试验曲线变化范围越大，呈现的硬化特性越明显。

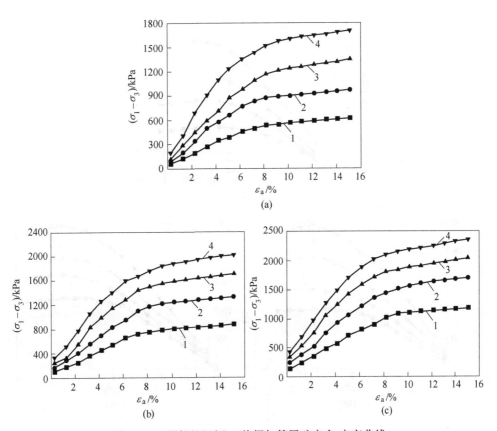

图 2-31 不同围压下土工格栅加筋尾矿应力-应变曲线

（a）土工格栅加筋 1 层；（b）土工格栅加筋 2 层；（c）土工格栅加筋 4 层

1—100kPa；2—200kPa；3—300kPa；4—400kPa

C　不同土工布围压加载曲线

不同围压下土工布加筋尾矿的三轴试验的主应力差 $(\sigma_1 - \sigma_3)$ 与轴向应变 ε_a 的变化关系，如图 2-32 所示。相较土工格栅加筋，土工布加筋使得整个三轴试验曲线呈现软化特征，且软化特征随围压增大越发明显。

2.6.3　加筋尾矿应力-应变曲线的拟合模型参数

加筋尾矿的应力-应变曲线基本呈双曲线型式，可用邓肯-张（Duncan-Chang）模型进行拟合，其拟合格式如下：

$$\sigma_1 - \sigma_3 = \frac{\varepsilon_a}{a + b\varepsilon_a} \tag{2-11}$$

式中，σ_1 为最大主应力；σ_3 为最小主应力（围压）；$(\sigma_1 - \sigma_3)$ 为主应力差；ε_a 为轴向应变；a、b 为试验常数。

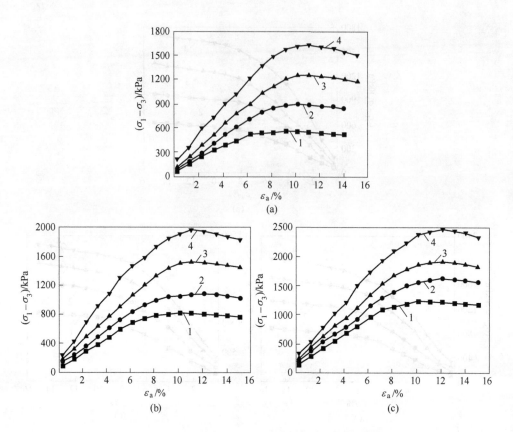

图 2-32　不同围压下土工布加筋尾矿应力-应变曲线
（a）土工布加筋 1 层；（b）土工布加筋 2 层；（c）土工布加筋 4 层
1—100kPa；2—200kPa；3—300kPa；4—400kPa

　　将 $\varepsilon_a / (\sigma_1 - \sigma_3)$ 与 ε_a 的关系进行处理，二者近似线性关系。其中，a 为直线的截距，b 为直线的斜率。对不同加筋层数增强尾矿的应力-应变曲线进行拟合，拟合参数见表 2-13。不同加筋层数下增强尾矿的应力-应力曲线拟合相关系数均在 90% 以上，拟合效果很好，如图 2-33 和图 2-34 所示。因此，不同条件下加筋尾矿的应力-应变曲线符合邓肯-张模型。

表 2-13　不同尾矿加筋层数下邓肯-张模型相关参数

加筋层数	围压/kPa	$a/\times 10^{-5}$	$b/\times 10^{-4}$	E_i/kPa	$(\sigma_1 - \sigma_3)_{ult}$/kPa	K	n	R_F平均值
未加筋	100	5.49	25.50	18214.94	392.16	184.08	0.41	0.80
	200	3.96	14.10	25252.53	709.22			
	300	3.54	8.16	28248.59	1225.49			
	400	3.06	6.21	32679.74	1610.31			

加筋层数		围压/kPa	$a/\times10^{-5}$	$b/\times10^{-4}$	E_i/kPa	$(\sigma_1-\sigma_3)_{ult}$/kPa	K	n	R_F平均值
土工格栅	1	100	5.03	13.50	19880.72	740.74	187.67	0.66	0.74
		200	3.68	7.82	27173.91	1278.77			
		300	2.80	5.13	35714.29	1949.32			
		400	1.94	4.53	51546.39	2207.51			
	2	100	4.73	8.74	21141.65	1144.16	206.59	0.74	0.72
		200	3.00	5.76	33333.33	1736.11			
		300	2.22	4.36	45045.05	2293.58			
		400	1.67	3.87	59880.24	2583.98			
	4	100	3.83	5.93	26109.66	1686.34	255.68	0.86	0.70
		200	2.27	4.33	44052.86	2309.47			
		300	1.49	4.03	67114.09	2481.39			
		400	1.18	2.91	84745.76	3436.43			
土工布	1	100	4.57	13.9	21881.84	719.42	211.59	0.42	0.73
		200	3.65	8.07	27397.26	1239.16			
		300	3.23	5.61	30959.75	1782.53			
		400	2.43	4.25	41152.26	2352.94			
	2	100	4.35	8.74	22988.51	1144.16	220.29	0.45	0.69
		200	3.54	6.55	28248.59	1526.72			
		300	2.92	4.39	34246.58	2277.90			
		400	2.26	3.34	44247.79	2994.01			
	4	100	3.74	5.66	26737.97	1766.78	267.30	0.47	0.67
		200	2.70	4.16	37037.04	2403.85			
		300	2.25	3.56	44444.44	2808.99			
		400	1.95	2.60	51282.05	3846.15			

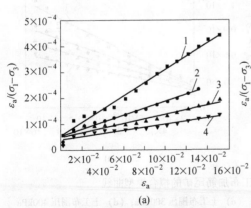

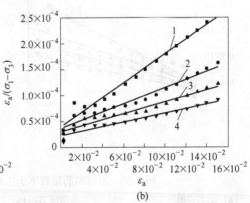

(a)　　　　　　　　　　(b)

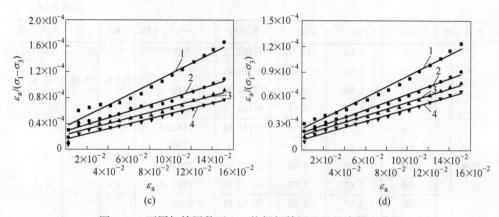

图 2-33　不同加筋层数下土工格栅加筋尾矿的拟合模型曲线

（a）土工格栅围压 100kPa；（b）土工格栅围压 200kPa；（c）土工格栅围压 300kPa；（d）土工格栅围压 400kPa

1—无加筋；2—加筋 1 层；3—加筋 2 层；4—加筋 4 层

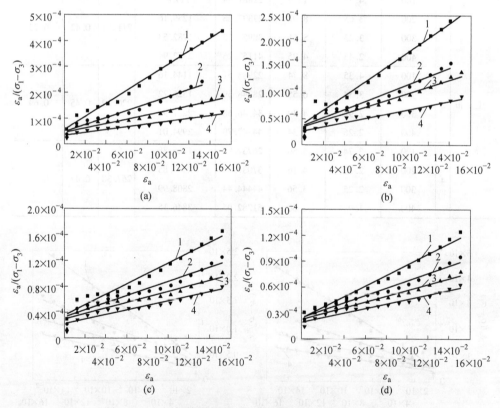

图 2-34　不同加筋层数下土工布加筋尾矿的拟合模型曲线

（a）土工布围压 100kPa；（b）土工布围压 200kPa；（c）土工布围压 300kPa；（d）土工布围压 400kPa

1—无加筋；2—加筋 1 层；3—加筋 2 层；4—加筋 4 层

在试验的起始点 $\varepsilon_a = 0$，双曲线的初始切线模量 $E_i = 1/a$；若果 $\varepsilon_a \to \infty$，则双曲线的极限偏应力为 $(\sigma_1 - \sigma_3)_{\mathrm{ult}} = 1/b$。在加筋尾矿应力应变关系中，对有峰值点的情况，取 $(\sigma_1 - \sigma_3)_f$ 为峰值偏应力；对于没有峰值情况，取 $\varepsilon_a = 15\%$ 时的偏应力 $(\sigma_1 - \sigma_3)_f = (\sigma_1 - \sigma_3)_{15\%}$；将峰值偏应力 $(\sigma_1 - \sigma_3)_f$ 和极限偏应力 $(\sigma_1 - \sigma_3)_{\mathrm{ult}}$ 的比值定义为破坏比 R_F：

$$R_F = \frac{(\sigma_1 - \sigma_3)_f}{(\sigma_1 - \sigma_3)_{\mathrm{ult}}} \tag{2-12}$$

Jabnu 研究发现，围压 σ_3 对初始剪切模量 E_i 的影响由如下经验公式表示：

$$E_i = K p_a \left(\frac{\sigma_3}{p_a}\right)^n \tag{2-13}$$

式中，p_a 为标准大气压，取 100kPa；K、n 为试验常数，分别代表 $\lg(E_i/p_a)$ - $\lg(\sigma_3/p_a)$ 直线的截距和斜率。

绘制不同筋材的 $\lg(E_i/p_a)$ - $\lg(\sigma_3/p_a)$ 关系图，如图 2-35 所示。由图 2-35 可知，全部近似呈线性关系，相关性系数均在 85% 以上，各个直线的截距即为 $\lg K$，斜率即为 n 值，所得 K、n 值均与文献 [10] 中不同土料的 K、n 值取值范围符合，K 值介于黏土和砂之间，与实际情况相符，相关参数值汇总于表 2-13。

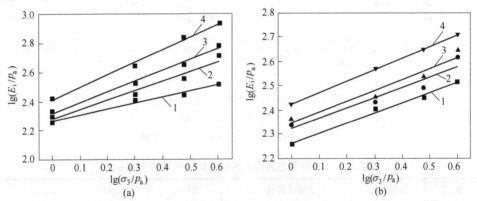

图 2-35 不同尾矿加筋层数 $\lg(E_i/p_a)$ - $\lg(\sigma_3/p_a)$ 关系曲线

(a) 土工格栅；(b) 土工布

1—无加筋；2—加筋 1 层；3—加筋 2 层；4—加筋 4 层

2.6.4 加筋层数对尾矿抗剪强度的影响

土工合成材料加筋尾矿限制的尾矿的侧向变形，相当于增加了围压，使得加筋尾矿具有了似黏聚力，可以用"准黏聚力原理"进行解释：

$$\sigma_1^R = \sigma_3 K_p + 2 c_{if} \sqrt{K_p} \tag{2-14}$$

式中，σ_1^R 为加筋尾矿破坏时的最大主应力；$K_p = \tan^2\left(45° + \dfrac{\varphi_{if}}{2}\right)$ 为破坏主应力系数，φ_{if} 为似摩擦角；c_{if} 为似黏聚力。

不同加筋层数下土工格栅和土工布加筋尾矿的抗剪强度（$\sigma_1^R - \sigma_3$）曲线，如图 2-36 所示。由图 2-36 可以发现，土工格栅加筋尾矿与土工布加筋尾矿的抗剪强度曲线均与未加筋尾矿的抗剪强度曲线平行，说明在增强尾矿的强度理论假设似摩擦角不变是合理的；同时，对不同加筋层数下的抗剪强度曲线进行线性拟合，发现最大主应力与最小主应力呈线性相关，相关系数均在90%以上，根据准黏聚力原理可以得出抗剪强度指标似黏聚力 c_{if} 和似摩擦角 φ_{if}，具体结果见表 2-14。

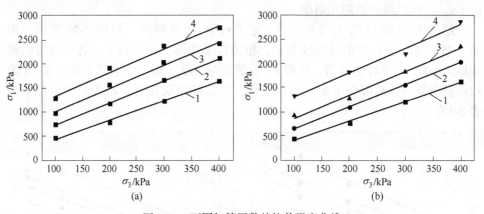

图 2-36　不同加筋层数的抗剪强度曲线
（a）土工格栅；（b）土工布
1—无加筋；2—加筋 1 层；3—加筋 2 层；4—加筋 4 层

表 2-14　不同加筋层数下增强尾矿的抗剪强度指标

筋材	加筋层数	抗剪强度拟合公式	$R^2/\%$	c_{if}/kPa	$\varphi_{if}/(°)$
土工格栅	0	$\sigma_1 = 19.60 + 3.99\sigma_3$	99.6	4.91	36.82
	1	$\sigma_1 = 261.40 + 4.60\sigma_3$	99.2	60.97	39.98
	2	$\sigma_1 = 537.55 + 4.78\sigma_3$	99.2	122.97	40.83
	4	$\sigma_1 = 854.15 + 4.84\sigma_3$	97.2	194.13	41.10
土工布	1	$\sigma_1 = 196.80 + 4.55\sigma_3$	99.9	46.12	39.78
	2	$\sigma_1 = 381.75 + 4.85\sigma_3$	98.8	86.66	41.16
	4	$\sigma_1 = 815.20 + 4.97\sigma_3$	98.3	182.78	41.69

根据表 2-14 可得到不同加筋层数下土工格栅和土工布加筋尾矿的抗剪强度

指标似黏聚力和似摩擦角的变化关系，如图 2-37 所示。由图 2-37 可知，未加筋时，尾矿的黏聚力和摩擦角分别为 4.91kPa、36.82°；当加筋一层时，土工格栅加筋尾矿的似黏聚力和似摩擦角相较未加筋时分别提高了 8.74 倍、9.9%，土工布加筋尾矿的似黏聚力和似摩擦角相较未加筋时分别提高了 8.04 倍、7.4%；当加筋二层时，土工格栅加筋尾矿的似黏聚力和似摩擦角相较加筋一层时分别提高了 113.1%、1.3%，土工布加筋尾矿的似黏聚力和似摩擦角相较加筋一层时分别提高了 87.9%、3.5%；当加筋四层时，土工格栅加筋尾矿的似黏聚力相较加筋二层时提高了 96.9%，似摩擦角相较加筋二层时降低了 3.3%，土工布加筋尾矿的似黏聚力和似摩擦角相较加筋二层时分别提高了 110.9%、1.3%；进一步分析可知，无论是土工格栅加筋尾矿还是土工布加筋尾矿，加筋层数对抗剪强度指标似黏聚力的影响显著，对似摩擦角的影响较小，随着加筋层数增长土工格栅和土工布与尾矿的似黏聚力均呈线性增大。考虑到似黏聚力在筋土界面中占主导作用[11]，可知相较土工布对尾矿的加筋效果，土工格栅加筋尾矿的作用效果更明显，这是由于土工格栅独特网孔结构对尾矿的咬合和镶嵌作用[4]。

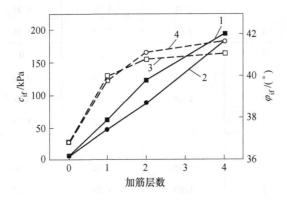

图 2-37　不同加筋层数下抗剪强度指标的变化关系
1—土工格栅 c_{if} 值；2—土工布 c_{if} 值；3—土工格栅 φ_{if} 值；4—土工布 φ_{if} 值

2.6.5　增强尾矿的效果分析

为了评价不同加筋层数对尾矿抗剪强度的影响，引入强度加筋效果系数 R_σ 和等效强度加筋效果系数 R_Δ[12]，强度加筋效果系数 R_σ 表征加筋尾矿破坏主应力差与纯尾矿破坏主应力差的比值，而等效强度加筋效果系数 R_Δ 表征加筋尾矿与纯尾矿主应力差增量与纯尾矿破坏主应力差的比值，当 $R_\sigma > 1$、$R_\Delta > 0$ 时，表示加筋效果显现，且数值越大，加筋效果越明显：

$$R_\sigma = (\sigma_1 - \sigma_3)_f^R / (\sigma_1 - \sigma_3)_f \tag{2-15}$$

$$R_\Delta = \Delta(\sigma_1 - \sigma_3)_f / (\sigma_1 - \sigma_3)_f \tag{2-16}$$

式中，$(\sigma_1 - \sigma_3)_f^R$ 为加筋尾矿的破坏主应力差；$(\sigma_1 - \sigma_3)_f$ 为纯尾矿的破坏主应力差；$\Delta(\sigma_1 - \sigma_3)_f$ 为加筋尾矿与纯尾矿的破坏主应力差增量。

不同条件下增强尾矿的强度加筋效果系数和等效强度加筋效果系数见表2-15。

表 2-15　不同条件下增强尾矿的强度加筋效果系数和等效强度加筋效果系数

围压/kPa	加筋层数	R_σ		R_Δ	
		土工格栅	土工布	土工格栅	土工布
100	0	1	1	0	0
	1	1.77	1.63	0.82	0.63
	2	2.55	2.39	1.55	1.39
	4	3.43	3.59	2.43	2.59
200	0	1	1	0	0
	1	1.66	1.53	0.66	0.54
	2	2.28	1.85	1.28	0.85
	4	2.91	2.78	1.91	1.79
300	0	1	1	0	0
	1	1.48	1.38	0.48	0.38
	2	1.88	1.68	0.88	0.68
	4	2.24	2.10	1.24	1.10
400	0	1	1	0	0
	1	1.38	1.32	0.38	0.32
	2	1.63	1.59	0.63	0.59
	4	1.90	2.00	0.90	1.00

不同加筋层数下强度加筋效果系数和等效强度加筋效果系数的变化关系，如图2-38和图2-39所示。由这两个图可以发现，随着加筋层数的增加，R_σ 和 R_Δ 的值也越来越大，即加筋尾矿三轴试样强度越大越高，但二者的增长速率逐渐减缓，说明加筋层数增大到一定程度时，对增强尾矿强度的效果开始不太明显；随着围压的增大，R_σ 和 R_Δ 的值逐渐减小，说明低围压状态时加筋尾矿三轴试样的加筋效果比较显著；进一步对比分析可知，在低围压时，土工格栅与土工布的加筋效果系数（R_σ、R_Δ）相差不大，而在高围压时，土工布相较土工格栅的加筋效果系数变化较小，说明在高围压时土工格栅的加筋效果更好，这是由于在高围压时，尾矿与格栅横肋的阻挡力开始起主要作用[13]。

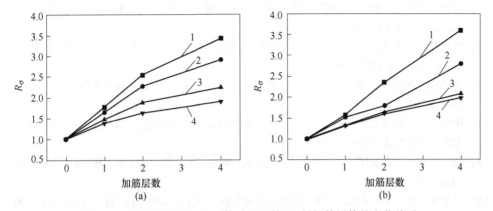

图 2-38　不同围压下强度加筋效果系数 R_σ 与加筋层数的变化关系

（a）土工格栅；（b）土工布

1—100kPa；2—200kPa；3—300kPa；4—400kPa

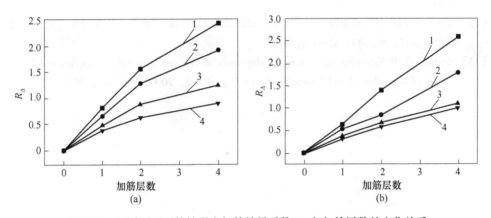

图 2-39　不同围压下等效强度加筋效果系数 R_Δ 与加筋层数的变化关系

（a）土工格栅；（b）土工布

1—100kPa；2—200kPa；3—300kPa；4—400kPa

参考文献

[1] Wang Z, Richwien W. A study of soil-reinforcement interface-friction [J]. Journal of Geotechnical and Geoenvironmental Engineering, 2002, 128 (1)：92-94.

[2] 包承纲. 土工合成材料界面特性的研究及试验验证 [J]. 岩石力学与工程学报, 2006, 25 (9)：1735-1744.

[3] 王家全, 周健, 黄柳云, 等. 土工合成材料大型直剪界面作用宏细观研究 [J]. 岩土工程学报, 2013, 35 (5)：908-915.

[4] 靳静，杨广庆，刘伟超. 横肋间距对土工格栅拉拔特性影响试验研究 [J]. 中国铁道科学，2017，38 (5)：1-8.

[5] 唐晓松，郑颖人，王永甫，等. 关于土工格栅合理网孔尺寸的研究 [J]. 岩土力学，2017，38 (6)：1583-1588.

[6] 王凤江，张作维. 尾矿砂的堆存特征及其抗剪强度特性 [J]. 岩土工程技术，2003，(4)：209-212.

[7] 中华人民共和国交通运输部. 公路土工合成材料应用技术规范：JGT/T D32—2012 [S]. 北京：人民交通出版社，2012.

[8] 包承纲. 土工合成材料界面特性的研究及试验验证 [J]. 岩石力学与工程学报，2006，25 (9)：1735-1744.

[9] 宁掌玄，冯美生，王凤江，等. 多层加筋尾矿砂三轴压缩试验 [J]. 岩土力学，2010，31 (12)：3784-3788.

[10] 刘祖典，党发宁. 土的弹塑性理论基础 [M]. 西安：世界图书出版公司，2002.

[11] 张波，石名磊. 粘土与筋带直剪试验与拉拔试验对比分析 [J]. 岩土力学，2005 (S1)：61-64.

[12] 王家全，张亮亮，陈亚菁，等. 土工格栅加筋砂土三轴试验离散元细观分析 [J]. 水利学报，2017，48 (4)：426-434，445.

[13] Koerner R M. Emerging and future developments of selected geosynthetic applications [J]. Journal of Geotechnical and Geoenvironmental Engineering，2000，126 (4)：293-306.

3 土工格栅-尾矿复合体界面力学模型

3.1 筋土界面基本方程

本节基于拉拔试验和界面基本控制方程，提出一个统一的筋土界面拉拔公式，给出界面拉拔公式具体应用和分析步骤，以用于预测和解释拉拔试验结果，对界面拉拔公式进行参数影响分析，并将分析模型预测结果与试验结果进行比较，验证所推导的界面拉拔公式。

3.1.1 基本方程

如图 3-1 所示为筋材在进行拉拔试验的示意图，试验过程中固定试验槽底部和侧向边界，在承压板上竖直均匀施加上覆压力。筋材的长度和厚度分别为 L、e，拉伸模量为 E。设筋材在 x 处的剪应力为 τ，在其上取长度为 $\mathrm{d}x$ 的微单元体进行分析，宽度取筋材的单位宽度，忽略筋材的边界效应，则根据受力平衡可以得出：

$$(T + \mathrm{d}T) - T + 2\tau(\mathrm{d}x + \varepsilon\mathrm{d}x) = 0 \tag{3-1}$$

式中，T 为筋材在 x 处单位宽度拉力；$\varepsilon\mathrm{d}x$ 为微元体的单元变形长度，ε 为应变。

则式（3-1）可改写成：

$$\frac{\mathrm{d}T}{\mathrm{d}x} + 2\tau(1 + \varepsilon) = 0 \tag{3-2}$$

根据应变的定义，在 x 处筋材应变可写为：

$$\varepsilon = -\frac{\mathrm{d}u}{\mathrm{d}x} \tag{3-3}$$

式中，u 为 x 处筋土相对位移。

假定应变与单位宽度的拉力线性相关[1]，即

$$\varepsilon = \frac{T}{eE} \tag{3-4}$$

由式（3-2）~式（3-4）可以求出：

$$eE\frac{\mathrm{d}^2u}{\mathrm{d}x^2} + 2\tau(\varepsilon - 1) = 0 \tag{3-5}$$

一般在拉拔过程中的实际应变 ε 很小[2]，可忽略，故式（3-5）近似表示为

$$eE\frac{\mathrm{d}^2u}{\mathrm{d}x^2} - 2\tau = 0 \qquad (3\text{-}6)$$

式（3-6）即为筋土界面基本方程，对研究筋土界面特性具有重要意义。

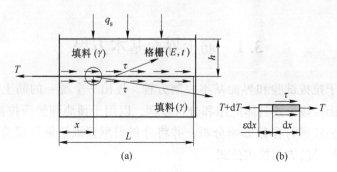

图 3-1　筋材拉拔示意图
（a）筋材整体受力情况；（b）筋材微元体受力分析

3.1.2　界面拉拔公式分析

根据文献［3］可知延伸性筋材拉拔界面剪应力峰值 τ_p 与法向应力 σ_n 的关系为

$$\tau_p = \sigma_n f' = (q_s + \gamma h)\tan\varphi'_{if} \qquad (3\text{-}7)$$

式中，$f' = \tan\varphi'_{if}$ 为界面综合摩擦系数；$\varphi'_{if} = c_{if}/\sigma_n + \tan\varphi_{if}$ 为界面综合摩擦角，（°）；q_s 为附加应力，kPa；γ 为试验填料的容重，kN，kN/m³；h 为试验箱筋材上填料的铺筑高度，m。

则将式（3-7）和式（3-4）代入式（3-2）可求得：

$$\frac{\mathrm{d}T}{\mathrm{d}x} + \frac{2\sigma_n f'}{eE}T + 2\sigma_n f = 0 \qquad (3\text{-}8)$$

当筋材即被拉出（达到峰值拉力）时，有边界条件：

$$x = 0,\ T = T_p \qquad (3\text{-}9)$$

式中，T_p 为筋材拉拔端单宽最大拉拔力，即峰值拉力，kN/m。

将边界条件式（3-9）代入式（3-8）可求得：

$$T = (T_p + eE)\exp\left(-\frac{2\sigma_n f'}{Ee}x\right) - eE \qquad (3\text{-}10)$$

式（3-10）即为所求界面拉拔公式，由它可知筋材即被拉出时任意位置 x 的拉力大小，可以弥补试验的不足。

3.1.3　界面拉拔公式应用

3.1.3.1　筋材峰值拉力

在式（3-10）中若 $x=L$，$T=0$，则可求得筋材峰值拉力的最大值，也就是即将导致筋材失效的拉力值 T_{pm}：

$$T_{pm} = eE\left[\exp\left(\frac{2\sigma_n f'}{eE}L\right) - 1 \right] \tag{3-11}$$

由式（3-11）可以得到筋材在拉拔试验时峰值拉力的范围为 $T_p \leqslant T_{pm}$。

3.1.3.2　筋材有效长度

在峰值拉力 $T_p \leqslant T_{pm}$ 范围内进行试验，式（3-10）中令拉力 $T=0$ 可求得筋材有效长度：

$$l = \frac{eE}{2\sigma_n f'}\ln\frac{T_p + eE}{eE} \tag{3-12}$$

3.1.3.3　界面综合摩擦系数

由式（3-12）可计算筋材的界面综合摩擦系数 f'：

$$f' = \frac{eE}{2\sigma_n l}\ln\frac{T_p + eE}{eE} \tag{3-13}$$

当 $l=L$ 时，界面摩擦系数 f' 为

$$f' = \frac{eE}{2\sigma_n L}\ln\frac{T_p + eE}{eE} \tag{3-14}$$

3.1.3.4　筋材位移

在 x 处筋材应变可写为

$$\varepsilon = -\frac{du}{dx} \tag{3-15}$$

式中，u 为 x 处筋土相对位移。

结合式（3-14）和式（3-15）可得筋材位移为

$$u = \int -\frac{T}{eE}dx \tag{3-16}$$

将式（3-10）代入式（3-16）计算可求得：

$$u = -\frac{1}{eE}\int_l^x\left[(T_p + eE)\exp\left(-\frac{2\sigma_n f'}{eE}x\right) - eE \right]dx \tag{3-17}$$

由式（3-17）解得筋材任意位置的位移为

$$u = \frac{T_p + eE}{2\sigma_n f'}\left[\exp\left(-\frac{2\sigma_n f'}{eE}x\right) - \exp\left(-\frac{2\sigma_n f'}{eE}l\right) \right] + (x - l) \tag{3-18}$$

令 $x = \mu l$ ，由式（3-18）和式（3-12）计算可求得筋材在不同位置的位移表达式：

$$u = \frac{T_p + eE}{2\sigma_n f'}\left[\left(\frac{eE}{T_p + eE}\right)^{\mu} - \frac{eE}{T_p + eE}\right] + (\mu - 1)\frac{eE}{2\sigma_n f'}\ln\frac{T_p + eE}{eE} \quad (3\text{-}19)$$

式中，μ 为筋材有效长度的位置系数，$0 \leqslant \mu \leqslant 1$。

当 $x = 0$ 时（$\mu = 0$），由式（3-19）可求得筋材拉拔端位移（即拉拔位移）的表达式：

$$u_0 = \frac{T_p}{2\sigma_n f'} - \frac{eE}{2\sigma_n f'}\ln\left(\frac{T_p + eE}{eE}\right) \quad (3\text{-}20)$$

由式（3-20）可以得到筋材拉拔位移与拉力的变化关系。

3.1.4 界面公式参数影响分析

3.1.4.1 界面拉拔公式分析步骤

由上述分析得到筋土界面拉拔公式，由此可计算筋材最大峰值拉力 T_{pm}、有效长度 l、界面综合摩擦系数 f' 和位移 u 的数值大小，以全面分析筋土界面特性。界面拉拔公式的分析步骤如图 3-2 所示：（1）根据式（3-11）计算出峰值拉力的最大值，得到峰值拉力的范围 $T_p \leqslant T_{pm}$；（2）在峰值拉力范围内由式（3-12）进行计算得到筋材的有效长度；（3）按照式（3-13）计算确定出界面综合摩擦系数大小，通过界面综合摩擦系数可对拉拔试验结果通过一致性解释；（4）由式（3-19）计算得到筋材任意位置位移的变化关系，可与试验结果进行对比分析，验证界面拉拔公式的可靠性。

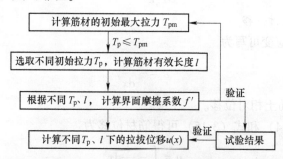

图 3-2 界面拉拔公式分析步骤

3.1.4.2 拉拔公式参数影响分析

对界面拉拔公式进行参数影响分析，所给出的参数基准值见表 3-1。

表 3-1 界面拉拔公式参数基准值

σ_n /kPa	$f = \tan\varphi'_{if}$	E/MPa	e/mm	L/m
30	0.68	400	2	1

A 筋材峰值拉力

峰值拉力的最大值 T_{pm} 为 $T_{pm} = eE\left[\exp\left(\dfrac{2\sigma_n f'}{eE}L\right) - 1\right] = 41.86\text{kN/m}$，则筋材在拉拔试验时峰值拉力的范围为 $T_p \leqslant 41.86\text{kN/m}$。

图 3-3 和图 3-4 所示为筋材长度 L、单宽抗拉刚度 eE、法向应力 σ_n 和界面综合摩擦系数 f' 对峰值拉力最大值 T_{pm} 的影响规律。由图 3-3 和图 3-4 可知，筋材抗拉刚度对最大峰值拉力的影响很小，随着筋材抗拉刚度的增大，最大峰值拉力几乎不变；而筋材长度、法向应力和界面摩擦系数对峰值拉力最大值的影响显著，随着这三个参数增大，最大峰值拉力均呈线性增长。

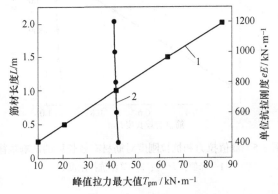

图 3-3 筋材长度和抗拉刚度对最大峰值拉力的影响

1—筋材长度 L；2—单位抗拉刚度 eE

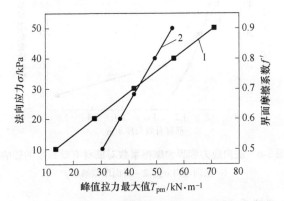

图 3-4 法向应力和界面摩擦系数对最大峰值拉力的影响

1—法向应力 σ_n；2—界面综合摩擦系数 f'

B 筋材有效长度

峰值拉力 T_p 为 10kN/m、20kN/m、30kN/m、40kN/m 时，由式（3-12）计算

可得筋材有效长度 l 为 0.2346m、0.4842m、0.7218m、0.9567m。

图 3-5 和图 3-6 所示为峰值拉力 T_p、单宽抗拉刚度 eE、法向应力 σ_n 和界面综合摩擦系数 f' 对筋材有效长度 l 的影响规律。由图 3-5 和图 3-6 可知，抗拉刚度和界面摩擦系数对筋材有效长度的影响很小，这两个参数的增大均对筋材有效长度变化无较明显改变；筋材有效长度随着峰值拉力的增大呈线性增长，这正与式 (3-4) 的假定相符；法向应力对筋材有效长度的影响较大，随着法向应力的增大，筋材有效长度呈非线性减小，且减小幅度逐渐变缓。

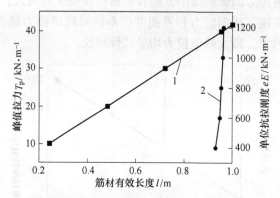

图 3-5　峰值拉力和抗拉刚度对筋材有效长度的影响规律
1—峰值拉力 T_p；2—单位抗拉刚度 eE

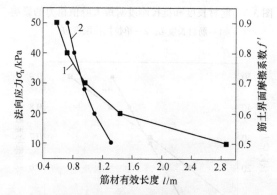

图 3-6　法向应力和界面摩擦系数对筋材有效长度的影响
1—法向应力 σ_n；2—界面摩擦系数 f'

C　界面综合摩擦系数

计算筋材的界面综合摩擦系数 f' 为：$f' = \dfrac{eE}{2\sigma_n l}\ln\dfrac{T_p + eE}{eE} = 0.68$。

由此可知，计算求得的界面综合摩擦系数与最初给定的值相等，能够间接验证界面拉拔公式的准确性，并对拉拔试验结果提供一致性解释。

D 筋材位移

根据式（3-20）计算求得筋材拉拔位移的变化关系：

$$u_0 = \frac{T_p}{2\sigma_n f'} - \frac{eE}{2\sigma_n f'}\ln\left(\frac{T_p + eE}{eE}\right) = \frac{T_p}{40.8} - 19.6078 \cdot \ln\left(\frac{T_p + 800}{800}\right) \quad (3-21)$$

当筋材不在拉拔端，即 $x \neq 0$ 时，求得筋材在其他位置的位移表达式（以 $x = 0.25l$ 为例），将 $x = 0.25l$ 代入式（3-19）得：

$$u = \frac{T_p + eE}{2\sigma_n f'}\left[\left(\frac{eE}{T_0 + eE}\right)^{\frac{1}{4}} - \frac{eE}{T_p + eE}\right] - \frac{3}{4}\frac{eE}{2\sigma_n f'}\ln\frac{T_p + eE}{eE}$$

$$= \frac{T_p + 800}{40.8}\left[\left(\frac{800}{T_p + 800}\right)^{\frac{1}{4}} - \frac{800}{T_p + 800}\right] - 14.71 \cdot \ln\frac{T_p + 800}{800} \quad (3-22)$$

如图 3-7 所示为在 4 种筋材位置（$x = 0$、$x = 0.25l$、$x = 0.5l$、$x = 0.75l$）下筋材位移随峰值拉力的变化情况。由图 3-7 可知，筋材位移随峰值拉力增大呈非线性增大，在峰值拉力达到最大值时，筋材位移达到最大，且筋材位置越靠后，筋材位移的变化范围越小。

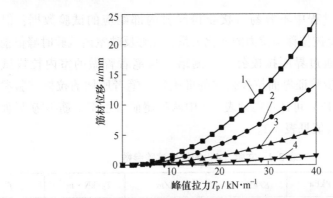

图 3-7 筋材不同位置下位移与峰值拉力变化

1—$x=0$；2—$x=l/4$；3—$x=l/2$；4—$x=3l/4$

以峰值拉力 $T_p = 40\text{kN/m}$，筋材有效长度 $l = 0.9567\text{m}$ 为例，由式（3-18）计算求得筋材不同位置位移的变化关系：

$$u = \frac{T_p + eE}{2\sigma_n f'}\left[\exp\left(-\frac{2\sigma_n f'}{eE}x\right) - \exp\left(-\frac{2\sigma_n f'}{eE}l\right)\right] + (x - l)$$

$$= 20.5882 \cdot (e^{-0.051x} - e^{-0.051l}) + (x - 0.9567) \quad (3-23)$$

图 3-8 为在 4 种峰值拉力 T_0 和有效长度 l 下筋材任意位置位移的变化情况。由图 3-8 可知，筋材位移随筋材不同位置呈非线性减小，在初始位置即拉拔端，筋材位移最大，在有效长度位置，筋材位移减小至零。

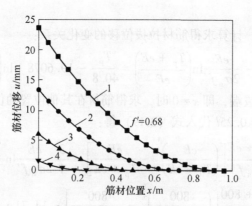

图 3-8 不同峰值拉力下沿筋材长度方向的位移变化

$1—T_p=40kN/m$，$l=0.9567m$；$2—T_p=30kN/m$，$l=0.7218m$；

$3—T_p=20kN/m$，$l=0.4842m$；$4—T_p=10kN/m$，$l=0.2436m$

3.1.5 界面拉拔公式验证

由于拉拔试验过程中不容易直接获得筋材内部响应的试验数据，但由式 (3-20) 计算可得到拉拔位移与拉力的变化关系，能够反映室内试验时峰值前拉力与位移关系。因此通过界面拉拔公式预测结果与笔者曾做的室内拉拔试验结果[4]进行比较，初步验证界面拉拔公式的准确性。笔者所做的拉拔试验参数见表 3-2。根据式 (3-13) 可计算得到表 3-2 中两种尾矿含水率下筋-尾矿界面综合摩擦系数 f'，具体数值见表 3-2。

表 3-2 文献 [4] 的拉拔试验参数

含水率/%	σ_n/kPa	eE/kN·m^{-1}	L/m	T_0/kN·m^{-1}	f'
1.5	5.62	40	0.5	5.04	0.8439
9.7	5.90	40	0.5	5.49	0.8725

根据式 (3-20) 得到筋材拉拔位移的变化关系为（以含水率为 1.5% 为例）：

$$u_0 - \frac{T_p}{2\sigma_n f'} - \frac{eE}{2\sigma_n f'}\ln\left(\frac{T_p+eE}{Et}\right) = \frac{T_p}{9.4854} - 4.2170 \cdot \ln\left(\frac{T_p+40}{40}\right) \quad (3-24)$$

界面拉拔公式预测结果与室内拉拔试验结果的对比分析如图 3-9 所示。由图 3-9可知，预测结果与试验结果吻合较好，初步验证了界面拉拔公式的准确性，这也说明界面拉拔公式可以较准确地预测试验过程中筋材任意位置数据响应，尤其对于室内试验所用的可延伸性筋材预测效果更好。

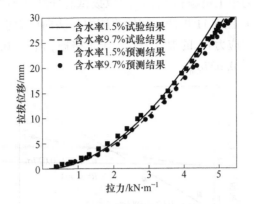

图 3-9　界面拉拔公式预测结果与试验结果对比

3.2　拉拔试验结果分析

根据图 2-11 土工格栅和土工布与尾矿的拉拔试验结果可得不同法向应力下界面剪应力与拉拔位移之间的变化关系，如图 3-10 所示。在图 3-10 中，土工格栅拉拔试验曲线中拉拔力随拉拔位移增大而增大，但增大速率逐渐减慢，整体呈现应变硬化特征，这是由于格栅横肋被动阻力在起作用；而土工布由于其可延伸导致其拉拔试验曲线在拉拔力峰后有明显的下降，整体呈现应变软化特征。此外，两种拉拔曲线在刚开始拉拔时，都需要一定的初始拉拔力，这是由于筋材需要一定的拉力来抵抗筋-尾矿界面的摩擦力。

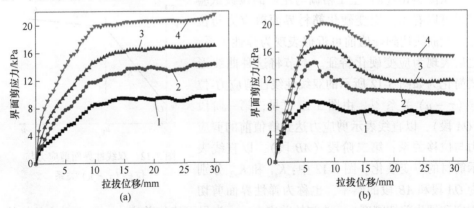

图 3-10　土工格栅和土工布的拉拔试验曲线

(a) 土工格栅；(b) 土工布

1—10kPa；2—20kPa；3—30kPa；4—40kPa

　　如图 3-11 所示为土工格栅和土工布的拉拔试验曲线初始剪应力 τ_0 随法向应力 σ_n 的变化关系。由图 3-11 可知，初始剪应力与法向应力也呈线性相关，得到初始剪应力 τ_0 随法向应力 σ_n 的拟合公式：土工格栅，$\tau_0 = -0.0278 + 0.0728\sigma_n$；土工布，$\tau_0 = 1.592 + 0.027\sigma_n$。

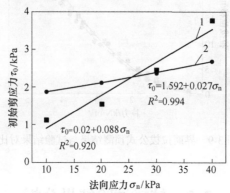

图 3-11　初始剪应力随法向应力的变化关系

1—土工格栅；2—土工布

3.3　加筋尾矿复合体拉拔界面弹塑性模型

3.3.1　应变硬化筋材模型

3.3.1.1　硬化模型提出

　　从图 3-10 （a） 土工格栅与尾矿的拉拔试验结果可以看出，应变硬化筋材界面剪应力与位移试验曲线达到峰值前可近似表现为弹性关系，之后表现为应变硬化特征。本节将这种曲线形式简化为如图 3-12 所示的双线性线性剪应力-位移 $(\tau - u)$ 关系[5]。由图 3-12 可见，第一阶段 (OA 段)，以直线表示剪应力达到峰值前的剪应力与位移关系；第二阶段 (AB 段)，以直线表示筋材的应变硬化。图 3-12 中：K_{s1} 和 K_{s2} 分别为 OA 段和 AB 段的斜率，也称为弹性界面剪切

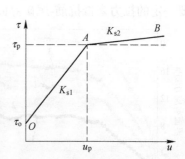

图 3-12　双线性界面剪应力与位移 $(\tau - u)$ 关系

刚度和硬化剪切刚度；τ_0 为初始剪应力；τ_p 为界面峰值剪应力，u_p 为对应的拉拔位移，$K_{s1} = (\tau_p - \tau_0)/u_p$。当筋材拉拔端剪应力增大到筋材极限剪应力 τ_{ult} 时，筋材发生破坏，定义两者之间的比值为破坏比 R_f[6]，即 $R_f = \tau_p/\tau_{ult}$，其值一般在 0.5~1.0。

$$\tau = \begin{cases} K_{s1}u + \tau_0 & \text{当 } 0 \leqslant u \leqslant u_p \quad (3\text{-}25a) \\ K_{s2}(u - u_p) + \tau_p & \text{当 } u > u_p \quad (3\text{-}25b) \end{cases}$$

3.3.1.2 硬化模型对比

为验证硬化模型的准确性与适用性，引入几种经典的筋土界面模型进行对比分析，包括理想弹塑性模型[7]、双曲线模型[8]。本节选取文献[9]中法向应力为100kPa相对密度为70%条件下双向土工格栅与砂土的拉拔试验结果进行模拟验证，模拟参数见表3-3，模拟结果如图3-13所示。从图3-13中可以看出，理想弹性模型和双曲线模型无法体现界面的硬化过程，而双线性剪应力-位移弹塑性硬化模型能够较好地反映界面硬化特性，而且计算更为简便，具有更好的适用性。硬化模型可适用于加筋土拉拔试验时试验曲线呈现应变硬化特征情况时，该模型能够合理地模拟硬化型筋材的拉拔行为，但图中阶段Ⅱ即弹性-硬化过渡阶段区间很小，这是由于该筋材弹性模量很大而加筋长度较小导致筋材的渐进性破坏不明显。双向土工格栅加筋土产生应变硬化现象的主要原因是双向格栅横肋的阻挡作用。

表 3-3 文献[9]拉拔试验的模拟参数

σ_n/kPa	L/m	e/mm	E/GPa	K_{s1}/MPa·m^{-1}	K_{s2}/MPa·m^{-1}	$\tan\varphi'_{if}$
100	0.2	2	5	4.23	0.47	0.56

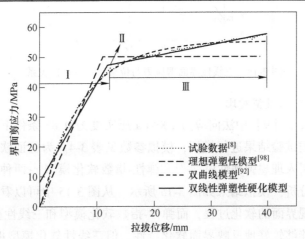

图 3-13 文献[9]双向土工格栅拉拔试验结果

3.3.2 应变软化筋材模型

3.3.2.1 软化模型提出

根据图3-10（b）土工布与尾矿的拉拔试验结果，应变软化筋材界面剪应力与位移试验曲线达到峰值前可近似表现为弹性关系，之后表现为塑性软化和塑性流动。本节将这种曲线特征简化为如图 3-14 所示的三阶段线性剪应力-位移关系（$\tau - u$）[10]。由图 3-14 可见，第一阶段（$O'A'$ 段），以直线表示剪应力达到峰值前剪应力与位移关系；第二阶段（$A'B'$ 段），以直线表示筋材的应变软化；第三阶段（$B'C'$ 段），以水平直线表示筋材的塑性流动。图 3-14 中：k_{s1} 为 $O'A'$ 段斜率（弹性剪切刚度），$k_{s1} = (\tau_p - \tau_0')/u_p$；$\tau_0'$ 为初始剪应力；k_{s2} 为 $A'B'$ 段斜率（软化剪切刚度），τ_r 为界面残余剪应力，u_r 为对应位移，$k_{s2} = (\tau_r - \tau_p)/(u_r - u_p) < 0$；类比破坏比的定义，将两者之间的比值定也义为 R_f'，即 $R_f' = \tau_r/\tau_p$。

$$\tau = \begin{cases} k_{s1}u + \tau_0' & \text{当 } 0 \leq u \leq u_p & (3\text{-}26a) \\ k_{s2}(u - u_p) + \tau_p & \text{当 } u_p < u \leq u_r & (3\text{-}26b) \\ R_f'k_{s1}u_p & \text{当 } u > u_r & (3\text{-}26c) \end{cases}$$

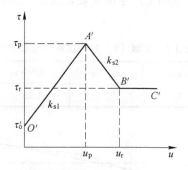

图 3-14 三线性界面剪应力与位移（$\tau - u$）关系

3.3.2.2 软化模型对比

本节选取文献 [9] 中法向应力 100kPa 压实度为 0.85 条件下单向土工格栅与黏性土的拉拔试验结果进行模拟，模拟参数见表 3-4。为验证软化模型的准确性与适用性，引入理想弹塑性模型[7]和弹性-指数软化模型[2]两种经典筋土界面模型进行对比分析，模拟结果如图 3-15 所示。从图 3-15 中可以看出，理想弹性模型在无法体现界面的软化过程，而弹性-指数软化模型和三线性剪应力-位移弹塑性软化模型能够较好地反映界面软化特性，但三线性软化模型更为计算简便，表达式简洁，具有更好的适用性。在加筋土拉拔试验时试验曲线出现应变软化特征时可适用于此软化模型，该模型能够合理地模拟应变软化筋材界面的拉拔特性，而且图中阶段 Ⅱ 和 Ⅳ 两个过渡阶段区间不明显。单向格栅加筋土在加筋过程中当拉拔力随着拉拔位移的增大达到峰值时，筋材整体出现滑动而发生应变软化特征。

表 3-4 文献 [9] 拉拔试验的模拟参数

σ_n /kPa	L/m	e/mm	E/GPa	k_{s1}/MPa·m^{-1}	k_{s2}/MPa·m^{-1}	$\tan\varphi'_{if}$	R'_f
100	0.2	2	0.4	1.73	−0.52	0.21	0.64

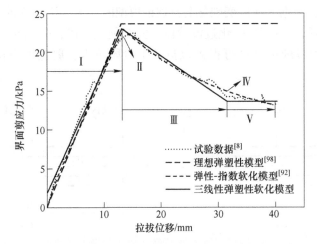

图 3-15 文献 [9] 单向土工格栅拉拔试验结果

　　查阅之前学者的文献增加样本的类型可证明本书所提模型的适用性，史旦达等人[9]认为双向塑料土工格栅与不同填料（黏性土、砂土）的拉拔试验曲线一般表现为应变硬化型；而杨敏等人[11]研究土工布与黄土界面摩擦作用时发现，拉拔曲线表现成软化型。通过对土工格栅和土工布加筋尾矿两种机理的分析也可佐证模型的适用性，其中土工格栅加筋尾矿时产生应变硬化现象的主要原因是格栅横肋的阻挡作用，而土工布加筋尾矿产生应变软化现象是因为在加筋过程中当拉拔力随着拉拔位移的增大达到峰值时，筋材整体出现滑动而发生应变软化特征。

3.4　应变硬化筋材拉拔界面分析

　　针对土工合成材料拉拔时出现的应变硬化和应变软化现象（以下简称应变硬化筋材和应变软化筋材），将应变硬化筋材的筋土拉拔过程分为弹性阶段、弹性-硬化过渡阶段和完全硬化阶段，将应变软化筋材的筋土拉拔过程分为弹性阶段、弹性-软化过渡阶段、完全软化阶段、软化-残余过渡阶段和完全残余阶段，通过界面基本控制方程，推导了拉拔荷载下不同阶段界面拉力、剪应力和位移的计算表达式；同时，对界面剪应力在不同拉拔阶段的演化规律进行了分析，并将两种弹塑性模型预测结果与试验结果进行分析比较，验证所提出两种弹塑性拉拔模型的准确性，进一步对界面剪应力在不同拉拔阶段的演化规律及其影响因素进行了研究。

3.4.1 硬化拉拔界面全历程分析

基本假定：根据上述应变硬化筋材理论模型的定义，认为拉拔荷载下筋土界面将经历弹性阶段、弹性-硬化过渡阶段、完全硬化阶段，分别对应图 3-16 中的 Ⅰ~Ⅲ 阶段。通过理论计算可得到拉拔各个阶段拉力、剪应力和位移的计算表达式。

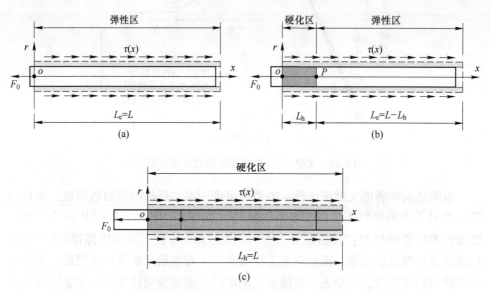

图 3-16 拉拔模型分析筋材的渐进拉拔过程
(a) 弹性阶段；(b) 弹性-硬化过渡阶段；(c) 完全硬化阶段

3.4.1.1 弹性阶段（Ⅰ阶段）

当 $0 \leqslant u < u_\mathrm{p}$ 时，剪应力和位移呈弹性关系，二者关系满足关系式 $\tau = K_{\mathrm{s}1} u + \tau_0$，联立式 (3-6) 和式 (3-25a) 可得到此阶段的控制方程：

$$\frac{\mathrm{d}^2 T}{\mathrm{d}x^2} - \alpha^2 T = 0 \tag{3-27}$$

式中，$\alpha = \sqrt{2K_{\mathrm{s}1}/eE}$。

解方程 (3-27) 可得：

$$T_\mathrm{e}(x) = C_1 \exp(-\alpha x) + C_2 \exp(\alpha x) \tag{3-28}$$

式中，$T_\mathrm{e}(x)$ 为筋材在弹性阶段的拉力；C_1、C_2 为积分常数。

拉拔试验中，拉拔端即 $x=0$ 的拉力为 T_0，在自由端即 $x=L$ 的拉力为 0，则有边界条件：

$$\begin{cases} T(x = 0) = T_{01} \\ T(x = L) = 0 \end{cases} \tag{3-29}$$

将边界条件式 (3-29) 代入式 (3-28) 可求得：

$$\begin{cases} C_1 = \dfrac{\exp(\alpha L)}{\exp(\alpha L) - \exp(-\alpha L)} T_{01} \\ C_2 = \dfrac{-\exp(-\alpha L)}{\exp(\alpha L) - \exp(-\alpha L)} T_{01} \end{cases} \tag{3-30}$$

则可求得 I 阶段的拉力表达式为

$$T_e(x) = T_{01} \frac{\sinh\alpha(L - x)}{\sinh\alpha L} \tag{3-31}$$

根据式 (3-6) 和式 (3-25a) 可得到相应的剪应力和位移关系式：

$$\tau_e(x) = \frac{\alpha T_{01}}{2} \cdot \frac{\cosh\alpha(L - x)}{\sinh\alpha L} \tag{3-32}$$

$$u_e(x) = \frac{\alpha T_{01}}{2K_{s1}} \cdot \frac{\cosh\alpha(L - x)}{\sinh\alpha L} \tag{3-33}$$

让 $x = 0$ 代入式 (3-33) 中可得到拉拔端的位移（即拉拔位移 u_{e0}）的变换式为

$$T_{01} = \frac{2\tanh\alpha L}{\alpha} K_{s1} u_{e0} \tag{3-34}$$

当 $u_{e0} = u_p$ 时，$\tau_p = K_{s1} u_{e0} + \tau_0$，由式 (3-34) 可得弹性阶段与弹性-硬化过渡阶段的临界拉力 T_{eh0}^c，也就是在弹性阶段的最大拉力：

$$T_{eh0}^c = \frac{2(\tau_p - \tau_0)\tanh\alpha L}{\alpha} \tag{3-35}$$

3.4.1.2 弹性-硬化过渡阶段（II 阶段）

随着拉力的不断增长，界面剪应力从拉拔端逐渐向尾部传递，直至达到峰值，然后拉拔端开始发生塑性特征，出现应变硬化现象，进入 II 阶段。定义临界点 P（$x = L_h$）划分弹性区和硬化区，当 $0 \le x < L_h$，界面处于 II 阶段硬化区；当 $L_h < x \le L$，界面处于 II 阶段弹性区（其中，L_h 为硬化区的长度）。

A 在弹性区（$L_h \le x \le L$）

II 阶段弹性区界面拉力、剪应力和位移的分布规律与弹性阶段的相似，则可以得：

$$T_e(x) = T_{02} \frac{\sinh\alpha(L - x)}{\sinh\alpha(L - L_h)} \tag{3-36}$$

$$\tau_{\mathrm{e}}(x) = \frac{\alpha T_{02}}{2} \cdot \frac{\cosh\alpha(L - x)}{\sinh\alpha(L - L_{\mathrm{h}})} \tag{3-37}$$

$$u_{\mathrm{e}}(x) = \frac{\alpha T_{02}}{2K_{\mathrm{s1}}} \cdot \frac{\cosh\alpha(L - x)}{\sinh\alpha(L - L_{\mathrm{h}})} \tag{3-38}$$

式中，T_{02} 为过渡点 P 的拉拔力。

考虑到过渡点 P 的界面剪应力等于峰值剪应力，则可以得到：

$$T_{02} = \frac{2\tau_{\mathrm{p}}\tanh\alpha(L - L_{\mathrm{h}})}{\alpha} \tag{3-39}$$

B　在硬化区（$0 \leqslant x \leqslant L_{\mathrm{h}}$）

II 阶段硬化区界面剪应力与剪切位移的关系由式（3-25b）定义，联立式（3-6)和式（3-25b）可得：

$$\frac{\mathrm{d}^2 T}{\mathrm{d}x^2} - \beta^2 T = 0 \tag{3-40}$$

式中，$\beta = \sqrt{2K_{\mathrm{s2}}/eE}$。

解方程（3-40）可得：

$$T_{\mathrm{h}}(x) = C_3\exp(-\beta x) + C_4\exp(\beta x) \tag{3-41}$$

式中，$T_{\mathrm{h}}(x)$ 为筋材在弹性阶段的拉力；C_3、C_4 为积分常数。

考虑边界条件为：

$$\begin{cases} T_{\mathrm{h}}(x = 0) = T_{03} \\ T_{\mathrm{h}}(x = L_{\mathrm{h}}) = T_{\mathrm{e}}(x = L_{\mathrm{h}}) \end{cases} \tag{3-42}$$

将式（3-42）边界条件代入式（3-41）可求得：

$$\begin{cases} C_3 = -T_{03}\dfrac{\exp(-\beta L_{\mathrm{h}})}{\exp(\beta L_{\mathrm{h}}) - \exp(-\beta L_{\mathrm{h}})} + \dfrac{2\tau_{\mathrm{p}}\tanh\alpha(L - L_{\mathrm{h}})}{\alpha[\exp(\beta L_{\mathrm{h}}) - \exp(-\beta L_{\mathrm{h}})]} \\ C_4 = T_{03}\dfrac{\exp(\beta L_{\mathrm{h}})}{\exp(\beta L_{\mathrm{h}}) - \exp(-\beta L_{\mathrm{h}})} - \dfrac{2\tau_{\mathrm{p}}\tanh\alpha(L - L_{\mathrm{h}})}{\alpha[\exp(\beta L_{\mathrm{h}}) - \exp(-\beta L_{\mathrm{h}})]} \end{cases} \tag{3-43}$$

则可求得 II 阶段拉力、剪应力和位移的表达式：

$$T_{\mathrm{h}}(x) = T_{03}\frac{\sinh\beta(L_{\mathrm{h}} - x)}{\sinh\beta L_{\mathrm{h}}} + \frac{2\tau_{\mathrm{p}}\tanh\alpha(L - L_{\mathrm{h}})}{\alpha} \cdot \frac{\sinh\beta x}{\sinh\beta L_{\mathrm{h}}} \tag{3-44}$$

$$\tau_{\mathrm{h}}(x) = \frac{\beta T_{03}}{2} \cdot \frac{\cosh\beta(L_{\mathrm{h}} - x)}{\sinh\beta L_{\mathrm{h}}} - \frac{\beta\tau_{\mathrm{p}}\tanh\alpha(L - L_{\mathrm{h}})}{\alpha} \cdot \frac{\cosh\beta x}{\sinh\beta L_{\mathrm{h}}} \tag{3-45}$$

$$u_{\mathrm{h}}(x) = \frac{\beta T_{03}}{2K_{\mathrm{s2}}} \cdot \frac{\cosh\beta(L_{\mathrm{h}} - x)}{\sinh\beta L_{\mathrm{h}}} - \frac{\beta\tau_{\mathrm{p}}\tanh\alpha(L - L_{\mathrm{h}})}{\alpha K_{\mathrm{s2}}} \cdot \frac{\cosh\beta x}{\sinh\beta L_{\mathrm{h}}} - \frac{\tau_{\mathrm{p}}}{K_{\mathrm{s2}}} + u_{\mathrm{p}} \tag{3-46}$$

由于弹性区与硬化区的过渡点 P 剪应力连续，即 $\tau_e(x=L_h)=\tau_h(x=L_h)$，则可以求得 T_{03}：

$$T_{03} = \frac{2\tau_p\sinh\beta L_h}{\beta} + \frac{2\tau_p\tanh\alpha(L-L_h)}{\alpha} \cdot \cosh\beta L_h \tag{3-47}$$

当 $L_h = L$ 时，由式（3-47）可得弹性-硬化过渡阶段与完全硬化阶段的临界拉力 T_{h0}^c：

$$T_{h0}^c = \frac{2\tau_p\sinh\beta L}{\beta} \tag{3-48}$$

3.4.1.3 完全硬化阶段（Ⅲ阶段）

类似于Ⅱ阶段硬化区的分析，式（3-41）仍然适用于完全硬化阶段，边界条件为

$$\begin{cases} T_s(x=0) = T_{04} \\ T_s(x=L) = 0 \end{cases} \tag{3-49}$$

则完全硬化阶段的界面拉力、剪应力和位移表达式为

$$T_h(x) = T_{04} \cdot \frac{\sinh\beta(L-x)}{\sinh\beta L} \tag{3-50}$$

$$\tau_h(x) = \frac{\beta T_{04}}{2} \cdot \frac{\cosh\beta(L-x)}{\sinh\beta L} \tag{3-51}$$

$$u_h(x) = \frac{\beta T_{04}}{2K_{s2}} \cdot \frac{\cosh\beta(L-x)}{\sinh\beta L} - \frac{\tau_p}{K_{s2}} + u_p \tag{3-52}$$

将 $x=0$ 代入式（3-52）中得到此阶段拉拔位移 u_{h0} 的变换式：

$$T_{04} = \frac{2\tanh\beta L}{\beta}\left[K_{s2}(u_{h0}-u_p) + \tau_p\right] \tag{3-53}$$

在完全硬化阶段，界面拉拔端拉力和剪应力均增大，当筋材拉拔端处的剪应力增大到筋材的极限应力 τ_{ult} 时，筋材发生破坏，则 $\tau_{ult} = K_{s2}(u_{h0}-u_p) + \tau_p$，结合 $R_f = \tau_p/\tau_{ult}$，所以式（3-53）可写成：

$$T_{04} = \frac{2\tau_p\tanh\beta L}{R_f\beta} \tag{3-54}$$

综上所述，应变硬化型筋材拉拔试验过程中的三个阶段均得到了封闭解，每个阶段的初始拉力和两个阶段间临界拉力的结果见表 3-5 和表 3-6。

表 3-5 硬化拉拔模型两个阶段间的临界拉力

拉拔阶段	Ⅰ-Ⅱ	Ⅱ-Ⅲ
临界拉拔力表达式	$T_{eh0}^e = \dfrac{2\tau_p\tanh\alpha L}{\alpha}$	$T_{h0}^c = \dfrac{2\tau_p\sinh\beta L}{\beta}$

表3-6　硬化拉拔模型各阶段的初始拉力

拉拔阶段	I	II（弹性区、硬化区）		III
初始拉拔力	$T_{01} = \dfrac{2\tanh\alpha L}{\alpha}K_{s1}u_{e0}$	$T_{02} = \dfrac{2\tau_p\tanh\alpha(L-L_h)}{\alpha}$ $T_{03} = \dfrac{2\tau_p\sinh\beta L_h}{\beta} + \dfrac{2\tau_p\tanh\alpha(L-L_h)}{\alpha}\cdot\cosh\beta L_h$		$T_{04} = \dfrac{2\tau_p\tanh\beta L}{R_f\beta}$

3.4.2　硬化模型试验验证

　　为了验证应变硬化弹塑性理论模型，采用上述土工格栅的拉拔试验结果进行模拟，预测结果如图3-17所示。由图3-17可知，预测结果与拉拔试验结果吻合较好，该模型能够有效地描述土工格栅在尾矿中的逐次拉拔行为；此外，第II阶段的位移和第I、III阶段的位移相比相对较小，因此，在分析土工格栅在尾矿中的拉拔行为时，可以忽略这个过渡阶段。

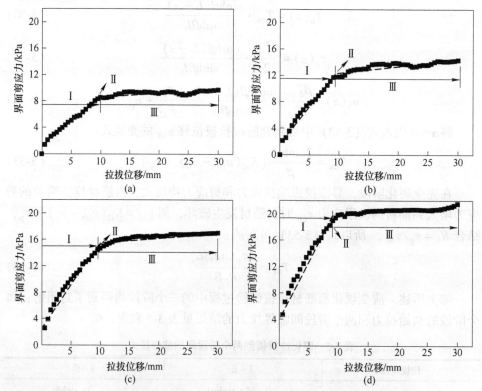

图3-17　不同法向应力下土工格栅拉拔试验结果与模型预测结果对比

(a) 10kPa；(b) 20kPa；(c) 30kPa；(d) 40kPa

同时，为了更好地了解土工格栅在尾矿中的这3个拉拔阶段，给出了界面剪切刚度（弹性剪切刚度 K_{s1} 和硬化剪切刚度 K_{s2}）随法向应力的变化关系，如图 3-18 所示。由图 3-18 可知，随着法向应力的增大，K_{s1} 和 K_{s2} 均大致呈线性增长，相关系数均在 90% 以上，具体拟合公式为：$K_{s1} = 0.4236 + 0.0342\sigma_n$；$K_{s2} = 0.0039 + 0.00085\sigma_n$。

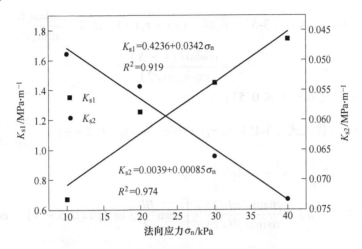

图 3-18 法向应力与硬化模型剪切刚度的变化关系

3.4.3 界面剪应力分布规律

为直观反映应变硬化筋材拉拔过程中界面不同阶段受力演化规律，对三个阶段界面剪应力分布进行分析。根据上述试验结果所选取的模型参数见表 3-7。为简化分析，对模型参数进行归一化处理，归一化筋材位置为 $X = x/L$，归一化界面剪应力为 $\rho = \tau/\tau_p$。

表 3-7 硬化模型参数

σ_n/kPa	L/m	e/mm	E/GPa	K_{s1}/MPa·m^{-1}	K_{s2}/MPa·m^{-1}	f	R_f
30	0.3	2	1	1.449	0.066	0.526	0.8

计算得到 $\tau_p = \sigma_n f' = 15.78 \text{kPa}$，$\alpha = \sqrt{2K_{s1}/eE} = 1.20$，$\beta = \sqrt{2K_{s2}/eE} = 0.26$。根据所给出的模型参数，代入式（3-55）~式（3-58）。

（1）弹性阶段：代入式（3-32）得到 $\tau_e(x) = \tau_p \dfrac{\cosh\alpha(L-x)}{\cosh\alpha L}$，即

$$\rho = \frac{\cosh\alpha L(1-X)}{\cosh\alpha L} \tag{3-55}$$

代入式（3-35）求得弹性阶段与弹性-硬化过渡阶段的临界拉力 $T_{eh0}^c = \dfrac{2\tau_p \tanh\alpha L}{\alpha} = 9.08\text{kN/m}$。

（2）弹性-硬化过渡阶段：

1）弹性区（$0.5 \leq X \leq 1$）。

令 $L_h = L/2$ 代入式（3-37）得到 $\tau_e(x) = \tau_p \tanh(\alpha L/2)\dfrac{\cosh\alpha(L-x)}{\sinh(\alpha L/2)}$，即

$$\rho = \frac{\cosh\alpha L(1-X)}{\cosh(\alpha L/2)} \tag{3-56}$$

2）硬化区（$0 \leq X \leq 0.5$）：

将 $L_h = L/2$ 代入式（3-45）得 $\tau_h(x) = \tau_p \cdot \cosh\beta(L/2 - x) + \dfrac{\tau_p \beta \tanh(\alpha L/2)}{\alpha \sinh(\beta L/2)} \cdot$

$\left[\cosh\dfrac{\beta L}{2} \cdot \cosh\beta\left(\dfrac{L}{2} - x\right) - \cosh\beta x\right]$，即

$$\rho = \cosh\beta L(0.5 - X) + \frac{\beta \tanh(\alpha L/2)}{\alpha \sinh(\beta L/2)} \cdot \left[\cosh\frac{\beta L}{2} \cdot \cosh\beta L(0.5 - X) - \cosh\beta L X\right] \tag{3-57}$$

由式（3-48）可求得弹性-硬化过渡阶段与完全硬化阶段的临界拉力 $T_{h0}^c = \dfrac{2\tau_p \sinh\beta L}{\beta} = 9.48\text{kN/m}$。

（3）完全硬化阶段：代入式（3-49）得到 $\tau_h(x) = \tau_p\dfrac{\cosh\beta(L-x)}{R_f\cosh\beta L}$，即

$$\rho = \frac{\cosh\beta L(1-X)}{R_f\cosh\beta L} \tag{3-58}$$

代入式（3-54）求得完全硬化阶段的极限拉力 $T_{04} = \dfrac{2\tau_p \tanh\beta L}{R_f\beta} = 11.81\text{kN/m}$。

根据上述界面剪应力计算表达式，可得应变硬化型筋材拉拔过程中弹性、弹性-硬化过渡和完全硬化三个阶段的界面剪应力演化规律，如图 3-19 所示。由图3-19 可知：

（1）当 $T \leq 9.08\text{kN/m}$ 时，界面处于弹性阶段，剪应力从拉拔端到自由端呈非线性减小，当 $T = 9.08\text{kN/m}$ 时，界面处于弹性完全硬化的临界阶段，拉拔端达到剪应力峰值20kPa；

（2）当 $9.08\text{kN/m} \leq T \leq 9.48\text{kN/m}$ 时，界面处于弹性-硬化过渡阶段，此阶段拉拔端剪应力达到峰值后带动自由端继续增大，剪应力从拉拔端到自由端整体

呈减小趋势，当 $T = 9.48\text{kN/m}$ 时，即自由端也达到峰值后，界面将进入完全硬化阶段；

（3）当 $9.48\text{kN/m} \leqslant T \leqslant 11.81\text{kN/m}$ 时，界面处于完全硬化阶段，此阶段拉拔端剪应力继续增大，直至 $T = 11.81\text{kN/m}$ 时，拉拔端剪应力达到筋材极限应力，筋材发生破坏。

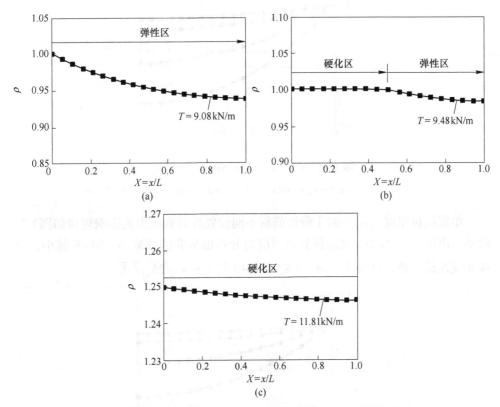

图 3-19　筋土拉拔过程各阶段界面剪应力演化规律（硬化型筋材）

（a）弹性阶段；（b）弹性-硬化过渡阶段；（c）完全硬化阶段

3.4.4　硬化参数影响分析

由 3.4.3 节分析可知，界面剪应力在弹性阶段主要受弹性剪切刚度（K_{s1}）、抗拉刚度（eE）影响，进入硬化阶段剪应力分布与硬化区间长度（L_h）和硬化剪切刚度（K_{s2}）有关。计算参数与 3.4.3 节保持一致，其中将筋材硬化区间长度与加筋长度比值定义为 $\eta = L_h/L$。

3.4.4.1　弹性阶段

弹性剪切刚度（K_{s1}）对 I 阶段筋材不同位置界面剪应力的影响规律如

图 3-20 所示。由图 3-20 可以发现，弹性阶段的界面剪应力从筋材拉拔端到自由端分布呈非线性减小，最大剪应力一致，均为峰值剪应力；其中，K_{s1} 越大，界面剪应力曲线的非线性越明显。

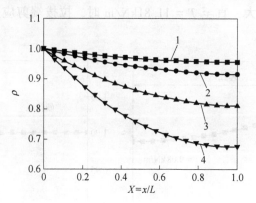

图 3-20 K_{s1} 对 I 阶段界面剪应力的影响

1—$K_{s1} = 1MPa/m$；2—$K_{s1} = 2MPa/m$；3—$K_{s1} = 5MPa/m$；4—$K_{s1} = 10MPa/m$

单宽抗拉刚度（eE）对 I 阶段筋材不同位置界面剪应力的影响规律如图3-21所示。由图 3-21 可知，此阶段界面剪应力分布也呈非线性减小，但 eE 越小，曲线非线性越明显，这是由于 eE 与 K_{s1} 呈负相关（$\alpha = \sqrt{2K_{s1}/eE}$）。

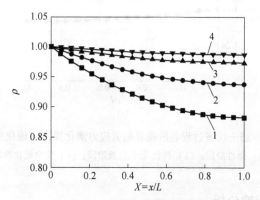

图 3-21 eE 对 I 阶段界面剪应力的影响

1—$eE = 1MPa/m$；2—$eE = 2MPa/m$；3—$eE = 5MPa/m$；4—$eE = 10MPa/m$

3.4.4.2 弹性-硬化过渡阶段

硬化区间长度 $L_p(\eta)$ 对 II 阶段筋材不同位置界面剪应力的影响规律如图 3-22 所示。由图 3-22 可以发现，弹性-硬化过渡阶段的界面剪应力在弹性区和硬化区均呈非线性减小趋势，在拉拔端剪应力最大，在自由端剪应力最小，二者临界点为过渡点，弹性区剪应曲线非线性比硬化区曲线变化明显。

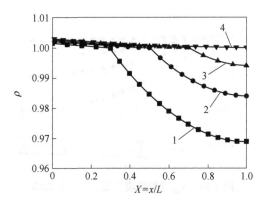

图 3-22 L_p 对 II 阶段界面剪应力的影响

1—$\eta=0.3$；2—$\eta=0.5$；3—$\eta=0.74$；4—$\eta=1.0$

硬化剪切刚度（K_{s2}）对 II 阶段筋材不同位置界面剪应力的影响规律如图 3-23所示。由图 3-23 可知，K_{s2} 只影响 II 阶段硬化区剪应力变化，对弹性区剪应力变化无影响；其中，K_{s2} 越大，硬化区剪应力曲线变化范围越大。

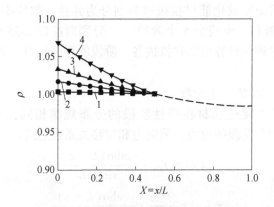

图 3-23 K_{s2} 对 II 阶段界面剪应力的影响

1—$K_{s2}=0.1\text{MPa/m}$；2—$K_{s2}=0.5\text{MPa/m}$；3—$K_{s2}=1.0\text{MPa/m}$；4—$K_{s2}=2.0\text{MPa/m}$

3.4.4.3 完全硬化阶段

硬化剪切刚度（K_{s2}）对 III 阶段筋材不同位置界面剪应力的影响规律如图 3-24所示。由图 3-24 可以发现，K_{s2} 越大，III 阶段界面剪应力曲线凹陷度越大；实际情况中 K_{s2} 很小，在弹性-硬化过渡阶段剪应力在拉拔端应稍大于峰值剪应力，然后缓慢减小，直至进入完全硬化阶段拉拔端剪应力达到极限剪应力，筋材破坏。

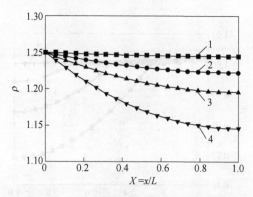

图 3-24　K_{s2} 对 III 阶段界面剪应力的影响

1—$K_{s2}=0.1\text{MPa/m}$；2—$K_{s2}=0.5\text{MPa/m}$；3—$K_{s2}=1.0\text{MPa/m}$；4—$K_{s2}=2.0\text{MPa/m}$

3.5　应变软化筋材拉拔界面分析

3.5.1　软化拉拔界面全历程分析

基本假定：将应变软化筋材拉拔过程划分为弹性、弹性-软化过渡、完全软化、软化-残余过渡和完全残余 5 个阶段[2]，分别对应图 3-25 中的 I 、II 、III 、IV 、V 阶段。通过理论计算可得到拉拔各个阶段的界面拉力、剪应力和位移计算表达式。

3.5.1.1　弹性阶段（I 阶段）

与 3.4.4 节应变硬化筋材在弹性阶段的分布规律相同，联立式（3-6）和式（3-26a）可得到此阶段的拉力、剪应力和位移关系表达式：

$$T_e(x) = T_{01} \cdot \frac{\sinh\alpha(L-x)}{\sinh\alpha L} \tag{3-59}$$

$$\tau_e(x) = \frac{\alpha T_{01}}{2} \cdot \frac{\cosh\alpha(L-x)}{\sinh\alpha L} \tag{3-60}$$

$$u_e(x) = \frac{\alpha T_{01}}{2k_{s1}} \cdot \frac{\cosh\alpha(L-x)}{\sinh\alpha L} \tag{3-61}$$

让 $x=0$ 代入式（3-61）中可得拉拔位移 u_{e0} 的变换式：

$$T_{01} = \frac{2\tanh\alpha L}{\alpha} K_{s1} u_{e0} \tag{3-62}$$

当 $u_{e0}=u_p$ 时，$\tau_p = K_{s1} u_{e0} + \tau_0$，由式（3-62）可得弹性阶段与弹性-软化过渡阶段的临界拉力 T_{eh0}^c，也就是在弹性阶段的最大拉力：

$$T_{es0}^c = \frac{2(\tau_p - \tau_0)\tanh\alpha L}{\alpha} \tag{3-63}$$

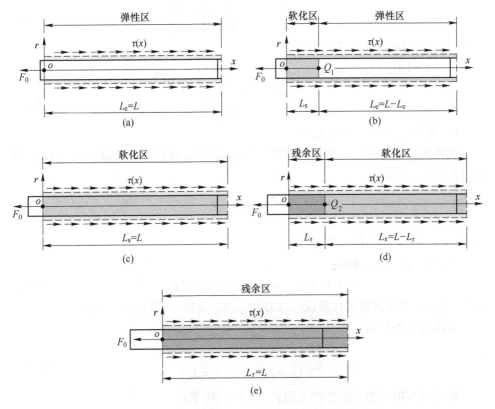

图 3-25　拉拔模型分析中应变软化筋材渐进拉拔过程

（a）弹性阶段；（b）弹性-软化过渡阶段；（c）完全软化阶段；
（d）软化-残余过渡阶段；（e）完全残余阶段

3.5.1.2　弹性-软化过渡阶段（Ⅱ阶段）

界面剪应力逐渐增大并从拉拔端向尾部传递，直至拉拔端剪应力达到峰值，开始发生应变软化现象，进入Ⅱ阶段。定义临界点 Q_1（$x = L_s$）划分弹性区和软化区，当 $0 \leqslant x < L_s$，界面处于Ⅱ阶段软化区；当 $L_s \leqslant x \leqslant L$，界面处于Ⅱ阶段弹性区（其中，$L_s$ 为软化区的长度）。

A　弹性区（$L_s \leqslant x \leqslant L$）

Ⅱ阶段弹性区界面拉力、剪应力和位移的分布规律与弹性阶段相似，则可以得到：

$$T_e(x) = T_{02} \cdot \frac{\sinh\alpha(L - x)}{\sinh\alpha(L - L_s)} \tag{3-64}$$

$$\tau_e(x) = \frac{\alpha T_{02}}{2} \cdot \frac{\cosh\alpha(L - x)}{\sinh\alpha(L - L_s)} \tag{3-65}$$

$$u_e(x) = \frac{\alpha T_{02}}{2k_{s1}} \cdot \frac{\cosh\alpha(L - x)}{\sinh\alpha(L - L_s)} \tag{3-66}$$

式中，T_{02} 为过渡点 P 的拉拔力。

考虑到过渡点 Q_1 的界面剪应力等于峰值剪应力，则可以得到：

$$T_{02} = \frac{2\tau_p\tanh\alpha(L - L_s)}{\alpha} \tag{3-67}$$

B　软化区（$0 \leqslant x \leqslant L_s$）

软化区界面剪应力与剪切位移的关系由式（3-26b）定义，联立式（3-6）和式（3-26b）可得：

$$\frac{\mathrm{d}^2 T}{\mathrm{d}x^2} + \beta^2 T = 0 \tag{3-68}$$

式中，$\beta = \sqrt{-2K_{s2}/eE} > 0$。

解方程（3-68）可得：

$$T_s(x) = C_3\cos(\beta x) + C_4\sin(\beta x) \tag{3-69}$$

式中，$T_s(x)$ 为筋材在弹性阶段的拉力；C_3、C_4 为积分常数。

考虑边界条件为

$$\begin{cases} T_s(x = 0) = T_{03} \\ T_s(x = L_s) = T_e(x = L_s) \end{cases} \tag{3-70}$$

将式（3-70）边界条件代入到式（3-69）可求得：

$$\begin{cases} C_3 = T_{03} \\ C_4 = \dfrac{2\tau_p\tanh\alpha(L - L_s)}{\alpha\sin\beta L_s} - T_{03}\cot\beta L_s \end{cases} \tag{3-71}$$

由于弹性区与软化区的过渡点 Q_1 的剪应力连续，即 $\tau_e(x = L_s) = \tau_s(x = L_s)$，则可以求得 T_{03}：

$$T_{03} = 2\tau_p\left[\frac{\sin\beta L_s}{\beta} + \frac{\tanh\alpha(L - L_s)}{\alpha}\cos\beta L_s\right] \tag{3-72}$$

则可求得 Ⅱ 阶段界面拉力、剪应力和位移的表达式：

$$T_s(x) = 2\tau_p\left[\frac{\sin\beta(L_s - x)}{\beta} + \frac{\tanh\alpha(L - L_s)}{\alpha}\cos\beta(L_s - x)\right] \tag{3-73}$$

$$\tau_s(x) = \tau_p\left[\cos\beta(L_s - x) - \frac{\beta\tanh\alpha(L - L_s)}{\alpha}\sin\beta(L_s - x)\right] \tag{3-74}$$

$$u_s(x) = \frac{\tau_p}{K_{s2}}\left[\cos\beta(L_s - x) - \frac{\beta\tanh\alpha(L - L_s)}{\alpha}\sin\beta(L_s - x)\right] - \frac{\tau_p}{K_{s2}} + u_p \tag{3-75}$$

当 $L_s = L$ 时，由式（3-72）可得弹性-软化过渡阶段与完全软化阶段的临界拉拔力 T_{s0}^c ：

$$T_{s0}^c = \frac{2\tau_p \sin\beta L}{\beta} \tag{3-76}$$

3.5.1.3 完全软化阶段（III阶段）

类似与 II 阶段软化区的分析，式（3-70）仍然适用于完全软化阶段，边界条件为

$$\begin{cases} T_s(x = 0) = T_{04} \\ T_s(x = L) = 0 \end{cases} \tag{3-77}$$

则完全软化阶段的解为

$$T_s(x) = T_{04}(\cos\beta x - \cot\beta L \sin\beta x) \tag{3-78}$$

$$\tau_s(x) = \frac{\beta T_{04}}{2}(\sin\beta x + \cot\beta L \cos\beta x) \tag{3-79}$$

$$u_s(x) = \frac{\beta T_{04}}{2K_{s2}}(\sin\beta x + \cot\beta L \cos\beta x) - \frac{\tau_p}{K_{s2}} + u_p \tag{3-80}$$

将 $x = 0$ 代入式（3-80）中可得此阶段拉拔位移 u_{s0} 的变换式：

$$T_{04} = \frac{2\tan\beta L}{\beta}[K_{s2}(u_{s0} - u_p) + \tau_p] \tag{3-81}$$

在完全软化阶段，界面拉力和剪应力均减小，当 $u_{s0} = u_r$ 时，$\tau_r = K_{s2}(u_{s0} - u_p) + \tau_p$ ，由式（3-81）可得弹性-软化过渡阶段与完全软化阶段的临界拉拔力 T_{sr0}^c ，也就是完全软化阶段的最小拉拔力为

$$T_{sr0}^c = \frac{2\tau_r \tan\beta L}{\beta} \tag{3-82}$$

3.5.1.4 软化-残余过渡阶段（IV阶段）

当拉拔力减小到 T_{sr0}^c ，筋材拉拔端开始进入残余状态并逐渐向筋材尾部延伸，进入 IV 阶段。定义过渡点 Q_2（ $x = L_r$ ）划分软化区和残余区，当 $0 \leqslant x < L_r$ ，界面处于 II 阶段残余区，而当 $L_r \leqslant x \leqslant L$ ，界面处于 II 阶段软化区（其中，L_r 为残余区长度）。

A 软化区（ $L_r \leqslant x \leqslant L$ ）

在完全软化阶段得到拉力、剪应力和位移的分布规律与软化-残余过渡阶段相似（ $x \to x - L_r$ 、$L \to L - L_r$ 、$T_{04} \to T_{05}$ ），根据式（3-78）~式（3-80）可以得到 IV 阶段弹性区的拉力、剪应力和位移的关系式：

$$T_s(x) = T_{05}[\cos\beta(x - L_r) - \cot\beta(L - L_r)\sin\beta(x - L_r)] \tag{3-83}$$

$$\tau_s(x) = \frac{\beta T_{05}}{2}[\sin\beta(x - L_r) + \cot\beta(L - L_r)\cos\beta(x - L_r)] \tag{3-84}$$

$$u_{\mathrm{s}}(x) = \frac{\beta T_{05}}{2K_{\mathrm{s}2}} \big[\sin\beta(x - L_{\mathrm{r}}) + \cot\beta(L - L_{\mathrm{r}})\cos\beta(x - L_{\mathrm{r}})\big] - \frac{\tau_{\mathrm{p}}}{K_{\mathrm{s}2}} + u_{\mathrm{p}} \qquad (3\text{-}85)$$

由于过渡点 Q_2 处的界面剪应力等于残余剪应力 $\tau_{\mathrm{s}}(x = L_{\mathrm{r}}) = \tau_{\mathrm{r}}$，则根据式 (3-84) 可以得到：

$$T_{05} = \frac{2\tau_{\mathrm{r}}\tan\beta(L - L_{\mathrm{r}})}{\beta} \qquad (3\text{-}86)$$

B 残余区 $(0 \leqslant x \leqslant L_{\mathrm{r}})$

残余区界面剪应力与残余抗剪强度相等，由式 (3-6) 和式 (3-26c) 可得：

$$\frac{\mathrm{d}T}{\mathrm{d}x} = -2\tau_{\mathrm{r}} \qquad (3\text{-}87)$$

考虑边界条件为

$$\begin{cases} T_{\mathrm{r}}(x = 0) = T_{06} \\ T_{\mathrm{r}}(x = L_{\mathrm{r}}) = T_{\mathrm{s}}(x = L_{\mathrm{r}}) \end{cases} \qquad (3\text{-}88)$$

则可得：

$$T_{06} = \frac{2\tau_{\mathrm{r}}\tan\beta(L - L_{\mathrm{r}})}{\beta} + 2\tau_{\mathrm{r}}L_{\mathrm{r}} \qquad (3\text{-}89)$$

$$T_{\mathrm{r}}(x) = 2\tau_{\mathrm{r}}(L_{\mathrm{r}} - x) + \frac{2\tau_{\mathrm{r}}\tan\beta(L - L_{\mathrm{r}})}{\beta} \qquad (3\text{-}90)$$

$$u_{\mathrm{r}}(x) = \frac{\tau_{\mathrm{r}}}{Et}x^2 - \frac{2\tau_{\mathrm{r}}}{Et}\bigg[L_{\mathrm{r}}x + \frac{\tan\beta(L - L_{\mathrm{r}})}{\beta}x\bigg] + C_5 \qquad (3\text{-}91)$$

式中，

$$C_5 = \frac{\tau_{\mathrm{r}}L_{\mathrm{r}}^2}{Et} - \frac{2\tau_{\mathrm{r}}L_{\mathrm{r}}}{\beta Et}\tan\beta(L - L_{\mathrm{r}}) + \frac{\tau_{\mathrm{r}} - \tau_{\mathrm{p}}}{K_{\mathrm{s}2}} + u_{\mathrm{p}} \qquad (3\text{-}92)$$

让 $x = 0$、$L_{\mathrm{r}} = L$ 代入式 (3-89) 得到软化-残余过渡阶段与完全残余阶段的临界拉力 $T_{\mathrm{r}0}^{\mathrm{c}}$：

$$T_{\mathrm{s}0}^{\mathrm{c}} = 2\tau_{\mathrm{r}}L \qquad (3\text{-}93)$$

3.5.1.5 完全残余阶段 (V阶段)

让 $x = 0$、$L_{\mathrm{r}} = L$ 代入式 (3-91) 得到筋材拉拔端的临界剪切位移：

$$u_{\mathrm{r}0}^{\mathrm{c}} = \frac{\tau_{\mathrm{r}}L^2}{Et} + \frac{\tau_{\mathrm{r}} - \tau_{\mathrm{p}}}{K_{\mathrm{s}2}} + u_{\mathrm{p}} \qquad (3\text{-}94)$$

假定筋材在拉拔端的位移为 u_0'，则剪切位移的分布可导出为

$$u_{\mathrm{r}}(x) = \frac{\tau_{\mathrm{r}}}{Et}(x^2 - L^2) - \frac{2\tau_{\mathrm{r}}L}{Et}(x - L) + \frac{\tau_{\mathrm{r}} - \tau_{\mathrm{p}}}{K_{\mathrm{s}2}} + u_{\mathrm{p}} + (u_0' - u_{\mathrm{r}0}^{\mathrm{c}}) = u_0' + \frac{2\tau_{\mathrm{r}}L}{Et}(x^2 - 2Lx)$$

$$(3\text{-}95)$$

此阶段拉力 T_{r0}^{c} 和界面剪应力 τ_{r} 保持常数。因此，拉力在筋材不同位置的分布为

$$T_{r}(x) = 2\tau_{r}(L - x) \tag{3-96}$$

综上所述，软化型筋材拉拔试验过程中的 5 个阶段均得到了封闭解，每个阶段初始拉力和两个阶段间临界拉力的结果见表 3-8 和表 3-9。

表 3-8　软化拉拔模型两个阶段间临界拉力

拉拔阶段	Ⅰ-Ⅱ	Ⅱ-Ⅲ	Ⅲ-Ⅳ	Ⅳ-Ⅴ
临界拉拔力表达式	$T_{es0}^{c} = \dfrac{2(\tau_{p} - \tau_{0})\tanh\alpha L}{\alpha}$	$T_{s0}^{c} = \dfrac{2\tau_{p}\sin\beta L}{\beta}$	$T_{sr0}^{c} = \dfrac{2\tau_{r}\tan\beta L}{\beta}$	$T_{s0}^{c} = 2\tau_{r}L$

表 3-9　软化拉拔模型各阶段初始拉力

拉拔阶段	初始拉拔力
Ⅰ	弹性阶段：$T_{01} = \dfrac{2\tanh\alpha L}{\alpha}K_{s1}u_{e0}$
Ⅱ	弹性区：$T_{02} = \dfrac{2\tau_{p}\tanh\alpha(L - L_{s})}{\alpha}$；软化区：$T_{03} = 2\tau_{p}\left[\left(\dfrac{\sin\beta L_{s}}{\beta} + \dfrac{\tanh\alpha(L - L_{s})}{\alpha}\cos\beta L_{s}\right)\right]$
Ⅲ	软化阶段：$T_{04} = \dfrac{2\tan\beta L}{\beta}\left[K_{s2}(u_{s0} - u_{p}) + \tau_{p}\right]$
Ⅳ	软化区：$T_{05} = \dfrac{2\tau_{r}\tan\beta(L - L_{r})}{\beta}$；残余区：$T_{06} = \dfrac{2\tau_{r}\tan\beta(L - L_{r})}{\beta} + 2\tau_{r}L_{r}$
Ⅴ	—

3.5.2　软化模型试验验证

为了验证应变软化弹塑性理论模型，采用 3.5 节土工布的拉拔试验结果进行模拟，预测结果如图 3-26 所示。由图 3-26 可知，预测结果与拉拔试验结果吻合较好，该模型能够有效地描述土工布在尾矿中的逐次拉拔行为；此外，第 Ⅱ 阶段和第 Ⅳ 阶段的位移相较第 Ⅰ、Ⅲ、Ⅴ 阶段的位移小，由此，在分析土工布在尾矿中的拉拔行为时，可以忽略这两个过渡阶段。

同时，为了更好地了解土工布在尾矿中的这 5 个拉拔阶段，给出了界面剪切刚度（弹性剪切刚度 K_{s1} 和软化剪切刚度 K_{s2}）和初始剪应力随法向应力的变化关系，如图 3-27 所示。由图 3-27 可知，随着法向应力的增大，K_{s1} 和 K_{s2} 均大致呈线性增长，相关系数均在 90% 以上，具体拟合公式为：$K_{s1} = 0.8822 + 0.0407\sigma_{n}$；$K_{s2} = -0.2339 + 0.0074\sigma_{n}$。

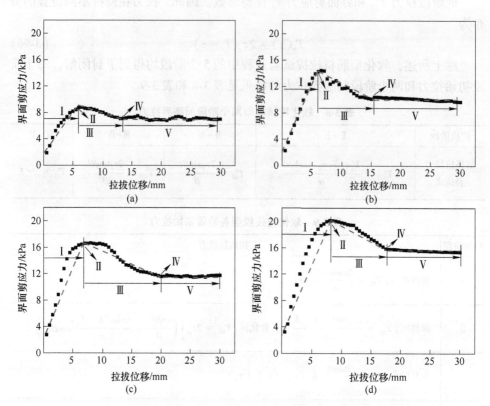

图 3-26 不同法向应力下土工布拉拔试验结果与模型预测结果对比

（a）10kPa；（b）20kPa；（c）30kPa；（d）40kPa

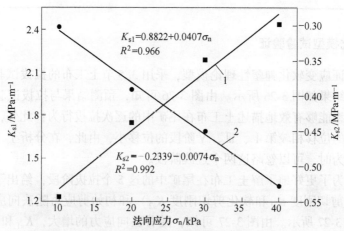

图 3-27 法向应力与软化模型剪切刚度的变化关系

1—K_{s1}；2—K_{s2}

3.5.3 界面剪应力分布规律

为直观反映应变软化筋材拉拔过程中界面不同阶段的受力演化规律，对 5 个阶段界面剪应力的分布进行分析，所选的模型参数见表 3-10。为简化分析，对模型参数进行归一化处理，归一化筋材位置为 $X = x/L$，归一化界面剪应力为 $\rho = \tau/\tau_p$。

表 3-10　软化模型参数

σ_n /kPa	L/m	e/mm	E/GPa	K_{s1}/MPa·m^{-1}	K_{s2}/MPa·m^{-1}	f'	R'_f
30	0.3	2	1	2.190	−0.450	0.560	0.7

计算得到 $\tau_p = \sigma_n f' = 16.80\text{kPa}$，$\tau_r = R'_f \tau_p = 11.76\text{kPa}$，$\alpha = \sqrt{2K_{s1}/eE} = 1.48$，$\beta = \sqrt{-2K_{s2}/eE} = 0.67$。根据所给出的模型参数，代入式（3-97）~式（3-101）。

（1）弹性阶段：

1）代入式（3-60）得到 $\tau_e(x) = \tau_p \dfrac{\cosh\alpha(L-x)}{\cosh\alpha L}$，即

$$\rho = \frac{\cosh\alpha L(1-X)}{\cosh\alpha L} \tag{3-97}$$

2）代入式（3-63）求得弹性阶段与弹性-软化过渡阶段的临界拉力：

$$T_{es0}^c = \frac{2\tau_p \tanh\alpha L}{\alpha} = 9.47\text{kN/m}$$

（2）弹性-软化过渡阶段：

1）弹性区（$0.5 \leqslant X \leqslant 1$）：令 $L_s = L/2$ 代入式（3-65）得到 $\tau_e(x) = \tau_p \dfrac{\cosh\alpha(L-x)}{\cosh(\alpha L/2)}$，即

$$\rho = \frac{\cosh\alpha L(1-X)}{\cosh(\alpha L/2)} \tag{3-98}$$

2）软化区（$0 \leqslant X \leqslant 0.5$）：将 $L_s = L/2$ 代入式（3-74）得 $\tau_s(x) = \tau_p\left[\cos\beta(L/2-x) - \dfrac{\beta\tanh(\alpha L/2)}{\alpha}\sin\beta(L/2-x)\right]$，即

$$\rho = \cos\beta L(0.5-X) - \frac{\beta\tanh(\alpha L/2)}{\alpha}\sin\beta L(0.5-X) \tag{3-99}$$

由式（3-76）可求得弹性-软化过渡阶段与完全软化阶段的临界拉力：

$$T_{s0}^c = \frac{2\tau_p \sin\beta L}{\beta} = 10.03\text{kN/m}$$

（3）完全软化阶段：

1）代入式（3-79）得到 $\tau_s(x) = R'_f\tau_p(\tan\beta L\sin\beta x + \cos\beta x)$，即

$$\rho = R'_f(\tan\beta L\sin\beta LX + \cos\beta LX) \tag{3-100}$$

2）代入式（3-82）求得完全软化阶段与软化-残余阶段的临界拉力：

$$T^c_{sr0} = \frac{2\tau_r\tan\beta L}{\beta} = 7.16\text{kN/m}$$

（4）软化-残余过渡阶段：

1）软化区（ $0.5 \leqslant X \leqslant 1$ ）：令 $L_r = L/2$ 代入式（3-84）得到 $\tau_s(x) = \tau_r[\tan(\beta L/2)\sin\beta(x - L/2) + \cos\beta(x - L/2)]$，即

$$\rho = R'_f[\tan(\beta L/2)\sin\beta L(X - 0.5) + \cos\beta L(X - 0.5)] \tag{3-101}$$

2）残余区（ $0 \leqslant X \leqslant 0.5$ ）：进入残余区的界面剪应力 $\tau_r(x) = R'_f\tau_p$，即

$$\rho = R'_f = 0.7 \tag{3-102}$$

由式（3-90）可求得软化-残余过渡阶段与完全残余阶段的临界拉力 $T^c_{s0} = 2\tau_r L = 7.06\text{kN/m}$。

（5）完全残余阶段：完全残余阶段界面剪应力 $\tau_r(x) = R'_f\tau_p$，即

$$\rho = R'_f = 0.7 \tag{3-103}$$

根据上述界面剪应力计算表达式，可得应变软化筋材拉拔过程中弹性阶段、弹性-硬化过渡阶段和完全硬化阶段的界面剪应力演化规律，如图3-28所示。由图3-28可知：

1）当 $T \leqslant 9.47\text{kN/m}$ 时，界面处于弹性阶段，剪应力从拉拔端到自由端呈非线性减小，当 $T = 9.47\text{kN/m}$ 时，界面处于弹性与弹性-软化过渡的临界阶段，拉拔端达到剪应力峰值16.8kPa；

2）当 $9.47\text{kN/m} \leqslant T \leqslant 10.03\text{kN/m}$ 时，界面处于弹性-软化过渡阶段，剪应力整体呈现增大后减小变化趋势，峰值点位于弹性区与软化区交界；随着拉力的增大，软化区长度也不断增大，自由端剪应力逐渐向峰值靠近，当 $T = 10.03\text{kN/m}$ 时，即自由端也达到峰值后，界面将进入完全软化阶段；

3）当 $7.16\text{kN/m} \leqslant T \leqslant 10.03\text{kN/m}$ 时，界面处于完全软化阶段，剪应力从拉拔端到自由端呈非线性增大，当 $T = 7.16\text{kN/m}$ 时，即拉拔端剪应力达到残余应力时，界面将进入软化-残余过渡阶段；

4）当 $7.06\text{kN/m} \leqslant T \leqslant 7.16\text{kN/m}$ 时，界面处于软化-残余过渡阶段，此阶段拉拔端开始进入残余状态并逐渐向自由端过渡，当 $T = 7.06\text{kN/m}$ 时，即自由端也达到残余应力后，界面将进入完全残余阶段；

5）当 $T = 7.06\text{kN/m}$ 时，界面处于完全残余阶段，此阶段剪应力保持残余应力不变。

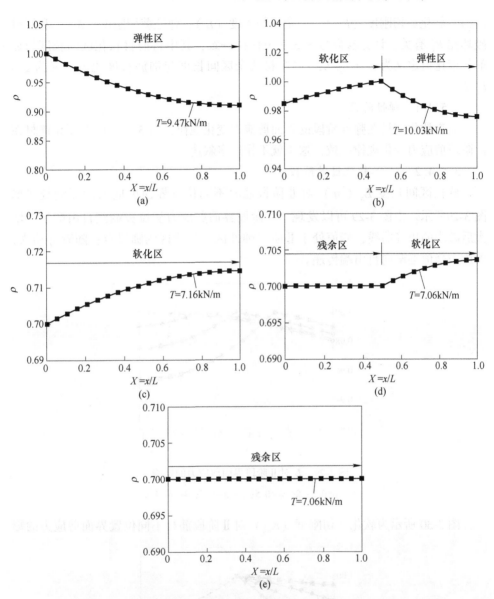

图 3-28　筋土拉拔过程各阶段界面剪应力演化规律（软化型筋材）

（a）弹性阶段；（b）弹性-软化过渡阶段；（c）完全软化阶段；

（d）软化-残余过渡阶段；（e）完全残余阶段

3.5.4　软化参数影响分析

通过计算可知，界面剪应力在弹性阶段主要受弹性剪切刚度（K_{s1}）、单宽抗拉刚度（eE）影响，进入软化阶段和残余阶段剪应力分布与软化区间长度

（L_s）、软化剪切刚度（K_{s2}）、残余区间长度（L_r）、弹性剪切刚度（K_{s2}）和筋材破坏比 R_f^r 有关。计算参数与 3.5.3 节保持一致，其中将筋材软化区间长度与加筋长度比值定义为 $\eta = L_s/L$，将筋材残余区间长度与加筋长度比值定义为 $\xi = L_r/L$。

3.5.4.1 弹性阶段

应变软化筋材在弹性阶段的界面剪应力变化规律，与 3.4 节应变硬化筋材在此阶段剪应力变化规律一致，这里就不作过多叙述。

3.5.4.2 弹性-软化过渡阶段

软化区间长度 L_s（η）对 II 阶段筋材不同位置界面剪应力的影响规律如图 3-29 所示。由图 3-29 可以发现，II 阶段界面剪应力从拉拔端到自由端呈先增大后减小的单峰曲线，峰值处于 II 阶段弹性区与软化区的临界点；随着 η 增大，剪应力峰值逐渐向自由端传递。

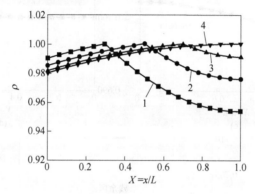

图 3-29 L_s 对 II 阶段界面剪应力的影响

1—$\eta = 0.3$；2—$\eta = 0.5$；3—$\eta = 0.7$；4—$\eta = 1.0$

图 3-30 所示为软化剪切刚度（K_{s2}）对 II 阶段筋材不同位置面剪应力的影

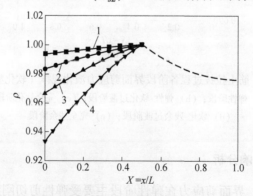

图 3-30 K_{s2} 对 II 阶段面剪应力的影响

1—$K_{s2} = -0.2\text{MPa/m}$；2—$K_{s2} = -0.5\text{MPa/m}$；3—$K_{s2} = -1.0\text{MPa/m}$；4—$K_{s2} = -2.0\text{MPa/m}$

响规律。由图 3-30 可知，K_{s2} 只影响 II 阶段软化区的剪应力变化，对弹性区剪应力无影响；其中，K_{s2} 越大，界面剪应力变化范围越大，表明筋材软化特征越明显。

3.5.4.3 完全软化阶段

图 3-31 所示为软化剪切刚度（K_{s2}）对 III 阶段筋材不同位置界面剪应力的影响规律。由图 3-31 可以发现，界面剪应力从拉拔端到自由端呈非线性增大，拉拔端剪应力最小，自由端剪应力最大，此时拉拔端剪应力已经降至残余应力。

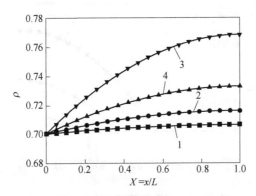

图 3-31　K_{s2} 对 III 阶段界面剪应力的影响

1—$K_{s2}=-0.2\mathrm{MPa/m}$；2—$K_{s2}=-0.5\mathrm{MPa/m}$；3—$K_{s2}=-1.0\mathrm{MPa/m}$；4—$K_{s2}=-2.0\mathrm{MPa/m}$

3.5.4.4 软化-残余过渡阶段与完全残余阶段

图 3-32 所示为软化剪切刚度（K_{s2}）对 IV 阶段筋材不同位置界面剪应力的影响规律。由图 3-32 可知，K_{s2} 只影响 IV 阶段残余区的剪应力变化，其中软化区均降至残余应力；其中，K_{s2} 越大，界面剪应力非线性增大幅度越大。

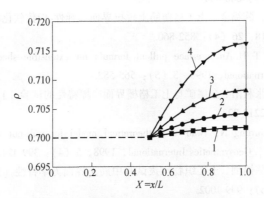

图 3-32　K_{s2} 对 IV 阶段界面剪应力的影响

1—$K_{s2}=-0.2\mathrm{MPa/m}$；2—$K_{s2}=-0.5\mathrm{MPa/m}$；3—$K_{s2}=-1.0\mathrm{MPa/m}$；4—$K_{s2}=-2.0\mathrm{MPa/m}$

图 3-33 所示为残余区长度 L_r（ξ）对Ⅳ阶段筋材不同位置界面剪应力的影响规律。由图 3-33 可知，界面在Ⅳ阶段剪应力在软化区与残余区临界点最小，此时剪应力大小即为残余应力，在自由端剪应力最大，表明软化区筋材的界面摩阻力更容易发挥作用，使得自由端的剪应力增大。随着残余区长度增加，界面逐渐从软化-残余阶段过渡至完全残余阶段，剪应力分布趋于定值，界面完全进入残余阶段，剪应力呈水平分布，即界面剪应力减小至残余应力时将不再发生变化，呈塑性流动状态，这正与假定相符。

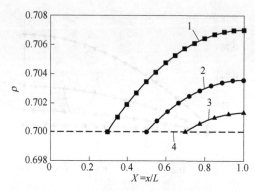

图 3-33 L_r 对Ⅳ阶段界面剪应力的影响

1—ξ=0.3；2—ξ=0.5；3—ξ=0.7；4—ξ=1.0

参考文献

[1] 刘续，唐晓武，申昊，等. 加筋土结构中筋材拉拔力的分布规律研究 [J]. 岩土工程学报，2013, 35 (4)：800-804.

[2] 赖丰文，李丽萍，陈福全. 土工格栅筋土拉拔界面的弹性-指数软化模型与性状 [J]. 工程地质学报，2018, 26 (4)：852-860.

[3] Sobhi S, Wu J T H. An interface pullout formula for extensible sheet reinforcement [J]. Geosynthetics International, 1996, 3 (5)：565-582.

[4] 易富，杜常博，张利阳. 金尾矿与土工格栅界面摩擦特性的试验 [J]. 安全与环境学报，2017, 17 (6)：2217-2221.

[5] Madhav M R, Gurung N, Iwao Y. A theoretical model for pull-out response of extensible reinforcements [J]. Geosynthetics International, 1998, 5 (4)：399-424.

[6] 张鹏，王建华，陈锦剑. 土工织物拉拔试验中筋土界面力学特性 [J]. 上海交通大学学报，2004, 38 (6)：999-1002.

[7] Hong C Y, Yin J H, Zhou W H, et al. Analytical study on progressive pullout behavior of a soil nail [J]. Journal of Geotechnical and Geoenvironmental Engineering, 2012, 138 (4)：500-507.

［8］ Gurung N, Iwao Y, Madhav M R. Pullout test model for extensible reinforcement ［J］. International Journal for Numerical and Analytical Methods in Geomechanics, 1999, 23 (12): 1337-1348.

［9］ 史旦达, 刘文白, 水伟厚. 单双向塑料土工格栅与不同填料界面作用特性对比试验研 ［J］. 岩土力学, 2009, 30 (8): 2237-2244.

［10］ Zhu H H, Zhang C C, Tang C S, et al. Modeling the pullout behavior of short fiber in reinforced soil ［J］. Geotextiles and Geomembranes, 2014, 42 (4): 329-338.

［11］ 杨敏, 李宁, 刘新星, 等. 土工布加筋土界面摩擦特性试验研究 ［J］. 西安理工大学学报, 2016, 32 (1): 46-51.

[8] Cheung N, Boocock D. B. A nonlinear model for extensible reinforcement[J]. International Journal for Numerical and Analytical Methods in Geomechanics, 1999.

[9]

[10] Xie H. P., Zhang C., Tang C. S., et al. Modeling the pullout behavior of short fiber in ... Geosynthetics, 2014, ...: 530-538.

4　土工格栅加筋尾矿流变模型

本章首先考虑土工格栅长期和短期荷载作用下塑性变形，在此基础上提出表征土工格栅长期低应力荷载作用下的力学特性的非线性四参数黏弹塑性模型，进而建立黏弹塑性土工格栅弹塑性加筋尾矿的简化流变模型，并将整个加筋尾矿复合体受力分析分为两个阶段，分别对应尾矿处于弹性状态和塑性状态，把尾矿到达塑性状态的时间（塑性到达时间）作为两个阶段的分界点，分析土工格栅加筋尾矿结构应力应变随影响因素的变化规律，为研究土工格栅加筋尾矿结构的长期工作性能提供理论依据。

4.1　非线性四参数黏弹塑性模型

4.1.1　模型依据

试验结果表明[1,2]，土工格栅在短期受力表现为明显的弹塑性，长期则表现为黏弹性，因此，用黏弹塑性四参数模型来模拟土工格栅在长期荷载作用下的力学特性更合理。本节提出了一个变化的四参数黏弹塑性模型（见图4-1（a）），将 Sawicki 提出的四参数模型中线性塑性元件视为非线性的，与 Kongkitkul 等人[3]提出的非线性黏弹塑性模型中的塑性一样，是不可恢复的，并且可以采用一个非线性方程来代替塑性应力应变曲线。

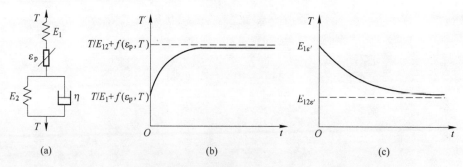

图4-1　土工格栅四参数黏弹塑性模型及其蠕变、应力松弛曲线

（a）四参数模型；（b）蠕变曲线；（c）应力松弛曲线

4.1.2 模型受力分析

非线性四参数模型的理论分析与 4.1.1 节 Sawicki 提出四参数模型一样，不同的是线性塑性元件采用一个拉伸模量就可以得出应变，而这里需要定义非线性塑性的荷载应变曲线。

由模型受力体系可知，总应变是土工格栅黏弹塑性模型各部分元件应变的总和：

$$\varepsilon_t = \varepsilon_e + \varepsilon_p + \varepsilon_{ve} = \varepsilon_{ep} + \varepsilon_{ve} \tag{4-1}$$

式中，ε_e 为弹性应变；ε_p 为塑性应变；ε_{ep} 为弹塑性应变；ε_{ve} 为黏弹性应变。

其中，

$$\varepsilon_e = \frac{T}{E_1} \tag{4-2}$$

$$\varepsilon_p = f(\varepsilon, T) \tag{4-3}$$

$$T = E_2 \varepsilon_{ve} + \eta \frac{d\varepsilon_{ve}}{dt} \tag{4-4}$$

由式 (4-1)~式 (4-3) 可得：

$$\varepsilon_{ve} = \varepsilon - \varepsilon_{ep} = \varepsilon - \frac{T}{E_1} - f(\varepsilon, T) \tag{4-5}$$

将式 (4-3) 代入式 (4-4) 可得在加载过程中描述土工格栅行为的微分方程：

$$\left(1 + \frac{E_2}{E_1}\right) T + \frac{\eta}{E_1} \frac{dT}{dt} + E_2 f(\varepsilon, T) = E_2 \varepsilon + \eta \frac{d\varepsilon}{dt} \tag{4-6}$$

式中，E_1 和 E_2 分别为弹簧的刚度系数；η 为黏壶的黏滞系数；T 与 ε 分别为土工格栅单位宽度上拉力及相应的应变；t 为蠕变时间。

4.1.2.1 蠕变

令式 (4-6) 中荷载 T 为常数可得到土工格栅的蠕变方程为

$$\varepsilon = \varepsilon_e + \varepsilon_p + \varepsilon_{ve} = \frac{T}{E_1} + f(\varepsilon, T) + \frac{T}{E_2} \left[1 - \exp\left(-\frac{E_2}{\eta} t\right)\right] \tag{4-7}$$

在 $t = 0$ 时，土工格栅的起始蠕变为

$$\varepsilon_0(t = 0) = \frac{T}{E_1} + f(\varepsilon, T) \tag{4-8}$$

在 $t \to \infty$ 时，格栅的蠕变达到稳定状态，此时：

$$\varepsilon_\infty(t \to \infty) = \frac{T}{E_1} + f(\varepsilon, T) + \frac{T}{E_2} = \frac{T}{E_{12}} + f(\varepsilon, T) \tag{4-9a}$$

式中

$$E_{12} = \frac{E_1 E_2}{E_1 + E_2} \tag{4-9b}$$

由以上分析可知，蠕变起始应变为 $T/E_1 + f(\varepsilon, T)$，认为此时土工格栅的弹塑性完全发挥出来，经过一段时间后蠕变达到稳定，稳定应变为 $T/E_{12} + f(\varepsilon, T)$，蠕变方程的曲线形式如图 4-1 (b) 所示。

4.1.2.2 应力松弛

在 $t=0$ 时，尚未发生流变变形，筋材保持弹塑性应变不变，即

$$\varepsilon(t=0) = \varepsilon_e + f(\varepsilon, T) = 常数 \tag{4-10}$$

随着应力松弛的开始，流变逐渐产生，因塑性应变不可恢复，那么弹性应变减少，黏性应变增加，二者之和依然为常数：

$$\varepsilon'(t>0) = \varepsilon_e + \varepsilon_{ve} = \varepsilon - f(\varepsilon, T) = 常数 \tag{4-11}$$

将式 (4-11) 代入式 (4-6) 可得土工格栅在恒定应变 ($\dot{\varepsilon}' = 0$) 的情况下的应力松弛方程为

$$T = (E_1 - E_{12})\varepsilon' \exp\left(-\frac{E_1 + E_2}{\eta}t\right) + E_{12}\varepsilon' \tag{4-12}$$

在 $t=0$ 时，对土工格栅应力松弛方程进行了瞬时响应计算，从式 (4-13) 中可表示为

$$T_0(t=0) = E_1\varepsilon' \tag{4-13}$$

由式 (4-13) 可得出土工格栅在恒定应变下渐进行为（即 $t \to \infty$）的应力松弛情况：

$$T_\infty(t \to \infty) = E_{12}\varepsilon' \tag{4-14}$$

由以上分析可知，流变尚未发生时，应力松弛起始应力为 $E_1\varepsilon'$，随着流变逐渐产生，由于黏性应变随时间增长而增大，为了保持应力不变，弹性应变减少，导致应力逐渐减少，经过一段时间应力松弛达到稳定，此时稳定应力为 $E_{12}\varepsilon'$，应力松弛方程的曲线形式如图 4-1 (c) 所示。

4.1.3 模型验证

采用栾茂田等人[4]所做的试验，他对不同规格的单向土工格栅进行了蠕变试验，选取 20℃ 下 EG65R 土工格栅的试验数据。EG65R 土工格栅的极限荷载为 65kN/m，蠕变数据选取荷载作用为 31.2kN/m、33.4kN/m、35.5kN/m 的，而应力松弛选取应变为 4%、5%、6% 的，具体数据如图 4-2 所示。

首先，求取土工格栅模型中弹簧刚度系数 E_1，为了减少受塑性应变的影响，一般取较大荷载速率下筋材产生瞬时应变时应力应变的斜率。参照杨广庆等人[5]对土工格栅不同荷载速率下的试验数据，取其中 C 型 HDPE 格栅也就是 EG65R 格栅，在 50mm/min 荷载速率作用下初始应力应变的斜率做的 E_1 值。然后根据上述试验数据并结合方程 (4-8) 和方程 (4-9) 可求得黏弹塑性模型参数 E_2 和 ε_p，黏滞系数 η 可由蠕变结果的曲线拟合得到，具体结果见表 4-1。

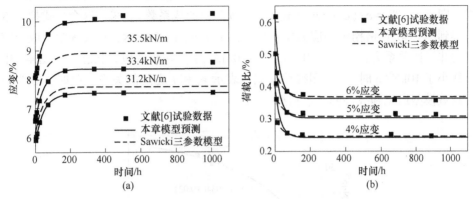

图 4-2　试验数据与本章模型对比（Luan 试验）

（a）蠕变试验；（b）应力松弛

表 4-1　土工格栅黏弹塑性模型四参数求解值

$T/\text{kN} \cdot \text{m}^{-1}$	塑性应变 ε_p /%	$E_1/\text{kN} \cdot \text{m}^{-1}$	$E_2/\text{kN} \cdot \text{m}^{-1}$	$\eta/\text{kN} \cdot \text{h} \cdot \text{m}^{-1}$
31.2	3.4	1.3×10^3	2.0×10^3	100×10^3
33.4	3.9	1.3×10^3	2.0×10^3	100×10^3
35.5	5.3	1.3×10^3	2.0×10^3	100×10^3

　　将求解出的黏弹塑性模型参数分别代入式（4-7）蠕变方程和式（4-12）应力松弛方程，然后与试验数据对比。由图 4-2 可知，黏弹塑性模型能够较真实地反映土工格栅的衰减式蠕变和对应的应力松弛变化情况。Sawicki 提出的三参数模型的预测结果与试验数据相差较大，尤其对于蠕变模拟，由于不考虑格栅的塑性，认为土工格栅起始蠕变为弹性应变（可得出 $E_1 = 500\text{kN/m}$），造成不同荷载下格栅起始蠕变和最终蠕变成比例增长；而对应应力松弛模拟则在起点相差较大，之后与本章模型模拟基本一致，这是由于不考虑筋材不可恢复的塑性变形。三种荷载下塑性应变的连线不是过原点的直线，这也证明了用线性四参数模型不能解释这种现象。通过以上各公式计算可获得模型各部分的应变，具体数值见表 4-2。由此表可知，随着荷载增大，模型各部分应变变化最大的是塑性应变，进一步说明了在研究土工格栅流变时，其塑性应变是不可忽略的。

表 4-2　非线性四参数模型各部分应变

$T/\text{kN} \cdot \text{m}^{-1}$	ε_e /%	ε_p /%	ε_{ve} /%	ε /%
31.2	2.4	3.4	1.6	7.4
33.4	2.6	3.9	1.7	8.2
35.5	2.7	5.3	1.8	9.8

为了研究塑性应力应变之间的关系，假设塑性应力应变的关系满足双曲线形式，即 $f(\varepsilon, T) = \varepsilon/(a + b\varepsilon)$（式中 a 和 b 为双曲线系数）。采用这个公式拟合本节得到的 EG65R 格栅塑性应力应变数据，结果如图 4-3 所示，可发现塑性应力应变的非线性关系为：$T = \varepsilon_p/(0.0346 + 0.0215\varepsilon_p)$。在较低应力状态下（图 4-3 中荷载小于 10kN/m 时），可用线性近似地表示 ε_p 和 t 之间的关系，此时，非线性四参数模型退化到线性四参数模型。

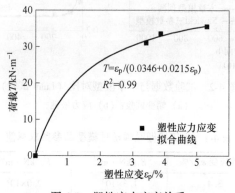

图 4-3   塑性应力应变关系

4.2   加筋尾矿流变模型的建立

4.2.1   基本假定

基本假定：

（1）假定加筋尾矿复合体是宏观均匀各向异性的复合材料，其中土工格栅为黏弹塑性材料，尾矿是弹塑性材料，满足 Mohr-Coulomb 强度准则；

（2）假设土工格栅与尾矿之间完全黏结没有相对滑动，格栅只是处于受拉状态，加筋复合体的剪应力、剪应变均由尾矿承担；

（3）假定加筋尾矿复合体是由黏弹塑性土工格栅和弹塑性尾矿组成的复合材料，把加筋尾矿复合体变形分成两个阶段进行分析，第一阶段尾矿表现为弹性，尾矿开始进入塑性状态为第二阶段。

4.2.2   整体分析

宏观上将格栅和尾矿组成的加筋尾矿复合体视为均质各向异性材料，其应力应变为 σ_{ij}、ε_{ij}，微观上加筋复合体的应力应变由尾矿微观应力应变 σ_{ij}^{s}、ε_{ij}^{s} 和筋材应力应变 σ_{ij}^{r}、ε_{ij}^{r} 分别承担，加筋复合体中尾矿和筋材所占的体积比分别为

n_s、n_r，有以下关系式[6]：

$$n_s + n_r = 1 \tag{4-15}$$

$$\sigma_{ij} = n_s \sigma_{ij}^s + n_r \sigma_{ij}^r; \quad \varepsilon_{ij} = n_s \varepsilon_{ij}^s + n_r \varepsilon_{ij}^r \tag{4-16}$$

式中，筋材在加筋复合体中所占的体积比很小，$n_s \cong 1$；$n_r = e/\Delta h$，e 和 Δh 分别为格栅厚度和格栅层间距。

本章研究平面应变状态下的加筋尾矿结构，假定筋材只在 x 方向上工作，如图 4-4 所示为加筋复合体在平面应变状态下宏观应力与微观应力关系示意图，假定格栅只处于受拉状态，不考虑格栅在厚度方向的压缩和弯曲变形，则式(4-16) 可简化为

$$\sigma_z = \sigma_z^s = \sigma_z^r; \quad \sigma_x = n_s \sigma_x^s + n_r \sigma_x^r; \quad \tau_{xz} = n_s \tau_{xz}^s + n_r \tau_{xz}^r \cong \tau_{xz}^s = \tau \tag{4-17}$$

$$\varepsilon_z \cong \varepsilon_z^s; \quad \varepsilon_x = \varepsilon_x^s = \varepsilon_x^r; \quad \varepsilon_{xz} \cong \varepsilon_{xz}^s \tag{4-18}$$

式（4-17）和式（4-18）中各参数为加筋复合体在平面应变状态下的宏观和微观应力应变，其中 $(\sigma_z,\ \sigma_x,\ \tau_{xz})$，$(\varepsilon_z,\ \varepsilon_x,\ \varepsilon_{xz})$ 为加筋复合体的宏观应力应变；$(\sigma_z^s,\ \sigma_x^s,\ \tau_{xz}^s)$，$(\varepsilon_z^s,\ \varepsilon_x^s,\ \varepsilon_{xz}^s)$ 为尾矿的微观应力应变；$(\sigma_x^r,\ \tau_{xz}^r,\ \varepsilon_x^r)$ 为筋材的微观应力应变。

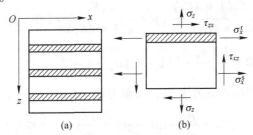

图 4-4　加筋尾矿宏微观应力的关系示意图
(a) 模型结构；(b) 受力分析

将加筋尾矿复合体分析分成两个阶段，第一阶段（E-VP 模式）尾矿处于弹性状态，筋材处于黏弹塑性状态，此阶段结束，尾矿达到屈服条件；尾矿进入塑性状态，对应加筋复合体行为的第二阶段（P-VP 模式）开始，此阶段尾矿在塑性范围内与黏弹塑性筋材一起工作。

4.2.3　第一阶段：弹性尾矿-黏弹塑性筋材（E-VP 模式）

当尾矿处于弹性状态而土工格栅为黏弹塑性材料时，由平面应变条件下广义 Hooke 定律得：

$$\varepsilon_x^s = \frac{1 + v_s}{E_s} \left[(1 - v_s) \sigma_x^s - v_s \sigma_z^s \right] \tag{4-19}$$

$$\varepsilon_z^s = \frac{1 + v_s}{E_s} \left[(1 - v_s) \sigma_z^s - v_s \sigma_x^s \right] \tag{4-20}$$

式中，E_s 与 v_s 分别为尾矿的变形模量和泊松比。

将式（4-14）~式（4-18）代入式（4-19），整理得：

$$\varepsilon_x = \frac{1 + v_s}{E_s} \left[\frac{1 - v_s}{n_s} \sigma_x - v_s \sigma_z - \frac{(1 - v_s) n_r}{n_s} \sigma_x^r \right] \tag{4-21}$$

根据土工格栅在长度方向的平衡条件，得到格栅沿长度方向应力 $n_r \sigma_x^r$ 与单位宽度上拉力 T 的关系：

$$n_r \sigma_x^r = \frac{T}{\Delta h} \tag{4-22}$$

结合式（4-21）和式（4-22）并考虑土工格栅体积含筋率 n_r 很小可得：

$$\varepsilon_x = \frac{1 + v_s}{E_s} \left[(1 - v_s) \sigma_x - v_s \sigma_z \right] - \frac{1 - v_s^2}{E_s \Delta h} T \tag{4-23}$$

将式（4-23）代入式（4-6）得：

$$\frac{\mathrm{d}T}{\mathrm{d}t} + qT = p \tag{4-24a}$$

其中，$\quad q = \dfrac{E_1 + E_2(1 + AE_1)}{\eta(1 + AE_1)}$；$p = \dfrac{E_1 E_2}{\eta(1 + AE_1)} \cdot \left[B - f(\varepsilon, T) \right] \tag{4-24b}$

式中，$A = \dfrac{1 - v_s^2}{E_s \Delta h}$，$B = \dfrac{1 + v_s}{E_s} \cdot \left[(1 - v_s) \sigma_x - v_s \sigma_z \right]$。

假定土工格栅的初始应力为 T_0，求解方程（4-24）可得：

$$T = \left(T_0 - \frac{p}{q} \right) \exp(-qt) + \frac{p}{q} \quad (0 < t \leqslant t_p) \tag{4-25a}$$

其中，$\quad \dfrac{p}{q} = \dfrac{E_1 E_2}{E_1 + E_2(1 + AE_1)} \cdot \left[B - f(\varepsilon, T) \right] \tag{4-25b}$

式中，t_p 为塑性到达时间，即加筋复合体达到第二阶段所需要的时间。

根据式（4-17）和式（4-22）可得尾矿的水平应力为

$$\sigma_x^s = \sigma_x - n_r \sigma_x^r = \sigma_x - \frac{T}{\Delta h} \tag{4-26}$$

为求得加筋尾矿复合体塑性到达的时间 t_p，本节假定尾矿为弹塑性材料，满足 Mohr-Coulomb 准则，所以有：

$$f = (\sigma_z - \sigma_x^s)^2 - (\sigma_z + \sigma_x^s) \sin\varphi + 4\tau^2 \tag{4-27}$$

当考虑 σ_z、σ_x^s 为主应力时，式（4-27）可改写成：

$$f = (\sigma_z - \sigma_x^s) - (\sigma_z + \sigma_x^s) \sin\varphi \leqslant 0 \tag{4-28}$$

不等式（4-28）定义了对应尾矿弹性行为 σ_x^s 的范围，即

$$\sigma_x^s \geqslant \frac{1 - \sin\varphi}{1 + \sin\varphi}\sigma_z = \Phi \tag{4-29}$$

当式 (4-29) 取等号时，即 $\sigma_x^s = \Phi = \dfrac{1 - \sin\varphi}{1 + \sin\varphi}\sigma_z$，此时为尾矿弹性结束塑性开始的临界点。将式 (4-26) 与式 (4-29) 代入式 (4-25)，可求得加筋复合体的塑性到达时间 t_p 为

$$t_p = -\frac{1}{q}\ln\frac{(\sigma_x - \Phi)\Delta h - p/q}{T_0 - p/q} \tag{4-30}$$

4.2.4 第二阶段：塑性尾矿-黏弹塑性筋材（P-VP 模式）

当尾矿达到进入塑性状态时，尾矿符合屈服条件式 (4-28)。根据与破坏条件相关联的流动法则[6]，塑性应变的表达式为

$$\left.\begin{array}{l} \dot\varepsilon_x^{pl} = -2\lambda\left[\sigma_z(1 + \sin^2\varphi) - \sigma_x^s\cos^2\varphi\right] \\[2mm] \dot\varepsilon_z^{pl} = 2\lambda\left[\sigma_z\cos^2\varphi - \sigma_x^s(1 + \sin^2\varphi)\right] \\[2mm] \dot\varepsilon_x^{pl} = 2\lambda[4\tau] \end{array}\right\} \tag{4-31}$$

式中，λ 为塑性阶段的变形。

尾矿处于塑性状态，应满足以下条件：

$$\frac{\partial f}{\partial \sigma_{ij}^s}d\sigma_{ij}^s = 0 \tag{4-32}$$

将式 (4-28) 代入上述流动法则得：

$$-\left[\sigma_z(1 + \sin^2\varphi) - \sigma_x^s\cos^2\varphi\right]d\sigma_x^s + \left[\sigma_z\cos^2\varphi - \sigma_x^s(1 + \sin^2\varphi)\right]d\sigma_z + 4\tau d\tau = 0 \tag{4-33}$$

假定加筋复合体的宏观应力不变，即

$$d\sigma_z = d\sigma_x = d\tau = 0 \tag{4-34}$$

则根据式 (4-26) 可得：

$$d\sigma_x^s = -\frac{dT}{\Delta h} \tag{4-35}$$

再将式 (4-34) 和式 (4-35) 代入式 (4-33) 得：

$$\left[\sigma_z(1 + \sin^2\varphi) - \sigma_x^s\cos^2\varphi\right]dT = 0 \tag{4-36}$$

要使等式 (4-36) 成立，则有 $dT = 0$ 或 $\sigma_z(1 + \sin^2\varphi) - \sigma_x^s\cos^2\varphi = 0$，这两种情况下的结果都相同，所以 T 为常数。

因此，当尾矿进入塑性状态后，加筋复合体的应力保持不变，尾矿的塑性流动由加筋复合体黏弹塑性变形决定，此时土工格栅加筋尾矿的流变模型为

$$\frac{\mathrm{d}\varepsilon_x}{\mathrm{d}t} + \frac{E_2}{\eta}\varepsilon_x = \frac{E_1 + E_2}{\eta E_1}T + \frac{E_2}{\eta}f(\varepsilon, T) \tag{4-37}$$

求解式（4-37）微分方程，得到尾矿塑性状态时加筋复合体的水平变形方程为

$$\varepsilon_x = \left[\varepsilon_0 - \frac{T}{E_{12}} - f(\varepsilon, T)\right]\exp\left(-\frac{E_2}{\eta}t\right) + \frac{T}{E_{12}} + f(\varepsilon, T) \tag{4-38}$$

式中，ε_0 为加筋复合体在弹性结束时塑性开始时的应变。

由于塑性阶段加筋复合体应力恒定，塑性流动由筋材黏弹塑性变形控制，说明塑性流动取决于时间，即 $\dot{\varepsilon}_x^{\mathrm{pl}} = \dfrac{\mathrm{d}\varepsilon_x^{\mathrm{pl}}}{\mathrm{d}t}$。所以根据式（4-31）中第一个方程和式（4-38）得：

$$\lambda = \frac{\dfrac{E_2}{\eta}\left[\varepsilon_{\mathrm{p}} - \dfrac{T}{E_{12}} - f(\varepsilon, T)\right]\exp\left(-\dfrac{E_2}{\eta}t\right)}{2\left[\sigma_z(1 + \sin^2\varphi) - \sigma_x^{\mathrm{s}}\cos^2\varphi\right]} \tag{4-39}$$

4.3　流变模型的参数求解

为分析加筋尾矿复合体单元的应力应变状态，假定有一座以本书土工格栅加筋的尾矿坝，坝体中土工格栅处于 3.25kN/m 的应力状态下（即应力水平为 5%）。取尾矿堆积坝深度 z 方向 3m 的某加筋尾矿单元为研究对象[7]，该尾矿具体物理性质指标见表 2-1。

定义受压的应力应变为正，受拉的应力应变为负，尾矿坝体的侧压力系数 $K_0 = v_{\mathrm{s}}/(1 - v_{\mathrm{s}}) = 1/3$。尾矿单元应力为：竖直方向 $\sigma_z^{\mathrm{s}} = \gamma z = 52.2\mathrm{kPa}$，水平方向 $\sigma_x^{\mathrm{s}} = K_0\sigma_z^{\mathrm{s}} = 17.4\mathrm{kPa}$；土工格栅的初始应力 $T_0(t = 0) = -3.25\mathrm{kN/m}$，取土工格栅层间距为 0.5m，则格栅单元应力为：水平向 $n_{\mathrm{r}}\sigma_x^{\mathrm{r}} = -3.25/0.5 = -6.5\mathrm{kPa}$。所以，加筋尾矿复合体单元宏观应力为：竖直方向 $\sigma_z = \sigma_z^{\mathrm{s}} = 52.2\mathrm{kPa}$，水平方向 $\sigma_x = \sigma_x^{\mathrm{s}} + n_{\mathrm{r}}\sigma_x^{\mathrm{r}} = 17.4 - 6.5 = 10.9\mathrm{kPa}$。

EG65R 土工格栅处于 5% 应力水平时，由上述分析塑性应力应变关系 $T = \varepsilon_{\mathrm{p}}/(0.0346 + 0.0215\varepsilon_{\mathrm{p}})$ 可得在此格栅发生蠕变时完全发挥的塑性应变为 $\varepsilon_{\mathrm{p}} = 0.1209\%$。再由表 4-11 中土工格栅的弹簧的刚度系数 E_1、E_2 和黏滞系数 η 及格栅层间距 Δh 和尾矿参数代入式（4-30）得到加筋尾矿复合体的塑性状态到达时间 t_{p} 为：$t_{\mathrm{p}} = 17.65\mathrm{h}$。第一阶段加筋复合体宏观与微观状态如图 4-5 所示。

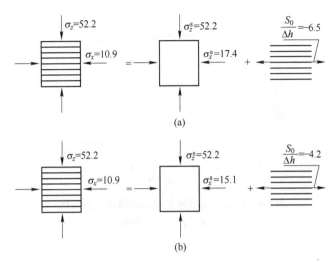

图 4-5　加筋复合体宏观与微观状态（单位：kPa）

(a) 初始状态（$t=0$）；(b) 弹性状态结束（$t=t_p=17.65$h）

4.3.1　第一阶段

由式（4-26）得出格栅处于 3.25kN/m 的应力状态下置于尾矿中的应力松弛表达式为

$$T = -2.3430 \times 10^3 e^{-0.0374t} - 0.9070 \times 10^3 \quad (0 < t < 17.65\text{h}) \tag{4-40}$$

将式（4-40）代入式（4-21）得到加筋复合体的弹性应变：

$$\varepsilon_x = 0.1464 \times 10^{-3} (e^{-0.0374t} - 1) \quad (0 < t < 17.65\text{h}) \tag{4-41}$$

此时，当尾矿处于弹性状态下土工格栅和尾矿的应力分别为

$$n\sigma_x^\tau = \frac{T}{\Delta h} = -4.6860 \times 10^3 e^{-0.0374t} - 1.8141 \times 10^3 \tag{4-42}$$

$$\sigma_x^s = \sigma_x - \frac{T}{\Delta h} = 4.6860 \times 10^3 e^{-0.0374t} + 12.7141 \times 10^3 \tag{4-43}$$

如图 4-6 所示，根据式（4-42）和式（4-43）计算可得到加筋复合体中尾矿达到塑性状态前格栅和尾矿单元的应力随时间变化情况。由图 4-6 可知，当尾矿处于弹性状态时，由于应力松弛，土工格栅的应力都随时间逐渐减小，而尾矿的应力都随时间逐渐增大，当接近临界时间 t_p，二者的应力开始趋于平缓。

4.3.2　第二阶段

将 $t_p = 17.65$h 代入式（4-41）得到加筋复合体第一阶段结束第二阶段开始时

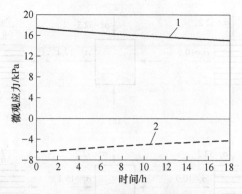

图 4-6　格栅单元和尾矿单元的微观应力变化

1—尾矿；2—土工格栅

的应变 ε_0：

$$\varepsilon_0 = 0.1464 \times 10^{-3}(e^{-0.0374t} - 1) = -0.0707 \times 10^{-3} \quad (t = 17.65\mathrm{h})$$

(4-44)

再将 ε_0 和计算得出的格栅模型参数代入式（4-38）得到尾矿塑性状态时加筋复合体的水平变形方程为

$$\varepsilon_x = 3.8264 \times 10^{-3}e^{-0.02t} - 3.8971 \times 10^{-3} \quad (t > 17.65\mathrm{h}) \quad (4\text{-}45)$$

综上可知，土工格栅在处于 5% 应力水平下，加筋尾矿复合体很快到达第二阶段，即塑性到达时间很小，而且第一阶段变形较小，几乎可以忽略不计，整个加筋阶段加筋复合体的应变主要由第二阶段导致，故在进行变形计算时，应以第二阶段的变形为主。

由式（4-32）、式（4-38）和式（4-39）可得第二阶段的塑性变形方程式：

$$\begin{cases} \varepsilon_x^{\mathrm{pl}} = 3.8264 \times 10^{-3}e^{-0.02t} - 3.8971 \times 10^{-3} \\ \varepsilon_z^{\mathrm{pl}} = -0.9386 \times 10^{-3}e^{-0.02t} + 0.9559 \times 10^{-3} \end{cases} \quad (4\text{-}46)$$

如图 4-7 所示为第二阶段塑性应变的发展情况，时间 t 是加筋复合体在第二阶段开始时开始计量的，第二阶段的塑性应变在开始时迅速增加，在 $t = 400\mathrm{h}$ 后趋于稳定。

4.3.3　空气和尾矿中土工格栅应力松弛的对比情况

根据式（4-12）可得格栅处于 3.25kN/m 的应力状态下的应力松弛表达式（见式（4-47）），此时格栅保持应变不变：

$$T = (1.2803e^{-0.033t} + 1.9697) \times 10^3 \quad (4\text{-}47)$$

由式（4-40）可得尾矿中格栅处于 3.25kN/m 的应力状态下的应力松弛表达式：

$$T = (3.1768e^{-0.0263t} + 0.0732) \times 10^3 \ (0 < t < 17.65h) \qquad (4-48)$$

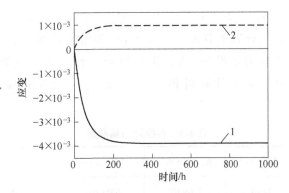

图 4-7　由筋材蠕变引起的塑性应变变化
1—水平应变 ε_x^{pl}；2—竖直应变 ε_z^{pl}

图 4-8 所示为置于空气和尾矿中土工格栅应力松弛的对比情况。由图 4-8 可知，置于空气中土工格栅应力松弛在时间为 200h 左右时，应力将稳定在 1.9kN/m 状态下；而置于尾矿中的格栅应力松弛将在塑性到达时间时处于 2.2kN/m 状态下，之后尾矿进入塑性状态，格栅应力松弛完成，应力将保持不变；同时，对比空气和尾矿中的格栅应力松弛可知，室内条件下的应力松弛比实际条件下的要大，但实际条件下的应力松弛要比室内条件下得快。当格栅置于尾矿中，由于格栅与尾矿的相互作用，土工格栅应力松弛将快速完成，进而随着尾矿进入塑性状态，加筋复合体的应力保持不变。

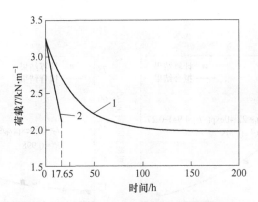

图 4-8　空气和尾矿中格栅应力松弛的对比
1—空气中；2—尾矿中

4.4　模型参数对塑性到达时间 t_p 的影响分析

为了探讨土工格栅黏弹塑性模型参数和尾矿强度参数对加筋复合体塑性到达时间 t_p 的影响，结合以上分析（见表 4-1）先给定各参数基准值，其中土工格栅处于坝体中的应力水平为 5%，根据格栅塑性应力应变非线性公式 $T = \varepsilon_p/(0.0346 + 0.0215\varepsilon_p)$ 计算可得塑性应变 $\varepsilon_p = 0.1209\%$，具体数值见表 4-3。

表 4-3　各参数的基准值

塑性应变 ε_p /%	$E_1/\mathrm{kN \cdot m^{-1}}$	$E_2/\mathrm{kN \cdot m^{-1}}$	$\eta/\mathrm{kN \cdot h \cdot m^{-1}}$	E_s/kPa	$\varphi/(°)$
0.1209	$1.3×10^3$	$2.0×10^3$	$100×10^3$	$30×10^3$	33.4

如图 4-9 所示，根据式（4-30）计算可得到加筋尾矿复合体塑性到达时间 t_p 随土工格栅黏弹塑性模型参数 E_1、ε_p、E_2、η 和尾矿变形模量 E_s 及内摩擦角 φ 的变化规律。由图 4-9 可知：t_p 与 E_1、t_p 与 E_2 都呈负指数关系减小，变化不大，在 0~30h 之间逐渐变化，最后都趋于稳定；t_p 与 ε_p 呈指数关系增大，变化相对较大，且 t_p 随着 ε_p 的增大变化逐渐加快；t_p 与 η 呈线性正相关，变化较大；t_p 与 E_s 呈指数关系增大，变化不大，当尾矿变形模量 E_s 超过 50MPa，t_p 达到稳定状态；而 t_p 与 φ 呈指数关系增大，且增大幅度较大。进一步分析可知加筋尾矿复合体的塑性到达时间 t_p 主要受土工格栅黏弹塑性模型参数黏滞系数 η、塑性应变 ε_p 和尾矿内摩擦角 φ 的影响显著，受模型其他参数 E_1、E_2 和尾矿变形模量 E_s 影响不明显。

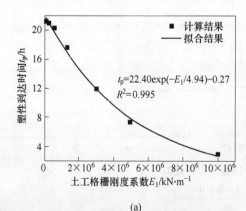

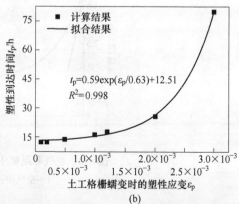

(a)　　　　　　　　　　　　(b)

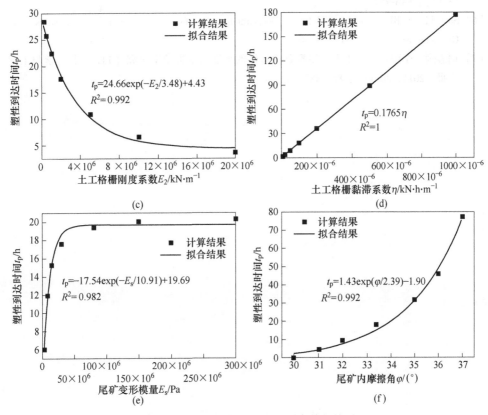

图 4-9　塑性到达时间 t_p 随不同参数的关系

（a） t_p-E_1 的变化规律；（b） t_p-ε_p 的变化规律；（c） t_p-E_2 的变化规律；

（d） t_p-η 的变化规律；（e） t_p-E_s 的变化规律；（f） t_p-φ 的变化规律

参考文献

[1] Bathurst R, Cai Z. In-isolation cyclic load-extension behavior of two geogrids [J]. Geosynthetics International, 1994, 1 (1): 1-19.

[2] Ling H, Mohri Y, Kawabata T. Tensile properties of geogrids under cyclic loadings [J]. Journal of Geotechnical and Geoenvironmental Engineering, 1998, 124 (8): 782-787.

[3] Warat K, Fumio T, Daiki H. Rate-dependent load-strain behaviour of geogrid arranged in sand under plane strain compression [J]. Soils and Foundations, 2007, 47 (3): 473-491.

[4] 栾茂田，肖成志，杨庆，等. 土工格栅蠕变特性的试验研究及黏弹性本构模型 [J]. 岩土力学，2005，26 (2): 187-192.

[5] 杨广庆, 李广信, 张保俭. 土工格栅界面摩擦特性试验研究 [J]. 岩土工程学报, 2006, 28 (8): 948-952.

[6] Sawicki A. Rheological model of geosynthetic Reinforced soil [J]. Geotextiles and Geomembranes, 1999, 17: 33-49.

[7] 周志刚, 李雨舟. 基于土工格栅黏弹特性的加筋土本构模型研究 [J]. 岩石力学与工程学报, 2011, 30 (4): 850-857.

5 土工格栅加筋堆积尾矿坝模型试验

5.1 工程背景

以鞍山矿业集团齐大山选矿厂风水沟尾矿库的设计资料为基础，尾矿库堆积坝采用上游法充填堆筑，多管分散放矿，堆积坝每级子坝高度约为5m，堆积坝平均外坡比约为1：5，总库容约为6.84亿立方米，尾矿库等别为一等。这次模型试验模拟最大坝高为120m的齐大山尾矿库主坝，按照1：300的比例尺缩小，其中主坝底部有30m的尾矿堆积层，所以模型的竖向尺寸为0.5m。初期坝高度为20m，外坡比1：2，本章不涉及初期坝对堆积坝稳定性的影响，所以在模型堆筑过程中不堆筑初期坝。考虑到本次模型试验是为了讨论不同因素（加筋层数、筋材网孔尺寸）对加筋尾矿堆积坝稳定性的影响分析，所以按照单因素法分析。根据预试验结果，本次模型试验以模型外坡比1：2为主，内坡比固定为1：5，如图5-1所示。

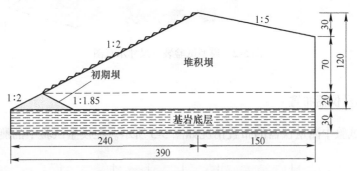

图 5-1 风水沟尾矿库主坝断面尺寸（单位：m）

5.2 模型试验装置及材料

5.2.1 模型试验装置

本次模型试验装置主要包括模型箱、竖向加载系统和数据采集系统组成，如图5-2所示。其中模型箱的尺寸（长×宽×高）为1320mm×800mm×700mm，为了便于观察尾矿堆积坝浸润线的演化过程，采用厚度为 12mm 厚的透明钢化玻璃粘贴在模型箱的框架上，并密封好以防止坝体内水通过模型箱的缝隙排出，模型箱堆积坝排水方向的箱壁不粘贴玻璃板，方便堆积坝析出的水及时排出，减少积水的影响；竖向加载系统采用一体化设计，采用 1：2 比例的杠杆施加上覆压力，在杠杆节点下方有承压板，可保证上覆压力的均匀施加，通过在托盘处增加合适的重量进行上覆压力的施加；数据采集系统由透明的亚克力管、百分表及微型压力计组成，分别用于测量浸润线、坝体表面沉降及坝体内部压力。

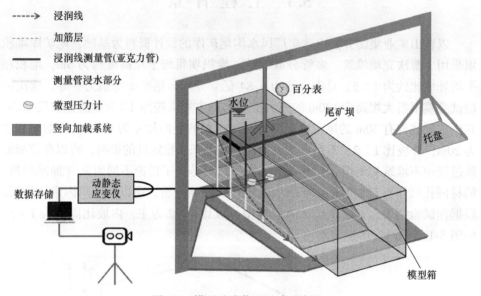

图 5-2 模型试验装置尺寸示意图

5.2.2 测量仪器布置

模型试验中测量仪器的布置情况如图 5-3 所示。在模型试验中的测量仪器主

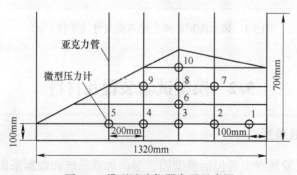

图 5-3 模型试验仪器布置示意图

要有 3 种：

（1）百分表布置在坝体顶部，水平放置在承压板上，测量试验过程中的坝体表面沉降（见图 5-2）；

（2）亚克力管共有 4 根，布置在模型箱边界，观测试验过程中坝体水位及浸润线的发展情况（见图 5-2）；

（3）微型压力计共有 10 个，按照如图 5-3 所示布置在坝体内部，测量试验过程中坝体内部的压力变化。

微型土压力计采用 LY-350 型应变式（见图 5-4（a）），体积小、具有防水功能，适合于室内模型试验或较小比例的模型试验，其主要技术指标见表 5-1。试验所采用数据采集仪为 DH3817K 动静态应变仪（见图 5-4（b）），本次试验微型压力计测量类型是坝体内部的压缩应变，微型土压力计与数据采集仪相连选择全桥接线方式。

（a）　　　　　　　　　　　　　　　（b）

图 5-4　仪器图

（a）LY-350 型应变式微型土压力计；（b）DH3817K 动静态应变仪

表 5-1　LY-350 微型土压力计性能指标

型　　号	LY-350
测量范围/MPa	0~100
分辨率（F·S）/%	≤ 0.05
外形尺寸（直径×高度）/mm×mm	28×10
接线方式	输入→输出：AC→BD
阻抗/Ω	350
绝缘电阻/MΩ	≥ 200

5.2.3　模型试验材料的选择

本次模型试验所用的筋材选用 EGA30 土工格栅并将其裁剪为不同网孔尺寸。

试验所用尾矿砂填料来源于鞍钢矿业集团齐大山选矿厂风水沟尾矿库,该尾矿的泊松比 $\nu = 0.42$,弹性模量 $E = 1.6 \times 10^5$,渗透系数为 $K = 2.75 \times 10^{-4}$ cm/s。格栅和尾矿的具体物理力学参数见第 2 章。

5.3 试验方案及步骤

根据易富等人（2020）[1]在对土工格栅加筋尾矿合理网孔尺寸进行研究时所做试验,将土工格栅按照不同网孔尺寸进行裁剪,原尺寸为 12.7mm×12.7mm（C）,继续裁剪为 25.4mm×25.4mm（B）及 38.1mm×38.1mm（A）尺寸,如图 5-5 所示。

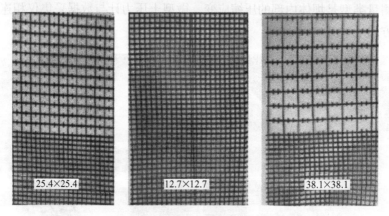

图 5-5 不同网孔尺寸土工格栅

在正式试验前,我们做了一系列预试验,最终将坝体上覆压力设定为 1kN,此上覆压力可使堆积坝密实状态类似于现场实际尾矿坝压实情况;根据预试验结果,将坝体加水量设定为 40L,此加水量可使堆积坝满足真实尾矿库浸润线状态（见图 5-6）。

土工格栅加筋尾矿的相似模拟试验方案共设 6 组,分析加筋层数和土工格栅网孔尺寸对加筋尾矿堆积坝表面沉降、内部压力及浸润线的影响规律,具体试验方案见表 5-2。土工格栅不同加筋层数的加筋位置如图 5-7 所示。

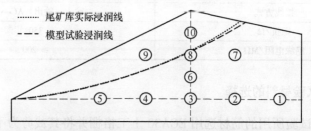

图 5-6 实际浸润线与 40L 加水量下的模型试验浸润线对比情况

表 5-2　模型试验方案

试验组		加筋层数	外坡比	筋材裁剪后网孔尺寸	备　注
1	一	0		无筋材	素尾矿堆积坝对照模型
2	二	1		土工格栅 B	结合试验 1 分析加筋层数的影响
3		2	1:2		
4		4			
5	三	2		土工格栅 A	结合试验 1 和 3 分析
6				土工格栅 C	格栅网孔尺寸的影响

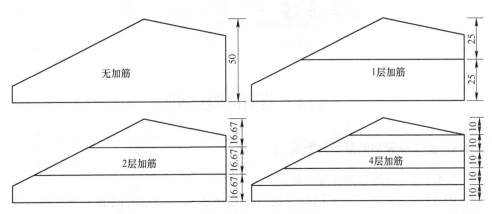

图 5-7　土工格栅布置示意图（单位：mm）

进行土工格栅加筋尾矿堆积坝模型试验的步骤如下：

（1）分层堆筑尾矿坝尾矿砂，压实铺平，根据不同试验方案要求铺设土工格栅，土工格栅的铺设结构选用外侧折回，并在堆筑过程中按照图 5-3 布置微型土压力计；

（2）模型堆筑完成静止 2h，在堆积坝顶部通过杠杆施加上覆压力，并在坝体顶部的承压板上布置大量程百分表，然后准备开始试验；

（3）试验开始后，缓慢向坝体干滩面开始注水，至达到要求注水量，通过计算机连接数据采集仪观测坝体内部压力随时间的变化规律，同时记录坝体顶部不同时间段的表面沉降；

（4）观测到坝体顶部表面沉降和坝体内部竖向压力均达到稳定后，结束试验；

（5）试验结束后，开始拆卸模型，在拆卸过程中，根据图 5-3 微型土压力计的位置进行取样，然后采用烘干箱测量这 10 个取样位置的含水率；

（6）模型试验拆卸完成后，准备下一组试验。模型堆放完成后如图 5-8 所示。

图 5-8　模型试验装置

5.4　模型试验结果

5.4.1　土工格栅加筋层数的影响

5.4.1.1　坝体顶部沉降分析

图 5-9（a）所示为不同加筋层数下坝体表面沉降随时间的变化关系。不同加筋层数下表面沉降随时间变化规律大致一致，表面沉降均随时间的增加几乎呈线性增大，在 80min 左右坝体表面沉降趋于稳定。当加筋层数为 4 层时，变化范围最大，最终表面沉降达到 18.3mm；加筋 1 层、加筋 2 层和加筋 4 层较未加筋最终表面沉降分别提高 61.4%、77.1% 和 161.4%。即随着加筋层数的增加，表面沉降的变化范围变大。将坝顶最终表面沉降与加筋层数进行拟合，如图 5-9（b）所示，得到最终表面沉降与加筋层数呈正相关，满足线性关系式 $y = 7.54 + 2.69x$，由此可以知道加筋层数对坝体的表面沉降有明显影响，说明增加堆积坝加筋层数可以显著提高坝体的承载力，使得坝体整体压实性增强。

5.4.1.2　坝体内部浸润线分析

在试验结束后，对模型箱坝体内部埋置 10 个微型土压力计位置进行取样，测这些位置的尾矿含水率，同时结合布置在模型箱边界的 4 根水位管所测量的水位结果，得到不同加筋层数尾矿堆积坝浸润线的变化情况，如图 5-10 所示。尾矿堆积坝加筋相较未加筋坝体浸润线呈现降低现象，尤其对于坝体边坡内部浸润线下降更明显；在加筋间距保持不变的前提下，堆积坝加筋层数越多，坝体浸润线整体下降越明显，即加筋层数增加可明显降低坝体的浸润线，因此对尾矿堆积坝加筋能够促进坝体内部水量的排放，降低坝体内部浸润线，增强坝体稳定性，

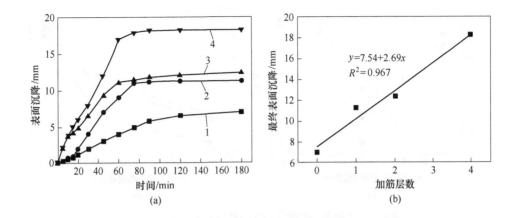

图 5-9 不同加筋层数下坝顶表面沉降变化关系

（a）表面沉降与时间；（b）最终表面沉降与加筋层数

1—0层；2—1层；3—2层；4—4层

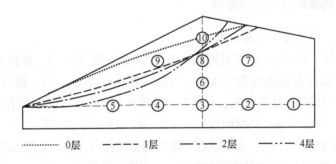

图 5-10 不同加筋层数下尾矿堆积坝浸润线的变化情况

这是由于对尾矿坝做加筋处理，可使得加筋尾矿复合体形成一个排水棱体，促进坝体内部水分排出，降低坝体内部浸润线。

5.4.1.3 坝体内部压力分析

在试验过程中测量坝体内部（见图 5-3）10 个微型压力计位置的压力变化，将 10 个位置的压力分为水平（位置 1、2、3、4、5）和竖直（位置 3、6、8、10）两个方向，图 5-11 所示为不同加筋层数下尾矿堆积坝内部不同位置竖向压力的变化关系。水平方向和竖直方向的最大竖向压力均在位置 3，即坝体加压最底部。加筋 1 层、加筋 2 层和加筋 4 层较未加筋时的最大竖向压力分别降低 18.6%、22.3% 和 39.9%；在加筋间距保持不变的前提下，堆积坝加筋层数越多，坝体内部竖向压力下降越明显，说明尾矿堆积坝加筋能够减弱坝体内部竖向压力，起到增强坝体稳定性的作用。

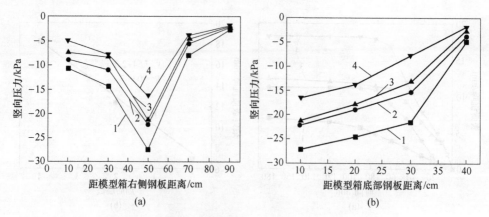

图 5-11 不同加筋层数下坝体内部竖向压力的变化关系

(a) 水平方向；(b) 竖直方向

1—0 层；2—1 层；3—2 层；4—4 层

5.4.2 土工格栅网孔尺寸的影响

5.4.2.1 坝体顶部沉降分析

图 5-12（a）所示为不同筋材网孔尺寸下尾矿堆积坝表面沉降随时间的变化关系。当未加筋时，最终表面沉降为 7.0mm；当筋材网孔尺寸为 A 时，最终表面沉降为 9.2mm；当筋材网孔尺寸为 B 时，最终表面沉降为 12.4mm；当筋材网孔尺寸为 C 时，最终表面沉降为 12.3mm；筋材网孔尺寸为 A、B、C 时较未加筋最终表面沉降分别提升 31.4%、77.1% 和 75.7%，最终表面沉降随筋材网孔尺寸减小先迅速增大后逐渐平稳，表明筋材网孔尺寸对坝体表面沉降有一定影响（见图 5-12（b））。

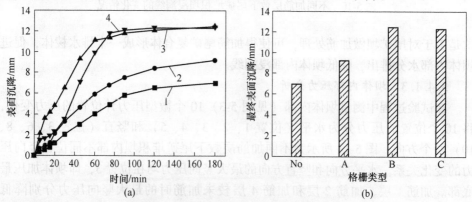

图 5-12 不同筋材网孔尺寸下坝顶表面沉降变化关系

(a) 表面沉降与时间；(b) 最终表面沉降与筋材网孔尺寸

1—无筋材；2—筋材 A；3—筋材 B；4—筋材 C

5.4.2.2   坝体内部浸润线分析

不同筋材网孔尺寸加筋尾矿堆积坝时的浸润线变化情况如图 5-13 所示。筋材网孔尺寸对坝体内部的浸润线有一定影响，即合理的筋材网孔尺寸可有效降低坝体的浸润线。

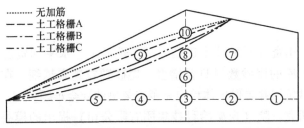

图 5-13   不同筋材网孔尺寸尾矿堆积坝的浸润线变化情况

5.4.2.3   坝体内部压力分析

不同筋材网孔尺寸尾矿堆积坝内部不同位置竖向压力的变化关系，如图 5-14 所示。筋材网孔尺寸越小，坝体内部竖向压力越小。筋材网孔尺寸为 A、B、C 时相较未加筋的最大竖向压力分别降低 4.7%、22.3% 和 28.5%。在加筋间距保持不变的前提下，坝体内部竖向压力随筋材网孔尺寸的减小逐渐减弱，但筋材网孔尺寸减小到一定程度对降低坝体内部竖向压力的效果开始变弱。

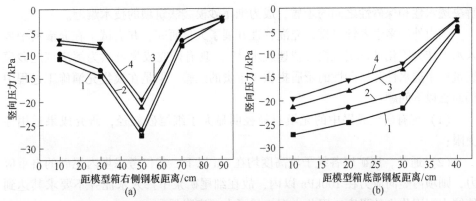

图 5-14   不同筋材网孔尺寸下坝体内部竖向压力的变化关系

(a) 水平方向；(b) 竖直方向

1—无筋材；2—筋材 A；3—筋材 B；4—筋材 C

参考文献

[1] 易富，杜常博，王政宇，等. 网孔尺寸对格栅-尾矿界面特性的影响 [J]. 煤炭学报，2020，45（5）：1795-1802.

6 土工模袋充灌特性试验

近年来，矿山资源开采技术迅猛发展，选矿工艺水平和资源回收率不断提高，排放至尾矿库的尾砂数量日益增多，尾砂颗粒越来越细。在尾矿库就地取材，利用细尾砂筑坝并确保坝体稳定是亟待解决的社会难题。

北京矿冶研究总院（现矿冶科技集团有限公司）提出的模袋筑坝技术可以有效解决细尾砂上游法筑坝难的问题[1]。该技术将细尾砂以浆体形式充灌至模袋，细尾砂在袋内固结后形成了模袋-固结尾砂复合土体。在模袋筑坝技术中，尽可能地利用更多细尾砂快速筑坝，不仅可提高细尾砂利用率，还可加快施工进度、节省施工成本，社会效益和经济效益显著[2]。当透水不透砂的模袋被细尾矿浆充填时，制作模袋的土工织物将起到过滤的作用。模袋等效孔径过大，虽能增强模袋的透水性，但部分细尾砂颗粒会随自由水排出，导致细尾砂利用率降低；反之，虽然能提高细尾砂利用率，但排水速度降低，影响施工进度，严重时甚至出现细颗粒堵塞模袋孔隙，导致自由水无法排出，最终形成"水袋"。如何解决透水性和保砂性之间的矛盾，成为细尾砂模袋法筑坝的技术难题。

国内外许多学者针对模袋充灌特性开展了大量研究，并尝试了在充灌料中掺入水泥作为固化剂以实现模袋快速脱水[3-8]。现有研究成果虽然为解决细尾砂模袋筑坝中透水性和保砂性的矛盾提供了宝贵的经验，但是在模袋充灌施工过程中仍面临以下问题：

（1）现有研究成果中的充填料粒径明显大于细尾砂粒径，研究成果适用性受限；

（2）通常，尾矿库各级子坝高度均在 5m 以下，若仅考虑坝内尾砂的自重应力，则坝内竖向应力在 100kPa 以内，故在细尾矿浆中掺入水泥并不要求其达到传统水泥固化土的强度，因此水泥掺量可大幅度降低；

（3）模袋充灌施工时间远小于水泥硬化时间，应从水泥早期水化反应特点出发，探索低水泥掺量对模袋充灌特性的改良机制。

鉴于此，本章将细尾矿浆与少量水泥混合，借助自制的模袋充灌系统开展模袋充灌试验，测定充灌体积、排浆体积和充灌时间等参数，构建模袋充灌特性评价模型，研究模袋充灌时间、模袋排水效率及模袋保砂率与水泥掺量的关系，初步分析水泥的早期水化对细尾砂沉积特征的影响，探索低水泥掺量对细尾砂模袋充灌特性的改良机制，为模袋坝设计、施工提供有益参考。

6.1 充灌浓度和水泥掺量的确定

将尾矿浆浓度表示为风干尾砂质量占尾矿浆总质量的比例。若采用较高浓度的尾矿浆充灌模袋,则浆体在袋内的流动性较差,自由水不易从模袋内排出,虽然能降低细颗粒被自由水挟带出模袋的比例,提高了模袋的保砂率,但尾砂固结时间明显变大,施工成本增大。若尾矿浆浓度较低,虽然模袋排水顺畅,但被自由水挟带出模袋的细颗粒数量也显著增多,细尾砂利用率降低。为了寻找到合适的尾矿浆浓度,在充灌试验准备阶段用20%、30%、40%、50%和60%浓度的尾矿浆进行了模袋试充,结合大量实验数据,最终将充灌试验中尾矿浆浓度确定为40%。

水泥在传统固化土中的作用主要为胶结土颗粒和充填颗粒之间的孔隙[9]。当固化土中的水泥掺量较少时,水泥浆首先以薄膜黏附在土颗粒表面;当土颗粒表面被薄膜完全包裹时,继续增加水泥掺量,水泥浆开始充填颗粒堆积时的孔隙,水泥土强度逐渐提高。刘爱民[10]在模袋固化土围埝工程中,对低水泥掺量固化土强度的影响因素进行试验研究。试验结果表明,水泥掺量超过6%时,固化土强度较原淤泥土有较大改善。细尾砂颗粒粒径与淤泥土粒径相近,因此,为实现模袋内细尾矿浆的快速脱水并尽可能降低施工成本,将充灌试验中最大水泥掺量确定为5%。

6.2 土工模袋充灌试验设计

6.2.1 试验材料

《尾矿设施设计参考资料》中将粒径小于0.019mm的颗粒含量不小于50%、粒径大于0.074mm的颗粒含量不大于10%、粒径大于0.037mm的颗粒含量不大于30%的尾砂定义为细尾砂[11]。为确保充灌试验中尾砂试样符合细尾砂要求,利用采自辽宁排山楼黄金矿业有限责任公司的0.075mm通过率超过90%的金尾砂配置尾矿浆。原状金尾砂取样后运至实验室,对其进行颗粒大小分析及化学成分分析。金尾砂试样级配参数见表6-1,主要化学成分见表6-2,级配曲线如图6-1所示。由表6-1和图6-1可见,金尾砂试样可认定为偏细尾砂,基本满足试验要求。

表 6-1 试验用金尾砂级配参数

名称	$d_{10}/\mu m$	$d_{30}/\mu m$	$d_{60}/\mu m$	C_u	C_c
金尾砂	6.93	20.15	34.32	9.28	1.71

表 6-2　金尾砂主要化学成分（质量分数）　　　　（%）

名称	SiO$_2$	Al$_2$O$_3$	Fe$_2$O$_3$	CaO	K$_2$O	MgO	Na$_2$O	SO$_3$	TiO$_2$	P$_2$O$_5$
金尾砂	57.49	13.32	5.74	5.42	4.85	4.23	3.97	3.30	0.61	0.28

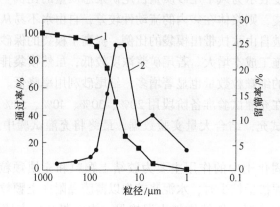

图 6-1　充灌试验用金尾砂颗粒级配曲线
1—通过率；2—留筛率

充灌试验用水泥为阜新市大鹰水泥制造有限公司生产的 P. O 42.5 普通硅酸盐水泥，水泥各项性能指标见表 6-3。充灌试验用水为自来水。综合考虑金尾砂级配特征、模袋保砂性和透水性以及模袋耐久性（尾矿库服役年限），将聚丙烯机织布作为缝制模袋的材料（以下简称"模袋材料"）。模袋材料的等效孔径 O_{90} 为 0.08mm，径向断裂强度为 70kN/m，单位面积质量为 400g/m^2。由于在后续研究中将开展低水泥掺量细尾砂模袋的拉拔试验及单轴压缩试验，考虑到土工合成材料拉拔试验系统及压力试验机对模袋尺寸的限制，利用模袋材料和强度不小于 180N 的尼龙线缝制 300mm×300mm 的模袋。经检验，模袋接缝强度均大于 9kN/m，满足《模袋法尾矿堆坝安全技术规程》中对模袋接缝强度的要求。在模袋顶部中心处设置直径为 45mm，高度为 100mm 的灌浆袖口。

表 6-3　水泥性能指标

颗粒级配/%			表观密度 /g·cm^{-3}	凝结时间/min		安定性	抗压强度/MPa	
0~40μm	40~80μm	80~120μm		初凝	终凝		3d	28d
77.6	18.7	3.7	3.12	90	260	合格	25.6	45.9

6.2.2　试验步骤及要求

按如下步骤及要求开展室内模袋充灌试验。

（1）试验准备。试验前，将金尾砂摊铺于通风处，用木碾将大块尾砂充分碾散，使其自然风干。将模袋编号后检查模袋表面有无破损、检查模袋接缝及灌浆袖口处的缝合质量，测量未充灌的模袋质量。

（2）充灌试样制备。将 2kg 风干尾砂和 3kg 自来水在 5L 量杯中混合并搅拌均匀，制得质量浓度 40% 的尾矿浆，将其记为试样 S_0。由于充灌试样中粒径小于 0.075mm 的尾砂颗粒高达 90% 以上，较细的尾砂颗粒不易固结或固结时间较长，为实现细尾砂在模袋内的快速脱水、固结，选用 P.O 42.5 普通硅酸盐水泥作为固化剂，对模袋的充灌特性进行改良。向制备好的试样 S_0 中分别掺加风干尾砂质量 1%、3% 和 5% 的水泥作为固化剂，搅拌均匀后的浆体分别记为试样 S_1、试样 S_3 和试样 S_5。充灌试样见表 6-4。

表 6-4　充灌试样

试样名称	细尾砂质量浓度/%	水泥掺量/%
S_0		0
S_1	40	1
S_3		3
S_5		5

（3）模袋充灌。

1）模袋充灌试验为多次充灌、多次排水的过程，如图 6-2 所示。将充灌平台置于集水容器，在试样配置完成 10min 内，将充灌试样一边搅拌一边向模袋内充灌。为了降低试验结果的离散性，利用表 6-4 中的每个试样分别充灌 4 个模袋，取测量数据的平均值进行计算。

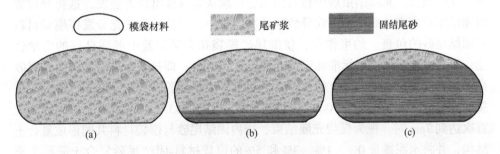

图 6-2　模袋充灌过程
(a) 第一次充灌；(b) 第一次固结；(c) 第 n 次充灌

2）尾矿浆充灌至模袋后，自由水透过模袋孔隙排出，尾砂颗粒保留在模袋内。随着尾砂颗粒逐渐沉积，模袋底部透水孔隙面积减少，模袋底部的透水性逐渐变差，大部分自由水将在静水压力下从模袋侧面及顶面排出，如图 6-3 所示。

3）为了增大模袋内的静水压力，充灌模袋时应使试样液面达到灌浆口内

图 6-3　模袋排水

3cm，并用夹子在尾矿浆液面处夹紧灌浆口。每隔 20min 用量筒测量集水容器中收集的浆体体积，即排浆体积。若 20min 内排浆体积小于 500mL 视为本次排浆结束，参照步骤（3）进行下一次充灌及测量。

　　（4）模袋充灌结束。现有研究成果表明，模袋力学性质与其充填度息息相关[12]。充填度过大，模袋体承受压力时模袋材料容易过早撑破；充填度过小，模袋体承受压力时呈扁平状，模袋材料不发生拉伸变形或拉伸变形较小，无法在模袋受压时对袋内固结尾砂起到侧限作用。上述两种情况均会导致模袋材料失去对袋内固结尾砂的侧向限制作用，从而无法达到加筋的效果。杨广庆等人[13]认为：袋装砂体积占袋体积 75%~85% 时，加筋效果最好。考虑到模袋内尾砂完全固结耗时较长，充灌结束后少量自由水会继续从袋内排出或者蒸发，这将导致袋内固结尾砂高度的减小，进而导致充填度的减小。于是，为了充分发挥模袋材料对固结尾砂的包裹、约束作用，使细尾砂模袋在力学试验中展现良好的力学性能，将充灌试验结束的标准确定为充填度达到 90%，即排浆结束时袋内固结尾砂高度达到模袋最大充灌高度的 90%。通过前期大量试验，确定 300mm×300mm 模袋的充灌高度为 7cm。当 20min 内排浆体积小于 500mL，且模袋内沉积尾砂高度首次达到 7cm 时，视为模袋充灌结束，袋内固结尾砂与模袋材料共同形成复合土结构，并将水泥掺量 0%、1%、3% 和 5% 的模袋材料-固结尾砂复合土简称为模袋 S_0、模袋 S_1、模袋 S_3 和模袋 S_5。

6.3　土工模袋充灌特性评价

6.3.1　模型假设

　　将 2kg 风干尾砂和 3kg 水在 5L 量筒内搅拌均匀，静置至液面平稳后，读取尾矿浆体积为 3.8L，测得试样 S_0 和风干尾砂的密度分别为：$\rho_0 = 1.32 \text{g/cm}^3$ 和 $\rho_{砂} = 2.5 \text{g/cm}^3$。为了便于评价模袋充灌特性，在构建评价模型的过程中对充灌试验过程中做如下假设：

（1）在试样 S_0 中掺入水泥不会使其体积发生改变；

（2）粒径小于模袋材料孔隙的尾砂颗粒随自由水排出模袋，其密度恒为 2.5g/cm^3；

（3）充灌过程中无水分蒸发且无水泥颗粒排出；

（4）不考虑水泥水化反应对水的消耗。

6.3.2 评价模型构建

依据 6.3.1 节中的模型假设，在模袋充灌试验中存在如下关系式：

$$m_{S_i-充砂} = 0.4 \times V_{S_i-充浆} \rho_0 \tag{6-1}$$

$$m_{S_i-充水} = 0.6 \times V_{S_i-充浆} \rho_0 \tag{6-2}$$

$$m_{S_i-充浆} = (1 + i\%)m_{S_i-充砂} + m_{S_i-充水} \tag{6-3}$$

$$m_{S_i-排浆} = m_{S_i-充浆} + m - m_{S_i-模袋体} \tag{6-4}$$

$$\rho_{S_i-排浆} = m_{S_i-排浆}/V_{S_i-排浆} \tag{6-5}$$

$$\begin{cases} m_{S_i-排浆} = \rho_{砂} V_{S_i-排砂} + \rho_{水} V_{S_i-排水} \\ V_{S_i-排浆} = V_{S_i-排砂} + V_{S_i-排水} \end{cases} \tag{6-6}$$

$$m_{S_i-排砂} = \rho_{砂} V_{S_i-排砂} \tag{6-7}$$

式中，S_i 为水泥掺量 $i\%$ 的充灌试样，$i = 0, 1, 3, 5$；$m_{S_i-充砂}$、$m_{S_i-充水}$ 和 $m_{S_i-充浆}$ 分别为使用试样 S_i 充灌模袋时的充砂质量、充水质量和充浆质量，g；$m_{S_i-排浆}$ 和 $m_{S_i-排砂}$ 分别为使用试样 S_i 充灌模袋时的排浆质量和排砂质量，g；m 和 $m_{S_i-模袋体}$ 分别为未充灌模袋质量和充灌试验结束后模袋质量（模袋材料与固结尾砂质量之和），g；$V_{S_i-充浆}$、$V_{S_i-排浆}$、$V_{S_i-排砂}$ 和 $V_{S_i-排水}$ 分别为使用试样 S_i 充灌模袋时的充浆体积、排浆体积、排砂体积和排水体积，mL。$V_{S_i-充浆}$、$V_{S_i-排浆}$、m 和 $m_{S_i-模袋体}$ 均可在试验中测得，其他参数可由式（6-1）~式（6-7）算得。

为了评价细尾砂模袋的充灌特性，将充灌特性评价模型中的指标定义如下：

模袋排水率：排出模袋的水质量占充入模袋的水质量的比例，记为 A_{S_i} 并表示为式（6-8）；

模袋排水效率：模袋排水率与模袋排水时间比值的百分数，记为 B_{S_i} 并表示为式（6-9），min^{-1}；

模袋保砂率：留存在模袋内的尾砂质量占充灌至模袋内的尾砂质量的比例，记为 C_{S_i} 并表示为式（6-10）。

选用式 (6-11) 计算模袋内固结尾砂的理论含水率，并将计算结果与实测含水率进行比较，以此验证模袋充灌特性评价模型的合理性和可靠性。

$$A_{S_i} = (\rho_{水} V_{S_i-排水} / m_{S_i-充水}) \times 100\% \tag{6-8}$$

$$B_{S_i} = (A_{S_i} / t_{S_i}) \times 100\% \tag{6-9}$$

$$C_{S_i} = (m_{S_i-充砂} - m_{S_i-排砂}) / m_{S_i-充砂} \times 100\% \tag{6-10}$$

$$\omega_{S_i} = \frac{m_{S_i-充水} - m_{S_i-排水}}{m_{S_i-充砂} - m_{S_i-排砂}} \times 100\% \tag{6-11}$$

式中，t_{S_i} 为试样 S_i 的充灌时间，min。将充灌体积、充灌时间、排浆体积和实测含水率等实测参数取算数平均值记录于表 6-5，并按式 (6-1) 至式 (6-11) 计算充灌特性评价指标，见表 6-5。依据表 6-5 可以定量评价低水泥掺量对模袋充灌特性的改善效果。

表 6-5   充灌特性评价指标计算

水泥掺量 /%	充灌体积 /L	充灌时间 /min	排浆体积 /L	排浆密度 /g·cm⁻³	保砂率 /%	排水率 /%	排水效率 /min⁻¹	理论含水率 /%	实测含水率 /%
0	11.30	280	6.572	1.12	77.97	69.51	24.8	55.49	51.22
1	11.13	260	7.035	1.10	78.17	72.68	28.0	52.17	47.58
3	10.17	240	6.205	1.07	86.11	73.33	30.6	45.45	38.49
5	9.75	200	5.960	1.05	88.59	74.19	37.1	42.69	36.41

6.3.3   评价结果及分析

6.3.3.1   模袋透水性评价

图 6-4 给出了充灌体积和充灌时间与水泥掺量的关系，二者均随水泥掺量近似线性递减。针对充灌体积和充灌时间与水泥掺量的关系进行线性拟合，可获得相关系数高于 0.95 的经验公式：

$$V = 11.33 - 0.33i \tag{6-12}$$

$$T = 279.32 - 15.25i \tag{6-13}$$

式中，V 为充灌模袋的允灌总体积，L；T 为充灌模袋的充灌时间，min；i 为向质量浓度 40% 的细尾矿浆中掺入的水泥占风干尾砂质量的比例，$i \in [0, 5\%]$。

与模袋 S_0 相比，模袋 S_1、模袋 S_3 和模袋 S_5 完成充灌的时间节约了 7.15%、14.29% 和 28.57%；模袋 S_1、模袋 S_3 和模袋 S_5 的充灌浆体总体积减小 1.5%、10.0% 和 15.49%。以上现象意味着，在细尾矿浆中掺入的水泥越多，可实现使用较少的充灌浆体尽早将模袋充灌至相同的充填度。将充灌试验中测得的单次充灌体积和单次排浆体积与充灌时间的关系绘于图 6-5。不难发现，二者均随时间呈现指数递减趋势。

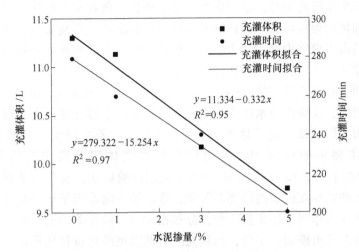

图 6-4 充灌体积及充灌时间与水泥掺量关系

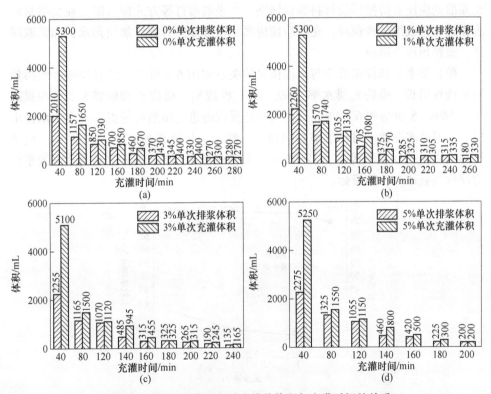

图 6-5 单次充灌体积和单次排浆体积与充灌时间的关系

（a）充灌浆液为 S_0；（b）充灌浆液为 S_1；（c）充灌浆液为 S_3；（d）充灌浆液为 S_5

首次充灌模袋的瞬时，水泥颗粒和尾砂颗粒分散在水介质中，模袋材料表面均未被细尾砂颗粒堵塞。即便随着尾砂颗粒的沉积，模袋底部有效排水面积减小，但是由于模袋内静水压力较大，模袋内的自由水依然能透过模袋顶面和侧面的孔隙顺畅排出，因此首次排浆体积最大。模袋 S_0、S_1、S_3 和 S_5 的首次排浆体积分别占总排浆体积的 29.68%、32.13%、36.34% 和 41.67%。随着尾砂沉积厚度增大，模袋内静水压力逐渐降低，同时由于部分尾砂颗粒吸附在模袋顶面和侧面，模袋排水通道堵塞严重，模袋排水性有所降低。由图 6-5 可知，模袋排浆主要集中在前 2h，此时间段的排浆体积分别占总排浆体积的 59.32%、69.15%、72.36% 和 78.10%。充灌试验后期，模袋排浆形式有所转变。随着尾砂颗粒在模袋内的逐渐沉积，静水压力随着固结尾砂高度的增加而降低。静水压力作用下排浆量降低，分布在固结尾砂孔隙间的自由水，通过固结尾砂自重被挤出模袋。于是，模袋充灌后期以尾砂自重挤压排水为主，且排水量逐步趋于平稳。

通过对上述试验现象的理论分析，可以启发我们在细尾砂模袋充灌施工中，充灌前期应注意防控模袋材料表面堵塞，可采取敲打等方式振落附着在模袋材料表面的泥膜或细尾砂颗粒；充灌后期应增加顶部竖向荷载以加快排水，如采取踩排、重物预压等措施。

模袋排水率和排水效率与水泥掺量的关系如图 6-6 所示，二者均随水泥掺量近似线性增长。模袋 S_0 排水率为 69.51%，模袋 S_1、模袋 S_3 和模袋 S_5 排水率提高了 4.56%、5.50% 和 6.73%。这说明水化反应的进行虽然可使更多的自由水排出模袋，但是水泥掺量对排水率影响较弱。然而，与模袋 S_0 相比，模袋 S_1、模袋 S_3 和模袋 S_5 排水效率提高了 12.90%、23.39% 和 49.6%。因此，可将排水效率作为评价模袋透水性的指标。

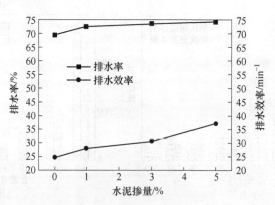

图 6-6 排水率和排水效率与水泥掺量关系

6.3.3.2 土工模袋保砂性分析

不同水泥掺量的模袋排浆效果如图 6-7 所示，排浆密度和保砂率与水泥掺量关系如图 6-8 所示。

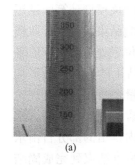 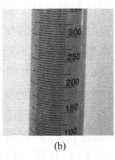  

（a） （b） （c） （d）

图 6-7 不同水泥掺量下的排浆效果
（a）0%；（b）1%；（c）3%；（d）5%

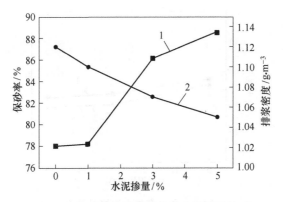

图 6-8 保砂率和排浆密度与水泥掺量关系
1—保砂率；2—排浆密度

由图 6-7 可见，随着水泥掺量的增加，排出浆体逐渐变清澈。模袋 S_0 的排浆密度为 1.12g/cm^3，模袋 S_1、模袋 S_3 和模袋 S_5 的排浆密度分别为 1.10g/cm^3、1.07g/cm^3 和 1.05g/cm^3，降幅分别为 1.79%、4.46% 和 6.25%。这意味着在细尾矿浆中掺入水泥后，更多的细尾砂在模袋内完成固结。模袋 S_0 保砂率为 77.97%；模袋 S_1、模袋 S_3 和模袋 S_5 保砂率提高至 78.17%、86.11% 和 88.59%，分别提高了 0.25%、10.44% 和 13.62%。因此，将保砂率作为评价模袋保砂性的指标更为直观且显著。此外，由图 6-8 可以观察到：当水泥掺量由 1% 增至 3% 时，模袋保砂性显著提高；当水泥掺量增至 5% 时，虽然保砂性持续改善，但与水泥掺量 3% 相比，保砂性差别较小。

依据模袋透水性和保砂性的分析结果，综合考虑施工进度、施工成本和细尾砂利用率，将改良细尾砂模袋充灌特性的最佳水泥掺量确定为 3%。

6.3.4   充灌特性评价模型验证

为了验证模袋充灌特性评价模型的合理性和可靠性，借助该模型计算固结尾砂理论含水率，并与固结尾砂实测含水率进行比较。充灌试验结束后，立即取模袋内三个不同沉积深度的固结尾砂进行含水率测试，将不同位置处的含水率取平均值作为该模袋固结尾砂的实测含水率。取 4 个模袋内固结尾砂含水率的平均值，绘制含水率与水泥掺量关系于图 6-9。含水率与水泥掺量呈负相关，且理论含水率均大于实测含水率，误差在 5% 以内。初步分析理论含水率大于实测含水率的原因为：（1）不可避免地存在水分的蒸发；（2）模袋内排出的部分自由水吸附在模袋表面和集水容器内壁无法收集；（3）从模袋体称重结束到完成固结尾砂取样，仍然会有自由水从模袋内排水。因此，可认为理论含水率与实测含水率基本相符，进而验证了模袋充灌特性评价模型的合理性。

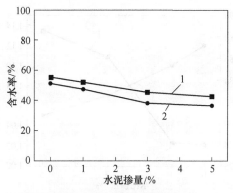

图 6-9   含水率与水泥掺量关系

1—理论含水率；2—实测含水率

6.4   低水泥掺量对土工模袋充灌特性的影响机制

本章试验结果证实了在细尾矿浆中掺加少量水泥可有效解决模袋透水性和保砂性之间的矛盾。这归功于水泥颗粒在模袋内的水化反应。然而，水泥凝结硬化过程是一个复杂的、连续的物理化学变化过程，包含初始反应期（5~10min）、潜伏期（1h 内）、凝结期（6h 内）和硬化期（6h~若干年）四个阶段。结合表 6-5 中的充灌时间，初步分析初始反应期、潜伏期和凝结早期的水化反应特点，初步探讨低水泥掺量对模袋充灌特性的影响机制。

初始反应期（5~10min）的水化产物主要是针棒状钙矾石晶体和片状氢氧化

钙晶体，但仍然会出现少量的细纤维状水化硅酸钙凝胶[14]。水化产物形成了厚度较薄、黏聚性较差的水化物膜层。进入潜伏期（1h 内）后水化产物逐渐增多，特别是具有胶凝性的水化硅酸钙凝胶逐渐增多，致使水化物膜层逐渐增厚，形成了具有可逆性的凝聚结构。在凝结期（6h 内），随着水化反应的深入进行，水化产物持续增多，凝胶体和结晶体相互贯通所形成的凝聚-结晶网状结构不断增强，孔隙逐渐减小，结构逐渐密实。

在质量浓度为 40%的细尾矿浆中掺入占风干尾砂质量 1%、3%和 5%水泥，水泥颗粒和尾砂颗粒分散在大量水中，形成了大水灰比的水泥砂浆，为水泥水化提供充足水分，可促进水化反应、提高水化程度。掺有水泥的细尾矿浆充灌至模袋后，可逆的凝聚结构逐渐恢复。随着水化反应的深入进行，水化硅酸钙由晶形较差的纤维结构逐层搭接并向晶形较好的网状结构转变，模袋内的部分细尾砂颗粒缠绕在水化硅酸钙层间[15]。尾砂在模袋内沉积的过程中，由水化硅酸钙和钙矾石形成的水化物膜层构建起联系粗尾砂颗粒和细尾砂颗粒的桥梁[16]。水化物膜层将缠绕、吸附、包裹细尾砂颗粒，并呈斑点状松散堆积于较大的尾砂颗粒表面，形成了由内向外的粗尾砂颗粒-水化物膜层-细尾砂颗粒的复合颗粒结构，如图 6-10 所示。

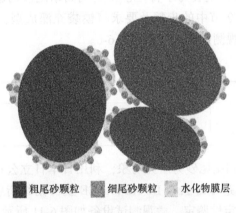

■ 粗尾砂颗粒　■ 细尾砂颗粒　░ 水化物膜层

图 6-10　复合颗粒结构示意图

水化物膜层的厚度、覆盖在粗尾砂颗粒表面的范围及水化物膜层的胶凝性与水泥掺量和水化时间正相关。因此，随着水泥掺量和固结时间的增加，水化物膜层对粗尾砂颗粒的包裹范围逐渐扩大，水化物膜层厚度逐渐增加，被水化物膜层缠绕、包裹、吸附的细尾砂颗粒逐渐增多，最终导致复合颗粒的粒径逐渐增大。大粒径的复合颗粒在模袋内沉积不仅有效缓解了细尾砂颗粒堵塞模袋材料表面孔隙的现象，在模袋充灌期间还增大了复合颗粒间的孔隙直径，为自由水的排出提供更为顺畅的通道。于是，模袋的透水性和保砂性均得到了改善。

在模袋容积一定的前提下，大粒径的复合颗粒沉积形成的固结尾砂体积增大。此外，尾砂颗粒沉积过程中，颗粒和稀水泥浆之间存在相对运动，在颗粒表面形成过渡区，在过渡区表面富集了大量具有膨胀特性的钙矾石，且水灰比越大钙矾石膨胀的空间越大[17]。上述两点可能是充灌体积随水泥掺量的增加而减小的原因。

6.5　固结尾砂微观测试

为了从微观角度探索水泥掺量和固结时间对模袋充灌特性的影响机制；同时，为分析低水泥掺量对模袋界面力学特性的影响机制奠定基础，开展了不同水泥掺量、不同固结时间的固结尾砂微观测试。

6.5.1　试验设备

取充灌试验中的试样 S_0、试样 S_1、试样 S_3 和试样 S_5 各 5L，将上述充灌试样一次充灌至 300mm×300mm 的模袋，令充灌试样在模袋内固结 20min、1h 和 2h，可得不同水泥掺量的固结初期尾砂试样。模袋是由土工布包裹固结尾砂而形成的复合土体（见图 6-2），模袋力学特性也将受到固结尾砂的影响。因此，使用上述充灌试样按照 6.2.2 节中的步骤及要求将模袋充灌成型，并固结 1d、3d、7d 和 28d。固结尾砂微观测试样本工况见表 6-6。

表 6-6　微观测试样本工况

试验项目	尾砂浓度/%	水泥掺量/%	固结时间
扫描电镜（SEM）	40	0, 1, 3, 5	20min, 1h, 2h, 1d, 3d, 7d, 28d
X 射线衍射分析（XRD）			

以表 6-6 列出的固结尾砂为研究对象，利用日本日立公司 S-3400N 型扫描电子显微镜和德国布鲁克 AXS 公司 D8 ADVANCE 型 X 射线衍射仪，开展固结尾砂微观形貌观测和物相定性鉴定。微观测试设备如图 6-11 所示。

(a)　　　　　　　　　　　(b)　　　　　　　　　　　(c)

图 6-11　微观测试设备
(a) 扫描电镜；(b) X 射线衍射分析仪；(c) 等离子溅射仪

6.5.2　样本制备

自水泥颗粒与水接触开始，水泥的水化过程可持续长达数年。为了完成表6-5中特定时间点的固结尾砂微观形貌观测及物相定性鉴定，在制备 SEM 和 XRD 的测试样本时，必须在表6-5中的时间点终止固结尾砂中的水化反应。SEM 和 XRD 的测试样本按以下步骤制备：

（1）将不同水泥掺量和固结时间的尾砂从模袋取出，放入带有编号的土工盒；

（2）向土工盒内加注无水乙醇，直至尾砂试样完全被无水乙醇淹没，并使其在无水乙醇中浸泡24h，终止水化反应；

（3）使烘干后的尾砂在室温下自然冷却，将用于 XRD 的试样研磨成0.074mm（200目）以下的粉末并置于密封袋内保存备用。

金尾砂及固结尾砂的导电性较差，将影响电镜测试中的放大倍数及图像清晰度。在进行扫描电镜试验时，为了实现测试样本的高倍、清晰观测，利用沈阳科晶自动化有限公司生产的 GSL-1100X-SPC-16 单靶等离子溅射仪（见图6-11(c)）为观测样本喷金180s。将导电胶粘贴在铜板上，并用黑色记号笔为导电胶标号。使用清洗、干燥后的镊子拾取喷金后的观测样本，将其均匀涂抹于导电胶上，并记录观测样本对应的导电胶编号。由于 SEM 测试的样本极小，为了更加真实、客观地反映固结尾砂的微观结构发育特征，在相同试样的3个不同剖面取样，进行固结尾砂扫描电镜测试。

XRD 测试前，将盛放测试样本的容器及取样药匙用自来水清洗干净，待 XRD 样本容器及取样药匙干燥后，用取样药匙盛取干燥、无污染且粒径符合要求的尾砂试样至 XRD 样本容器。用于 SEM 和 XRD 测试的尾砂样本如图6-12所示。

(a)　　　　　　　　　　　(b)

图 6-12　微观测试样本

(a) SEM 测试样本；(b) XRD 测试样本

6.5.3　固结尾砂 X 射线衍射分析

金尾砂在扫描电子显微镜下的微观形貌如图 6-13 所示，可以看出金尾砂的颗粒粒径大小不一，颗粒形状复杂多样。大粒径的尾砂颗粒多呈现为规则的棱角状或次棱角状，颗粒轮廓较清晰（见图 6-13（a））；图 6-13（b）中颗粒表面存在溶蚀痕迹且分布着上翻的解理片，其可能为石英颗粒[18]；图 6-13（c）中为粒径几微米甚至更小的细尾砂颗粒，无固定形状，可能为金尾砂中玻璃态的活性氧化物。

 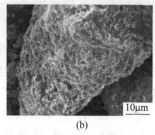 

　　　　　　　（a）　　　　　　　　　　　　（b）　　　　　　　　　　　　（c）

图 6-13　金尾砂微观形貌
(a) 500 倍；(b)，(c) 2000 倍

由表 6-5 可知，不同水泥掺量下模袋充灌试验均在 280min 内完成，对模袋充灌特性的评价也基于此时间范围内的测量数据。在细尾矿浆中掺加水泥改善模袋的透水率和保砂率，主要归因于此时间范围内水泥在固结尾砂中的水化反应，涉及水泥水化反应的初始期、潜伏期和凝结期。

2008 年，Anatol Zing 等人[19]利用高分辨率的冷冻扫描电镜将观测样本放大30 万倍，观测到了水化初期水泥浆液中的固体颗粒的精细微观结构、水化边缘及固体颗粒和溶液的界面。水泥颗粒与水混合后立即发生水化反应，生成水化产物。在水泥的初始反应期（约 5min），一层非常薄的细纤维随机分布在六边形短棱柱晶体上，形成团聚体。Anatol Zing 等人将细纤维解释为最早期的水化硅酸钙，将六边形短棱柱晶体解释为最早期的钙矾石；水化硅酸钙和钙矾石在水泥的长期水化过程中交互生长。一旦初始水化峰（约 5min 后）结束，在水化的第一个小时内溶液中的颗粒结构没有明显变化，水泥的水化反应进入休眠期。

固结尾砂复合颗粒的形成与水泥凝结硬化过程中的物相转变相关。金尾砂化学成分复杂，水泥掺入金尾矿浆后，溶液中将会发生复杂的物理变化和化学变化。由表 6-2 可知，金尾砂中包含着一定量的 Na_2O、K_2O、CaO 和 Al_2O_3，在金尾矿浆中掺入水泥后，充灌浆液中存在着 Ca^{2+}、Al^{3+}、Na^+ 和 K^+ 等阳离子及 SO_4^{2-}、OH^- 和 Cl^- 等阴离子。当充灌试样中的 OH^- 与 Na^+ 和 K^+ 结合时，模袋内将呈现碱性环境，固结尾砂 pH 值迅速增大。图 6-14 为掺有 1%、3% 和 5% 水泥的充灌试样在模袋内固结 20min 后，模袋内固结尾砂 pH 值测试结果。

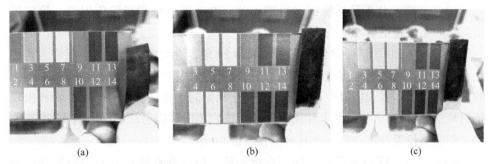

(a)   (b)   (c)

图 6-14 不同水泥掺量下固结 20min 尾砂试样 pH 值测试
（a）水泥掺量 1%；（b）水泥掺量 3%；（c）水泥掺量 5%

由图 6-14 的 pH 值测试结果可以推断，掺有 1%、3% 和 5% 水泥的细尾矿浆在模袋内固结 20min 时，模袋内固结尾砂 pH 值均在 12 以上，因此，模袋内固结尾砂表现为碱性。这意味着模袋内的水泥颗粒将会在碱性环境下发生水化反应。在 Na_2O-K_2O-CaO-Al_2O_3-SiO_2-H_2O 体系中，由 NaOH 和 KOH 产生的碱性环境对水泥颗粒的水化反应有促进作用[20-22]。此外，Purdon 在研究普通硅酸盐水泥的硬化机理时提出了碱激活理论。Purdon 认为水泥浆液中的碱在水泥水化、硬化过程中可能起催化剂的作用，使水泥中的硅、铝化合物较易溶解，形成硅酸钠和偏铝酸钠，再进一步与氢氧化钙反应形成硅酸钙和铝酸钙矿物，使水泥硬化并且重新生成 NaOH，再催化下一轮反应[23]。于是，在碱性环境下水泥的水化、硬化产物中将出现水化硅铝酸钙[24]。王新频[22]利用 NaOH 激发矿渣水泥，生成了水化硅铝酸钙，并认为其可能像碱-硅酸凝胶一样具有吸水后体积膨胀的特性。水化硅铝酸钙的出现可能是固结尾砂体积膨胀的原因之一。

为了验证上述分析，对表 6-6 所列尾砂样本开展扫描电镜测试和 X 射线衍射分析，以期从微观视角探索低水泥掺量对细尾砂模袋特性的影响机制。由于充灌浆液中水泥掺量较少，固结尾砂中水泥的水化产物也相应较少，固结尾砂的主要成分仍然是金尾砂，可以推测尾砂样本中金尾砂所含物相的衍射峰值较强。固结尾砂属于多相样本，在对其进行 X 射线衍射分析时，其衍射峰为各物相衍射峰的叠加。因此，借助 Jade 软件对固结尾砂中的物相进行定性鉴定，可能出现水泥水化产物在 XRD 图谱中的衍射峰过小而被金尾砂衍射峰淹没的现象。鉴于此，在对固结尾砂中的水化产物定性鉴定时，仅在水泥及水化产物卡片库内对固结尾砂中的少量物相进行物相检索。

在 Jade 软件中对样本中所含物相定性鉴定，就是看某物相在标准卡片中出现衍射峰的入射角处，是否在测试样本 XRD 图谱中也出现了衍射峰。可按如下步骤定性鉴定固结尾砂中的物相。

（1）查看、分析目标物相的标准卡片，并找到该物相最强衍射峰、第二强衍射峰和第三强衍射峰所对应的 2θ 角。

（2）在 XRD 图谱中找到这三个相同的 2θ 角，看此处是否存在衍射峰。若均存在衍射峰，则测试样本中存在该物相的概率较大。否则，该物相存在于样本中的可能性极低。客观世界中不存在两个完全相同的物体，因此，样本中物相出现衍射峰的 2θ 角一定与标准卡片库中记录的该物相出现衍射峰的 2θ 角存在微小差别，但总体位置基本一致，尤其是三强线的 2θ 角。

（3）若三强线的入射角处均存在衍射峰，继续查看排在后面的衍射峰值是否出现过大或过多的偏差。若无，则确定测试样本中含有该物相；否则，不含该物相。

（4）水化产物在测试样本中属于少量物相，在进行峰值比对时可能出现某个衍射峰被其他物相衍射峰淹没，此时可认为该衍射峰对应成功；即只要出现衍射峰的位置处，XRD 图谱中的强度不小于物相衍射峰强度即可。

水泥掺量 1% 及固结 20min 和 1h 时，固结尾砂中水化产物数量极少且晶形差，与金尾砂样本相比，XRD 能谱未见明显变化。因此，不再列出此部分固结尾砂试样的 XRD 图谱。随着水泥掺量的增加，XRD 能谱逐渐发生变化。现将固结 2h 后（包含固结 2h），水泥掺量 3% 和 5% 固结尾砂物相定性鉴定结果列于图 6-15 和图 6-16。

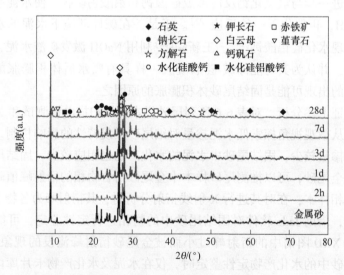

图 6-15　水泥掺量 3% 时固结尾砂 XRD 图谱

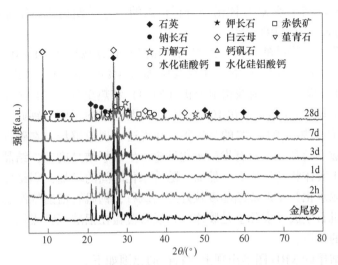

图 6-16　水泥掺量 5% 时固结尾砂 XRD 图谱

固结尾砂 XRD 测试结果验证了上述分析内容，即加入低掺量水泥做固化剂后，固结尾砂中存在水化硅酸钙、水化硅铝酸钙、碳酸钙和钙矾石。上述物相在固结尾砂 XRD 图谱中的衍射峰均随水泥掺量和固结时间的增加发生不同程度的改变。

结合图 6-15 和图 6-16，将固结尾砂 XRD 图谱特征总结如下。

（1）测试样本中不同的水泥水化产物，其衍射峰出现在固结尾砂 XRD 图谱中的时间不同。水化 1h 以内，由于水化产物数量少且晶形较差，固结尾砂 XRD 图谱中未出现明显的水化产物衍射峰。自水泥发生水化反应 2h 起，在 2θ 为 22.718°、25.085°、27.104° 和 35.466° 开始探测到水化硅酸钙衍射峰；在 2θ 为 12.486° 处开始探测到水化硅铝酸钙衍射峰；在 2θ 为 29.403° 和 47.548° 处探测到碳酸钙衍射峰，并且碳酸钙晶体以方解石的形式存在。自水泥发生水化反应 1d 起，在 2θ 为 9.088° 和 15.788° 处探测到钙矾石衍射峰。

（2）参考 Aly Ahmed[25] 在其文献中介绍的方法，分析固结时间对水化产物衍射峰值的影响规律。水化产物的衍射峰总体上与固结时间正相关，其中：碳酸钙的衍射峰值在固结时间内持续增长；水化硅酸钙衍射峰的增强主要集中在前 7d；水化硅铝酸钙衍射峰的增强主要集中在前 3d；钙矾石衍射峰增长较慢，水化 3d 后峰值增长迅速。

（3）碱性环境的存在，使水化初期水化硅铝酸钙的衍射峰有随时间逐渐增强的趋势；随着碱性环境的逐渐消退，水化硅铝酸钙衍射峰不再增强。1d 前钙矾石衍射峰较弱，钙矾石结晶程度相对较差。这说明碱性环境对钙矾石的生成可能有延缓作用，生成少量晶形较差的细小钙矾石，此时的钙矾石可能呈现为细晶或胶体状。在固结尾砂 XRD 图谱中分析得出的水化早期钙矾石结晶特点与龙世宗等人[26]的研究成果相吻合。

龙世宗等人曾将硅酸三钙、铝酸三钙和二水石膏按照 5∶1∶0.5 比例混合，再按水灰比 0.4 配置水泥浆液，并在其中加入 4% 的 NaOH。水化反应 5min 和 10min 时分别取样进行 X 射线衍射分析（XRD）和热重分析（DTA-TG）。研究发现，无论在水化 5min 还是水化 10min 的 XRD 图谱中均无明显钙矾石衍射峰，但是在 DTA 图像中却有 94.4 ℃的吸热谷，并将这一现象解释为在碱性环境中，硅酸三钙、铝酸三钙和二水石膏发生水化反应，生成了结晶度差，结晶为细晶或须晶，甚至属于胶体状的钙矾石。然而，随着水化时间的增加，固结尾砂的碱性逐渐降低，水泥水化开始形成结晶度较好的钙矾石，钙矾石衍射峰渐趋明显。碱性环境抑制钙矾石生成，实际上是胶体状钙矾石覆盖在铝酸三钙表面，起到屏蔽铝酸三钙颗粒的作用。

分析固结尾砂 XRD 图谱出现上述特征的原因如下。

（1）水化 20min 时，水泥水化初期生成的水化硅酸钙、水化硅铝酸钙、氢氧化钙和钙矾石数量少且尺寸小，随即水化反应进入休眠期。与水化 20min 相比，水化 1h 固化尾砂中水化产物的数量和尺寸无明显变化。对固结 20min 和 1h 的样本进行 XRD 测试，很难发现水泥水化产物的衍射峰。因此，水化 1h 内的固结尾砂 XRD 图谱中均未发现任何水化产物的衍射峰。

（2）随着时间的增长水化反应逐渐深入，固结尾砂中水化产物的数量逐渐增多、尺寸逐渐增大、结晶程度逐渐提高。浆液充灌至模袋后，自由水逐渐透过模袋孔隙排出，但模袋内固结尾砂含水率仍然较高。模袋材料表面的孔隙为空气进入固结尾砂提供了通道。模袋内的二氧化碳遇水形成碳酸，再与硅酸三钙和硅酸二钙水化生成的氢氧化钙发生反应，生成了碳酸钙。Palacios 等人[27]认为：碱性环境能加剧水化产物被碳化的速度。于是，在固结尾砂中探测到水化硅酸钙、水化硅铝酸钙和碳酸钙的衍射峰。排山楼金矿产出的金尾砂以干排形式堆存于地表，现场取样时金尾砂中也可能混入了碳酸钙成分的矿物。因此，固结尾砂中碳酸钙的衍射峰可能为水化产物被碳化和尾砂中掺杂两部分碳酸钙的叠加峰。碳酸钙为硬质材料，在今后的研究中可以尝试将 CO_2 碳化技术引入细尾砂模袋施工，既可实现 CO_2 永久封存，又可改善固结尾砂骨架强度。

（3）碱性环境和碳化作用也可能会限制钙矾石的生成。因此，直至水化 1d 才在固结尾砂 XRD 图谱中发现钙矾石衍射峰。随着水化反应的深入进行，固结尾砂中的碱性物质逐渐被消耗，钙矾石数量有所提升，在 XRD 图谱中出现多处钙矾石的衍射峰，且随着固结时间的增加衍射峰愈发明显。

6.5.4 固结尾砂扫描电镜分析

不同水泥掺量、不同固结时间的固结尾砂微观形貌如图 6-17~图 6-23 所示。

从固结尾砂的 SEM 图像中可以清晰地看出：

（1）随着水泥掺量和固结时间的增加，固结尾砂的颗粒形态逐渐改变；

（2）在固结尾砂中观测水化硅酸钙、水化硅铝酸钙、氢氧化钙、钙矾石和方解石等与水泥水化反应相关的物质；

（3）上述物质的形态、数量受水泥掺量和固结时间的影响。

图 6-17　水化 20min 固结尾砂 SEM 图像

（a）1%；（b）3%；（c）5%

水化 1h 内（见图 6-17 和图 6-18），固结尾砂中水化产物尺寸较小、数量较少，再加之受扫描电镜放大倍数限制，因此，未观测到各水泥掺量下的固结尾砂微观形貌与金尾砂微观形貌（见图 6-13）间的明显差异。图 6-17 和图 6-18 中的颗粒轮廓依然清晰，能分辨出观测样本中的尾砂颗粒。

图 6-18　水化 1h 固结尾砂 SEM 图像

（a）1%；（b）3%；（c）5%

自水化 2h 开始（见图 6-19），将固结尾砂颗粒在电子显微镜下放大 2000 倍，可以观测到由较粗尾砂-水化物膜层-细粒尾矿构成的复合颗粒。水泥掺量为 1% 时，较大尾砂颗粒表面黏附的细尾砂颗粒数量较少，水化物膜层在较大尾砂颗粒表面上的覆盖面积较小，水化物膜层厚度也较小，粗粒尾砂表面较平坦且棱角依然清晰；水泥掺量为 3% 和 5% 时，表面黏附的细尾砂颗粒数量逐渐增多，水化物膜层在较粗尾砂表面的覆盖面积增大，膜层厚度增加。图 6-19（b）中，分布在复合颗粒周围分散的绒团结构，可能为水化硅酸钙或水化硅铝酸钙凝胶团。从图

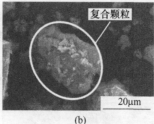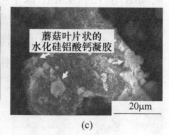

图 6-19　水化 2h 固结尾砂 SEM 图像

（a）1%；（b）3%；（c）5%

6-19（c）中可以明显看出，由于复合颗粒的出现，尾砂颗粒粒径显著增大；与图 6-19（b）相比，凝胶团的范围显著扩大。于是，从凝胶团的形态及大小推测，图 6-19（c）中蘑菇叶片状的凝胶团有可能是水泥在碱性环境下水化生成的水化硅铝酸钙凝胶。

图 6-20 为图 6-19（b）视角下的高倍观测（8K 倍），从图 6-20 中可以看出粗粒尾砂颗粒表面堆积的水化物膜层，其中直径小于 500nm 的针状钙矾石嵌插在水化硅酸钙交叉搭建的纤维团中；此外，在板片状氢氧化钙上黏附有水化硅酸钙絮团和菱形方解石。然而，考虑到水化时间为 2h，由此推测图 6-20 中的方解石极有可能来自金尾砂，而非碳化产物。

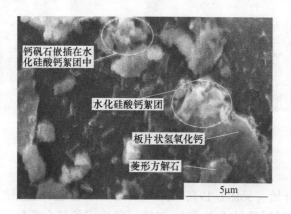

图 6-20　图 6-19（b）视角下的高倍观测

水化 1d 时，将固结尾砂颗粒在电子显微镜下放大 5000 倍，可以观察到：固结尾砂中针状钙矾石的数量有所增加；特别是图 6-21（b）和（c）中，钙矾石嵌插在水化硅酸钙絮团中，形成了水化硅酸钙与钙矾石交叉互生的空间网状结构。在图 6-21（c）中，水化硅铝酸钙已经发育为木耳状，视野范围内水化硅铝酸钙的体积及其在颗粒表面的覆盖面积均大于水化硅酸钙，水化硅铝酸钙吸水后的膨胀特性初露端倪。

图 6-21　水化 1d 固结尾砂 SEM 图像

(a) 1%；(b) 6%；(c) 5%

水化 3d 时，将固结尾砂颗粒在电子显微镜下放大 5000 倍，可在视野范围内观察到更多的水化硅酸钙与钙矾石交叉互生的空间网状结构和四方形方解石。从图 6-22（b）和（c）中还可发现，与固结 1d 相比，水化硅酸钙与钙矾石交叉互生的空间网状结构进一步发育，钙矾石逐渐粗壮。

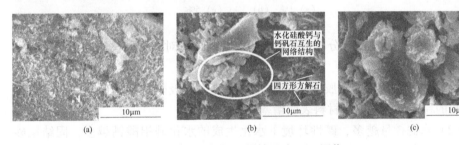

图 6-22　水化 3d 固结尾砂 SEM 图像

(a) 1%；(b) 3%；(c) 5%

从水化 7d 开始（见图 6-23），能明显看出水泥掺量对固结尾砂中水化产物数量及大小的影响。水泥掺量 1% 时，水化硅酸钙和钙矾石数量均较少，嵌插有钙矾石的絮团面积较少，能看到颗粒表面轮廓。水泥掺量增至 3% 和 5% 时，水化硅酸钙和钙矾石含量显著增多，且钙矾石越来越粗壮。颗粒表面被水化硅酸钙和钙矾石覆盖，无法辨认出尾砂颗粒轮廓，且细尾砂颗粒分布于水化产物之中。水化 28 d 时，将固结尾砂颗粒在电子显微镜下放大 3000 倍，已经不能清晰地辨认出尾砂颗粒及水化产物，但却发现数量较多的细尾砂颗粒出现抱团现象。这代表更多的细尾砂颗粒借助水化产物粘在了一起，水化产物在固结尾砂中不断硬化。特别是在图 6-24（b）中，观察到了多处四方形和菱形的方解石。

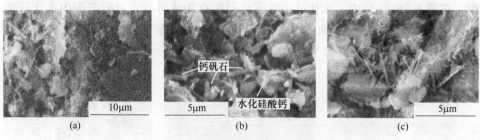

图 6-23　水化 7d 固结尾砂 SEM 图像

(a) 1%; (b) 3%; (c) 5%

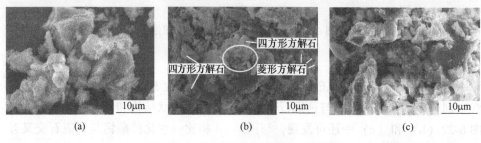

图 6-24　水化 28d 固结尾砂 SEM 图像

(a) 1%; (b) 3%; (c) 5%

固结尾砂的微观测试分析恰恰解释了低水泥掺量对细尾砂模袋充灌特性的影响机制:

(1) 水泥掺量越多,胶凝性的水化产物越多,吸附的细尾砂颗粒越多,复合颗粒的粒径越大,模袋材料表面堵塞得到缓解;

(2) 水泥掺量越多,碱性环境下水化生成的水化硅铝酸钙越多,固结尾砂体积膨胀越大,对模袋的充填度也有所提升;

此外,水泥掺量越多,固结尾砂中碳酸钙和钙矾石越多,且二者都属于硬质材料,它们的出现有利于改善固结尾砂的骨架结构,使骨架结构更加结实。固结尾砂的骨架越密实,作用在尾砂骨架上的有效应力越大,传递至模袋界面的有效法向应力越多。

参考文献

[1] 崔璇,周汉民,郄永波,等. 细粒尾矿模袋充填体的特性试验研究 [J]. 有色金属 (选矿部分), 2016 (1): 60-64.

[2] 张文斌,谭家华. 土工布充砂袋的应用及其研究进展 [J]. 海洋工程, 2004, 22 (2): 98-104.

[3] 束一鸣. 我国管袋坝工程技术进展 [J]. 水利水电科技进展, 2018, 38 (1)：1-11, 18.

[4] 田庆利, 李宝华, 祝业浩. 大型固化土充泥模袋的研究及在天津港南疆围堰工程中的应用 [J]. 中国港湾建设, 2002 (4)：50-53.

[5] 刘润, 闫玥, 闫澍旺, 等. 模袋固化土围埝地基排水固结过程的模拟分析 [J]. 岩土力学, 2007 (11)：2409-2414.

[6] 王健, 袁德顺, 刘天韵. 模袋固化土海上围埝技术离心模型试验研究 [J]. 中国港湾建设, 2009, 159 (1)：37-40.

[7] 单文华, 徐春峰. 集镇区疏浚工程土工管袋淤泥固化技术的应用 [J]. 人民黄河, 2020, 42 (S1)：11-13.

[8] 梁建锋, 黄擎洲, 李富有, 等. 深厚泥浆池管袋围堰就地固化施工技术 [J]. 建材技术与应用, 2020 (1)：41-43.

[9] 郭印, 徐日庆, 邵允铖. 淤泥质土的固化机理研究 [J]. 浙江大学学报：工学版, 2008, 42 (6)：1071-1075.

[10] 刘爱民. 低掺量水泥固化土的强度影响因素分析 [J]. 水运工程, 2007 (2)：24-27.

[11] 尾矿设施设计参考资料编写组. 尾矿设施设计参考资料 [M]. 北京：冶金工业出版社, 1980.

[12] 符思华, 刘小文, 刘星志, 等. 尾矿充填模袋界面摩擦性能试验研究 [J]. 水文地质工程地质, 2018, 45 (1)：83-88.

[13] 杨广庆, 徐超, 张孟喜. 土工合成材料—加筋土结构应用技术指南 [M]. 北京：人民交通出版社, 2016：29.

[14] 湖南大学, 天津大学, 同济大学, 等. 土木工程材料 [M]. 北京：中国建筑工业出版社, 2002.

[15] Kumar Mehta P, Monteiro Paulo J M. CONCRETE-Microstructure, Properties and Materials [M]. McGraw-Hill Professional, 2013 (9)：28.

[16] Holzer L , Winnefeld F , Lothenbach B , et al. The early cement hydration：A multi-method approach [C]. International Congress on the Chemistry of Cement. 2003.

[17] 孙振平, 刘毅, 杨旭, 等. 水泥中 3 个粒级颗粒的早期水化研究 [J]. 建筑材料学报, 2016, 19 (6)：964-968.

[18] 邢作昌, 林畅松, 秦成岗, 等. 珠江口盆地白云深水区珠海组石英颗粒表面特征 [J]. 西南石油大学学报 (自然科学版), 2017, 39 (1)：1-11.

[19] Zingg A, Holzer L , Kaech A, et al. The microstructure of dispersed and non-dispersed fresh cement pastes — New insight by cryo-microscopy [J]. Cement & Concrete Research, 2008, 38 (4)：522-529.

[20] 李洋, 王述银, 殷海波, 等. 碱对水泥基材料水化及水化产物的影响研究综述 [J]. 长江科学院院报, 2019, 36 (1)：127-133.

[21] 黄磊, 阎培渝. 碱含量对新拌水泥浆体流变性能的影响 [J]. 硅酸盐学报, 2019, 47 (11)：1546-1553.

[22] 王新频. 碱激发矿渣水泥水化 C-A-S-H 凝胶微观结构的研究 [J]. 硅酸盐通报, 2019, 38

(4): 1062-1067.

[23] 郑广俭. 无定形 Al_2O_3-$2SiO_2$ 粉体制备及地质聚合反应机理研究 [D]. 南宁: 广西大学, 2011.

[24] 高康. 添加纳米 SiO_2 对 TFT-LCD 废玻璃制备的碱激活无机聚合物特性影响 [D]. 烟台: 烟台大学, 2015.

[25] Ahmed A . Compressive strength and microstructure of soft clay soil stabilized with recycled bassanite [J]. Applied Clay Science, 2015, 104: 27-35.

[26] 龙世宗, 刘晨, 邹燕蓉. NaOH 和 $Ca(OH)_2$ 对 C_3A-$CaSO_4 \cdot 2H_2O$-H_2O 系统早期水化影响的研究 [J]. 硅酸盐学报, 1997, 25 (6): 635-642.

[27] Palacios M, Puertas F. Effect of carbonation on alkali-activated slag paste [J]. Journal of the American Ceramic Society, 2006, 89 (10): 3211-3221.

7 土工模袋材料界面剪切特性试验

模袋是以拉伸强度较高的机织土工布缝制成尺度较大的袋体、在坝址现场以水力充入砂浆脱水后形成的构筑物。模袋坝是利用模袋界面上的抗剪强度来维持坝体安全稳定。国内外许多学者深入研究了模袋界面剪切特性和尾砂-土工布界面剪切特性，得出诸多有益结论，为模袋坝技术发展提供了巨大的帮助。然而，缝制模袋的材料为土工布，模袋界面剪切特性与模袋材料界面剪切特性息息相关[1]。模袋层叠时，模袋材料相互接触；模袋出现失稳破坏时，更是直接地表现为沿模袋材料接触面发生滑动。因此，研究模袋材料界面剪切特性，可以为改进模袋界面剪切特性提供理论依据，对于分析模袋坝的稳定性具有重要的工程意义。

虽然现有的研究成果对研究模袋材料界面剪切特性提供了宝贵的经验，但仍在以下两个方面存在局限性，有待进一步完善。

首先，模袋材料为由经线和纬线穿梭编织而成的土工布，其表面呈微小凹凸不平。当模袋层层堆叠时必然在模袋材料接触面上形成嵌锁结构。不同的经向、纬向组合将影响模袋材料接触界面嵌锁结构的稳定性，进而影响模袋材料界面剪切特性。

其次，在模袋充灌阶段，模袋内的自由水透过模袋材料表面的孔隙排出，模袋材料表面不可避免地被水润湿。随着模袋坝的建成，模袋材料表面的水分逐渐减少，但浸润线以下的模袋材料仍处于湿润或潮湿状态。残留在模袋材料表面的水分子将影响着模袋材料界面剪切特性，因此，有必要分别开展干燥和湿润状态下模袋材料界面剪切特性的研究。

由于拉拔试验较直剪试验更能充分展现界面间的咬合作用，更好地还原实际工程中拉拔力的发挥过程[2]。于是，为了完善模袋材料界面剪切特性的研究体系，本章将采用土工合成材料拉拔试验系统，针对充灌试验中用于缝制模袋的聚丙烯机织布，开展了不同界面组合型式及湿润状态的模袋材料界面拉拔试验，研究不同的界面组合型式和干湿状态对剪应力-拉拔位移曲线形态、峰值位移大小和界面强度的影响规律，同时探讨影响机制；以期实现模袋界面剪切特性改良。

7.1　试验材料及设备

7.1.1　试验材料

充灌试验中选用 0.075mm 通过率高达 90% 的金尾砂配置充灌浆液，且模袋使用过程中不可避免地受到自然暴晒、雨水冲刷和埋藏条件等复杂环境影响，因此要求制作模袋的土工织物满足排水、保砂、强度和耐久性要求。用于制作模袋织造类土工布中，聚丙烯机织布较裂膜丝编织布更能符合孔径和耐久性要求[3]。于是，将缝制模袋的材料选择为聚丙烯机织布。将试验得到的模袋材料技术参数列于表 7-1。

表 7-1　聚丙烯机织布技术参数

物理指标	测试方法	样本数	技术参数
质量/g	ASTM D 5261	5	398
厚度/mm	ASTM D 5261	5	1.7
经向强度/kN·m^{-1}	ASTM D 4595	5	72
纬向强度/kN·m^{-1}	ASTM D 4595	5	57
经向伸长率/%	ASTM D 4595	5	15
纬向伸长率/%	ASTM D 4595	5	12
等效孔径 O_{90}/mm	ASTM D 4751	5	0.08

7.1.2　试验设备

试验采用南京华德仪器公司生产的 YT1200 土工合成材料直剪拉拔试验系统（见图 2-1）。该系统由拉拔箱、竖直加载系统、水平加载系统和数据采集系统组成。拉拔箱内壁长、宽、高的净尺寸分别为 300mm、300mm 和 220mm，在拉拔箱前后正中预留 300mm×10mm 窄缝。竖向加载系统由带压力传感器的气缸通过反力装置施加上覆压力。在气压加载系统顶部设有 300mm×300mm×10mm 大小的承压板，可均匀施加 0~200kPa 范围内法向应力。水平加载系统采用速率可控的带拉力传感器的拉压电机，可在 100mm 量程内施加 0~5mm/min 恒定加载速率并测量拉拔力。

7.2　试　验　方　案

模袋坝运营期间，尾砂以浆体的形式通过管道运输至尾矿库，层层堆叠的模袋将承受尾矿库内沉积尾砂的土压力和尾水的水压力。模袋界面直接表现为模袋材料接触界面，层叠的模袋产生相对位移时，模袋界面将提供抗剪强度用来抵抗土压力和水压力，确保模袋坝安全稳定，如图 7-1 所示。因此，模袋材料接触界面的剪切特性直接影响着模袋界面剪切特性。

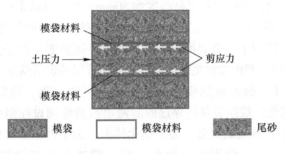

图 7-1　模袋界面受力图

为了还原模袋坝中模袋材料的力学特性，采用土工合成材料试验系统开展模袋材料接触界面拉拔试验，示意图如图 7-2 所示。

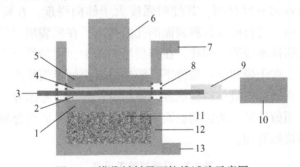

图 7-2　模袋材料界面拉拔试验示意图

1—钢垫板；2—钢垫板上的模袋材料；3—受拉拔模袋材料；4—承压板上的模袋材料；5—承压板；6—气缸；7，13—横梁；8—拉拔缝；9—夹具；10—抗压电机；11—尾砂；12—拉拔箱

试验中，3 块模袋材料水平层叠，固定上、下两块模袋材料，并采用竖直加载系统对界面施加法向应力。当对中间织物施加水平拉力时，中间层模袋材料将沿上、下接触界面滑动，与实际工程中模袋滑动相似。

由于拉拔夹具与拉拔缝的中心位置固定在同一水平面上，且位置不可调整。因此，中间层模袋材料必须放置在拉拔缝中间，方可实现模袋材料的水平拉拔。为了满足这一条件，选择将尾砂充填至拉拔箱内，为模袋材料拉拔试验提供了一个合适高度的试验平台。若下层模袋材料直接铺放在尾砂上，在拉拔试验过程中其可能发生褶皱变形，这将导致试验过程中模袋材料接触面积的改变，甚至可能出现下层模袋材料和中间层受拉拔模袋材料一起从拉拔缝拔出的现象。因此，为了确保拉拔试验过程中，模袋材料接触界面面积恒定，将下层和上层的模袋材料分别粘贴在预制的 300mm×300mm×20mm 钢板和承重板上，下层和上层的模袋材料尺寸为 300mm×300mm。

为搭建模袋材料拉拔试验平台，先用润滑剂均匀涂抹拉拔箱内壁；然后分层将尾砂填筑至拉拔箱内，每层填筑尾砂高度约 50mm；再通过承重板对拉拔箱内尾砂施加 150kPa 的法向应力，逐层压实 10min，防止尾砂压缩变形影响拉拔力方向；最后，当撤除承压板作用于尾砂表面的压实荷载后，尾砂表面位于拉拔缝底边以下 15mm 时，停止向拉拔箱内填筑尾砂，借助水准尺将尾砂表面调至平整。

将粘有模袋材料的预制钢板放置于平整的尾砂表面，模袋材料朝上。将 500mm×300mm 的受拉拔模袋材料穿过前后两道拉拔缝铺设在钢垫板上；受拉拔模袋材料的一端用拉拔夹具夹紧，另一端无约束。为了模拟工程现场各级子坝不同高度处的竖向荷载，利用竖直加载系统在模袋材料接触界面施加 25kPa、50kPa、75kPa 和 100kPa 的法向压力，利用水平加载系统在水平方向上以 2mm/min 的速率拉拔中间层模袋材料。通过数据采集系统每 3s 采集一次拉拔力和拉拔位移，并在拉拔试验系统的显示区自动绘制拉拔力和拉拔位移曲线。

模袋材料为各向异性材料，其经向强度大于纬向强度。在模袋坝施工过程中，模袋内的自由水透过模袋材料表面的孔隙排出；在模袋坝运行过程中，浸润线以下的模袋长期被水浸泡。因此，在模袋坝工程中，模袋材料不可避免地出现被水浸湿的情况。在干燥和湿润条件下，模袋材料接触界面将产生不同的界面摩擦系数。因此，在研究模袋材料接触界面剪切特性时，应考虑界面组合型式和界面干湿状态对界面剪切特性的影响。表 7-2 列出了不同界面组合型式和干湿状态的 6 种模袋材料接触界面。

表 7-2 拉拔试验工况表

界面编号	模袋材料干湿状态	模袋材料平行于拉拔方向的纺线		
		钢垫板	拉拔试件	承压板
J-G	干燥 G	经线 J	经线 J	经线 J
JWJ-G	干燥 G	经线 J	纬线 W	经线 J
W-G	干燥 G	纬线 W	纬线 W	纬线 W
J-S	湿润 S	经线 J	经线 J	经线 J
JWJ-S	湿润 S	经线 J	纬线 W	经线 J
W-S	湿润 S	纬线 W	纬线 W	纬线 W

如图 7-2 所示，拉拔试验中的模袋材料接触界面位于拉拔缝中部，因此无法实现水下界面拉拔试验。为了模拟模袋材料在工程实践中的湿润状态，将上、中、下三层模袋材料在水中浸泡 24h。试验开始时，从水中捞出并快速完成粘

贴、摊铺工作。施加法向应力前用喷水壶向模袋材料表面喷水，至界面100%湿润且界面无明显积水。

试验过程严格按《公路工程土工合成材料试验规程》（JTG E 50—2006）进行。拉拔过程中上、中、下三层模袋材料的接触面积恒为0.18m²。为了降低试验结果的离散性，每组试验进行3组平行试验，若试验偏差在10%以内，则取平均值进行成果计算。

7.3 土工模袋材料界面宏观响应

7.3.1 界面型式和干湿状态对剪应力与拉拔位移曲线形态的影响

表7-2所示为6种工况下，模袋材料接触界面的剪应力与拉拔位移关系如图7-3所示。各工况下剪应力与拉拔位移曲线的形态基本一致，但也存在微小差别。在拉拔试验的初始阶段（拉拔位移10mm左右），剪应力随拉拔位移增长较快，且近似线性增长；之后剪应力随拉拔位移的增长速率逐渐降低，剪应力-拉拔位移曲线开始呈现明显的非线性。界面组合型式相同时，不同的干、湿状态对剪应力-拉拔位移曲线形态影响较小；干、湿状态相同时，界面组合型式和作用于界面上的法向应力对剪应力-拉拔位移曲线形态影响较大。

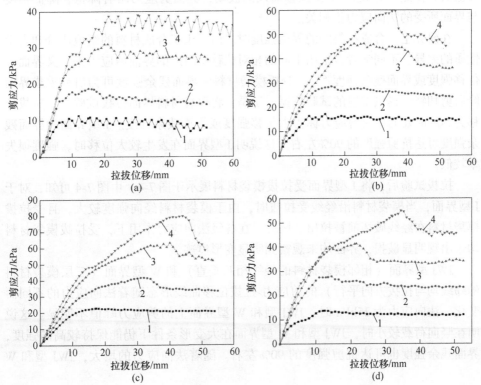

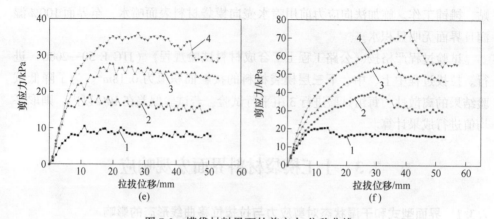

图 7-3　模袋材料界面的剪应力-位移曲线

(a) J-G；(b) JWJ-G；(c) W-G；(d) J-S；(e) JWJ-S；(f) W-S

1—25kPa；2—50kPa；3—75kPa；4—100kPa

对于 J 型界面（三层模袋材料的经线均与拉拔方向平行），无论在干燥状态还是湿润状态下，界面剪应力峰值都不明显。当拉拔位移小于 6mm 时，界面剪应力随拉拔位移迅速线性递增。当拉拔位移大于 6mm 时，剪应力随拉拔位移的增幅逐渐变缓，剪应力-拉拔位移曲线开始呈现锯齿形波动。在达到界面剪应力峰值后，伴随着剪应力-拉拔位移曲线的波动，界面剪应力略有降低，降低幅度与界面所受的法向应力正相关。

在研究土工合成材料间的界面强度时，由于土工合成材料的组成成分和力学性质的差异，不同学者曾采用不同的相对位移所对应的界面剪应力来定义界面大位移强度或界面残余强度[4-9]。分析模袋材料的界面残余强度可为研究模袋界面峰后剪切特性提供重要的试验依据。于是，将模袋材料界面拉拔试验中，拉拔位移为 50mm 处的界面剪应力称为大位移强度或界面残余强度。J 型界面的界面残余强度可达抗剪强度的 90% 左右。这说明 J 型界面在发生较大位移时，强度损失率较低。

拉拔试验后，将 J 型界面受拉拔模袋材料展示于图 7-4。由图 7-4 可知，对于 J 型界面，当模袋材料沿经线受拉拔时，由于模袋材料经向强度较大，且受拉拔模袋材料在经线破坏前被拉出。因此，在各级法向应力作用下，受拉拔模袋材料均未出现明显破损，界面均未观察到明显变形痕迹。

JWJ 型界面（相邻模袋材料的经线相互垂直）和 W 型界面（三层模袋材料的纬线均与拉拔方向平行）的剪应力-拉拔位移曲线形态随着法向应力的不同而变化。法向应力为 25kPa 时，JWJ 型和 W 型界面上的剪应力峰值不明显。这说明在竖向荷载较小时，JWJ 型和 W 型界面在大变形条件下仍能保持较高的强度，界面残余强度也可达抗剪强度的 90% 左右。随着法向应力的增大，JWJ 型和 W

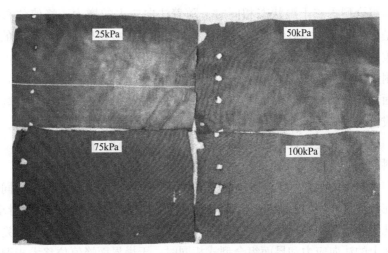

图 7-4 拉拔试验后的 J 型界面

型界面上的剪应力峰值愈加明显，剪应力-拉拔位移曲线呈现先软化再逐渐趋于稳定。剪应力峰值过后，在一段位移内剪应力降低较快，且法向应力越大降幅越大。拉拔位移继续增大，剪应力在小范围内波动并逐渐趋于稳定，界面残余强度可达抗剪强度的 70%~85%。

7.3.2 界面型式和干湿状态对拉拔位移的影响

将界面上的峰值剪应力所对应的位移定义为峰值位移。从图 7-3 中读取 6 种界面在不同法向应力下的峰值位移并绘于图 7-5。不难发现，界面峰值位移受到法向应力、界面组合型式和干湿状态的共同影响。

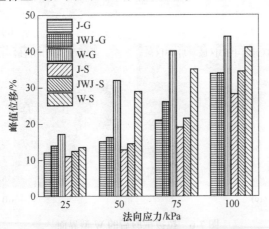

图 7-5 界面型式和干湿状态对界面峰值位移的影响

　　界面组合型式和干湿状态相同时，随着法向应力的增大，峰值位移明显增大。这是因为界面的相对位移是渐进性发挥的。在拉拔试验中，界面上的剪应力由受拉拔端向自由端逐渐传递。随着法向应力的增大，剪应力在界面上的传递过程愈发困难，界面剪应力达到峰值的时间也越长。于是，在拉拔速率恒定的情况下，界面峰值位移越大。界面剪应力达到峰值前，由受拉拔端向自由端逐渐变小，拉拔位移主要表现为模袋材料的拉伸变形；界面剪应力到达峰值时，拉拔位移传递到自由端，受拉拔的模袋材料开始发生整体滑动，拉拔位移由滑动位移和模袋材料的拉伸变形两部分组成。

　　从图7-3可以看出，界面在拉伸变形阶段和整体滑动阶段表现出不同的剪切特性。在拉伸变形阶段，剪应力随着拉伸变形的增加而增大。在整体滑动阶段，界面出现不同程度的软化，且软化程度与作用在界面上的法向应力正相关。

　　界面上的法向应力和界面组合型式相同时，干燥界面峰值位移大于湿润界面的峰值位移。界面上的法向应力和干湿状态相同时，W型界面的峰值位移最大，JWJ型次之，J型最小。此外，与其他界面组合型式相比，无论界面干湿状态如何，W型界面的峰值位移对法向应力的变化最敏感。

　　拉拔试验后，W型界面受拉拔模袋材料如图7-6所示。对比图7-4和图7-6，

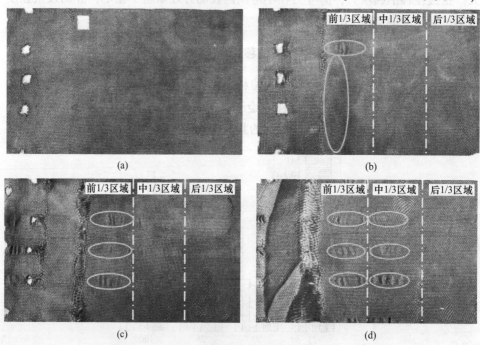

(a)　　　　　　　　　　　　　　(b)

(c)　　　　　　　　　　　　　　(d)

图7-6　拉拔试验后的W型界面

(a) 25kPa；(b) 50kPa；(c) 75kPa；(d) 100kPa

不难发现，随着作用于 W 型界面上法向应力的增大，中间层模袋材料与拉拔夹具接触处的损伤越来越明显，界面上模袋材料拉伸变形痕迹也越来越清晰。图 7-6 中的椭圆标记表示模袋材料拉伸变形后的痕迹。界面的拉伸变形可分为三个不同的区域，离夹具端越近，拉伸变形越大，变形痕迹越清晰。上述现象与 Aiban 等人[10] 的研究结果一致。从某一方面论证了模袋材料接触界面渐进性破坏，界面剪应力非均匀分布；同时，也为模袋坝施工提供有价值的参考，即模袋受拉拔端前 1/3 的模袋材料应采取局部强化处理。

7.3.3 界面型式和干湿状态对抗剪强度的影响

为了研究界面干湿状态及界面组合型式对界面抗剪强度的影响机制，在图 7-3 中读取表 7-2 所示 6 种界面分别在法向应力为 25kPa、50kPa、75kPa 和 100kPa 下的峰值剪应力，并列于表 7-3。

表 7-3 模袋材料界面剪切特性指标

界面编号	法向应力/kPa	峰值剪应力/kPa	似摩擦角/(°)	似黏聚力/kPa	相关系数
J-G	25	11.16	20.616	2.058	0.99716
	50	20.98			
	75	30.97			
	100	39.18			
JWJ-G	25	17.12	30.220	1.536	0.99081
	50	28.58			
	75	46.31			
	100	59.76			
W-G	25	22.77	37.704	3.606	0.99697
	50	41.68			
	75	63.21			
	100	80.02			
J-S	25	10.53	18.986	2.006	0.99916
	50	19.09			
	75	28.16			
	100	36.15			
JWJ-S	25	14.89	28.191	1.344	0.99402
	50	27.89			
	75	41.62			
	100	54.99			

界面编号	法向应力/kPa	峰值剪应力/kPa	似摩擦角/(°)	似黏聚力/kPa	相关系数
W-S	25	20.70	35.393	3.602	0.99642
	50	40.64			
	75	55.89			
	100	74.84			

利用表 7-3 中数据，将法向应力和峰值剪应力进行线性拟合，相关系数均大于 0.99。这表明模袋材料界面剪切强度符合库仑定律。因此，选取似摩擦角和似黏聚力作为反映界面剪切特性的指标，列于表 7-3。

将图 7-7 中得到的各界面抗剪强度线绘于图 7-8，可知：各拟合曲线可近似认为是从一点（似黏聚力）散射出来的若干条斜率（似摩擦角）不等的直线。

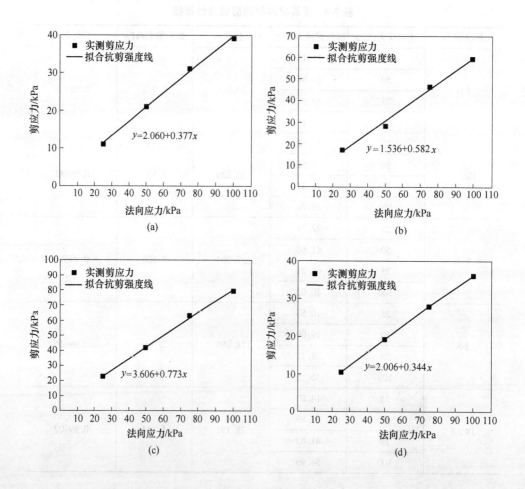

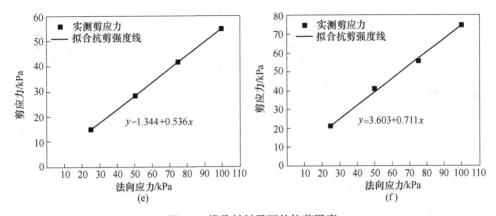

图 7-7　模袋材料界面的抗剪强度

（a）J-G；（b）JWJ-G；（c）W-G；（d）J-S；（e）JWJ-S；（f）W-S

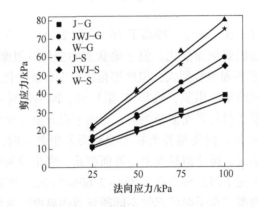

图 7-8　不同界面上的抗剪强度

　　干湿状态相同时，三种界面型式中 W 型界面强度最大，JWJ 型次之，J 型最小；界面型式相同时，干燥状态下的界面强度大于湿润状态下的界面强度。除此之外，相同法向应力下抗剪强度对界面型式的敏感程度高于干湿状态，且法向应力越高敏感程度差异越大。

　　为了研究界面型式和干湿状态对似摩擦角和似黏聚力的影响规律，将表 7-3 中所列各界面的似摩擦角和似黏聚力绘于图 7-9。

　　由图 7-9（a）可知，J 型、JWJ 型和 W 型界面，在干燥状态下，似摩擦角依次为 20.616°、30.220° 和 37.704°；湿润状态下，依次为 18.968°、28.191° 和 35.393°。界面湿润导致 J 型、JWJ 型和 W 型界面的似摩擦角分别降低了 8.59%、7.20% 和 6.53%。湿润状态对 J 型界面似摩擦角的影响程度大于其他界面组合型式。W 型界面与 J 型和 JWJ 型界面相比，干燥状态下的似摩擦角分别提高了

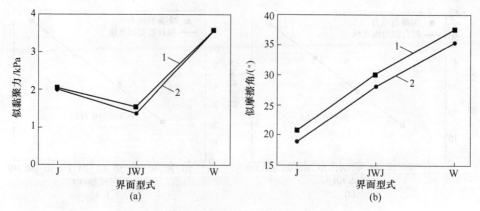

图 7-9　界面型式和干湿状态对抗剪强度指标的影响
(a) 似摩擦角；(b) 似黏聚力
1—干燥；2—湿润

82.9%和24.8%；湿润状态下分别提高了86.6%和25.5%。尽管似摩擦角随界面组合型式和干湿状态的变化而变化，但干湿状态的变化对似摩擦角的影响较小，约为2°。相反，改变界面组合型式，似摩擦角将发生显著变化。由此可见，从模袋材料界面组合型式的角度出发，选择 W 型界面，即模袋材料纬线垂直于坝体走向，可大幅提高模袋材料界面似摩擦角，有助于提升模袋界面强度。

由图7-9 (b) 可知，同类型界面在干湿状态发生改变时，似黏聚力变化极小，甚至可以忽略不计。虽然似黏聚力对界面型式的变化较为敏感，但是似黏聚力普遍较小，不同工况下似黏聚力在 1.334~3.606kPa 之间变化。

由此可见，界面型式和干湿状态的不同所导致的界面抗剪强度变化的主要原因是似摩擦角的改变，界面型式虽然对似黏聚力也有影响，但总体上似黏聚力差异不大。

7.4　土工模袋材料界面剪切特性影响机制探讨

经上述分析发现：模袋材料界面剪切特性符合库仑定律，界面抗剪强度主要由似摩擦角和似黏聚力决定，其中似摩擦角起绝对主导作用。模袋材料界面剪切特性与界面组合型式和界面干湿状态密切相关。不同的界面组合型式和干湿状态将使模袋材料界面展现不同的界面剪切特性，并在宏观上表现为界面似摩擦角的不同。现将以似摩擦角为出发点，探索界面型式和干湿状态对模袋材料界面剪切特性的影响机制。

具有微小凹凸不平表面的三层模袋材料，在法向应力作用下，接触界面上将出现嵌锁咬合结构。拉拔试验过程中，界面上的摩擦力由界面滑动摩擦力和界面咬合摩擦力提供[11]，前者由界面材质决定，后者由嵌锁咬合作用决定。不妨假设，模袋材料接触界面上的似摩擦角由滑动摩擦角和咬合摩擦角两部分组成。

7.4.1 干湿状态对土工模袋材料界面似摩擦角的影响机制

在干燥状态下，滑动摩擦角由模袋材料的材质决定，因此，在相同法向应力下，即使不同的界面型式，界面上的滑动摩擦力几乎相同。在湿润状态下，通过水分子的润滑作用，削弱了界面剪应力传递时的阻力，界面剪应力传递到自由端的时间缩短，峰值位移变小（见图7-5），抗剪强度降低（见图7-8），似摩擦角减小（见图7-9（a））。分析其机制是在水分子润滑作用下界面上的滑动摩擦力变小，界面剪切特性在宏观上表现为滑动摩擦角的减小。书中模袋材料由聚丙烯纤维丝编织而成，聚丙烯表现为憎水性[12]，因此，水分子润滑作用有限，滑动摩擦角并没有大幅度减小，这与图7-9（a）所示内容一致。

7.4.2 界面型式对土工模袋材料界面似摩擦角的影响机制

界面组合型式对模袋材料界面剪切特性的影响大于界面干湿状态（见图7-8）。这是因为不同的界面组合型式导致嵌锁咬合结构的稳定程度不同，从而在拉拔过程中提供的嵌锁咬合力不同，且差异较大。现以模袋材料界面剪切特性差异最大的J型和W型界面为例进行讨论。

如图1-2所示，模袋表面上均匀的微小凸起均为经线。W型界面拉拔位移方向与经线垂直，界面出现相对位移时，在嵌锁咬合结构中的经线相互接触、相互阻挡。界面若要发生位移，必须克服经线间的阻力，且法向应力越大经线间的阻力越大。经线间的阻力促进了界面嵌锁咬合结构的发展，使界面的嵌锁咬合结构稳定程度提高，嵌锁咬合作用增强。在滑动摩擦力不变的情况下，界面强度随着嵌锁咬合力的增大而增大。因此，三种界面型式中，W型界面的嵌锁咬合作用最稳定，具有最大的界面剪切强度。对于W型界面，界面嵌锁咬合力大小与作用于界面的法向应力正相关[13]。法向应力越大，嵌锁咬结构越稳定，需要更大的剪应力才能解锁模袋材料凸起之间的嵌锁咬合结构，如图7-3（b）和（e）所示。

然而，J型界面拉拔位移方向与经线平行，拉拔力较大时将沿着经线方向滑动。由于模袋材料纬线未形成凸起，无法形成稳定的嵌锁咬合结构。因此，J型界面的抗剪强度主要由滑动摩擦力提供，其抗剪强度最小，如图7-8所示。当界面型式由J型变为W型时，界面抗剪强度增加，究其机制是界面上的嵌锁咬合作用的增强，在宏观上表现为咬合摩擦角的增大。此外，由于J型界面拉拔方向与经线平行，当J型界面发生位移时，会出现沿着经线方向的上坡和下坡（见图7-10），上坡时不易拉动，拉拔力变大；反之拉拔力变小。因此，当J型界面达到峰值拉力后,界面上的拉拔力及剪应力出现锯齿形波动现象,这与图 7-3 (a) 和 (d) 所示内容一致。

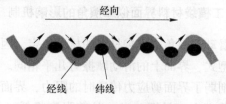

图 7-10 模袋材料经向剖面

综上所述,为了增强模袋坝的安全稳定,模袋材料的经线应与坝体走向平行。如此一来,库内尾砂产生的土压力作用于模袋坝时,模袋间的界面将以 W 型界面抵抗土压力。此外,还应尽量增大经向线的强度,强化经线在模袋材料表面的凸起,以此来增强模袋材料接触界面的嵌锁咬合作用。这对坝体线型不规则处的小尺寸模袋及承受冲刷荷载的抛沉土工袋(包)尤为重要。

参考文献

[1] 杨春山,莫海鸿,魏立新,等. 土工模袋砂界面摩擦特性试验研究 [J]. 地下空间与工程学报, 2018, 14 (1): 26-32.

[2] Cornelissen B, Sachs U, Rietman B, et al. Dry friction characterisation of carbon fibre tow and satin weave fabric for composite applications [J]. Composites Part a-Applied Science and Manufacturing, 2014, 56: 127-135.

[3] 于志强. 土工织物耐久性及堤坝加筋机理的研究 [D]. 天津:天津大学, 2005.

[4] 廖星樾. 土工合成材料室内剪切试验研究及其在垃圾填埋场中的应用 [D]. 上海:同济大学, 2006.

[5] 林伟岸,詹良通,陈云敏. HDPE 土工膜/土工织物界面剪切特性 [C]. 中国土木工程学会第十届土力学及岩工程学术会议论文集. 重庆:重庆大学出版社, 2007: 720-724.

[6] Mitchell J K, Seed R B. Kettleman hills waste landfill slope failure. I: line-system properties [J]. Journal of Geotechnical Engineering, 1990, 116 (4): 647-668.

[7] Jones D R V, Dixon N. Shear strength properties of geomembrane-geotextile interfaces [J]. Geotextiles and Geomembranes, 1998, 16 (1): 45 71.

[8] Wasti Y, Bahadmr Z. Geomembrane-geotextile interface shear properties as determined by inclined board and direct shear box tests [J]. Geotextiles and Geomembranes, 2001, 19 (1): 45-57.

[9] Bergado D T, Ramana G V. Evaluation of interface shear strength of composite liner system and stability analysis for a landfill lining system in Thailand [J]. Geotextiles and Geomembranes, 2006, 24 (6): 371-393.

［10］ Aiban S A , Ali S M . Nonwoven geotextile-sabkha and -sand interface friction characteristics using pull-out tests ［J］. Geosynthetics International, 2001, 8 (3)：193-220.

［11］ 黄文熙. 土的工程性质 ［M］. 北京：水利水电出版社, 1983.

［12］ Hamzaha M S, Jaafara M, Mohd Jamil M K. Electrical insulation performance of flame retardant fillers filled with polypropylene/ ethylene propylene dienemonomer composites ［J］. Polymers for Advanced Technologies, 2014, 25 (8)：784-790.

［13］ 吴永, 裴向军, 何思明, 等. 贯通滑面咬合凸体的解锁机理及强度分析 ［J］. 工程力学, 2013, 30 (8)：251-257.

8 土工模袋-尾矿复合体界面剪切特性

为了完善模袋坝技术研究体系，本章以充灌试验中固结1d、3d、7d和28d的模袋为研究对象，分别利用YAW-2000D压力机和改制的土工合成材料拉拔试验系统，开展模袋单轴压缩试验模和模袋界面拉拔试验，对模袋界面的渐进性破坏进行理论分析，从宏观角度揭示低掺量水泥对模袋压缩变形特性和界面剪切特性的改良效果。针对模袋界面似摩擦角、模袋材料界面似摩擦角、水泥掺量、固结时间、固结尾砂内摩擦角开展拟合分析，探索模袋界面似摩擦角的多因素预测模型，为预测模袋界面剪切强度提供值得借鉴的经验；同时，分析各因素的影响系数，为改善细尾砂模袋界面剪切特性提供建议。

8.1 土工模袋单轴压缩试验

8.1.1 试验方案

将表6-4所列的不同水泥掺量下细尾矿浆体作为充灌料，按6.2.2节所列的试验步骤及要求对模袋进行充灌，使模袋固结1d、3d、7d和28d。测量固结后模袋体平面尺寸约为250mm×250mm；模袋高度约6~7cm。模袋体单轴压缩试验在辽宁工程技术大学土木工程实验实训中心进行。利用YAW-2000D压力机为模袋施加竖向压力，如图8-1所示。该试验机最大可施加2000kN的竖向压力，为了

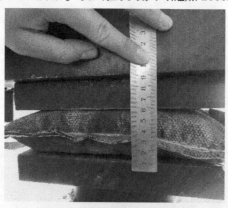

图 8-1 模袋单轴压缩试验

保护压力机，将最大荷载的80%（1600kN）作为模袋受压上限荷载。通过数据采集系统记录模袋在单轴压缩过程中的竖向位移与竖向压力，并依据模袋尺寸换算模袋在单轴压缩试验中的竖向应力及竖向应变。

8.1.2 试验结果分析

以模袋竖向应变为横坐标，模袋竖向应力为纵坐标，绘制模袋单轴压缩试验中不同水泥掺量及固结时间下模袋竖向应力与竖向应变关系曲线，如图8-2所示。

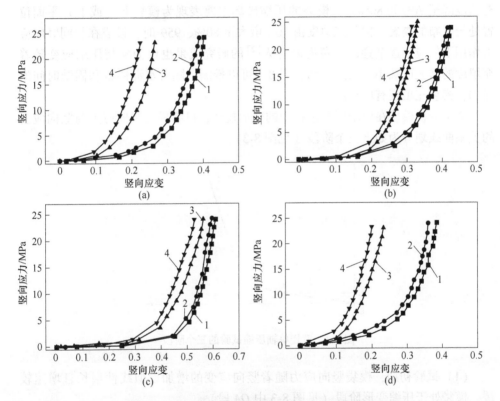

图 8-2 模袋单轴压缩试验中竖向应力与竖向应变关系
(a) 固结1d；(b) 固结3d；(c) 固结7d；(d) 固结28d
1—0%；2—1%；3—3%；4—5%

不同水泥掺量及固结时间下，模袋竖向应力均随竖向应变非线性增长。由于模袋材料对固结尾砂的包裹、约束作用，模袋在压缩过程中未出现明显破坏现象，仅部分模袋（水泥掺量3%以上、固结7d以上的模袋）在模袋四周边缘处发生缝合线崩裂。竖向压力增加至1600kN时，各工况下的模袋单轴无侧限抗压强度均可达到25MPa以上。

在相同竖向应力下，模袋竖向应变均随水泥掺量和固结时间的增大逐渐减小。与模袋 S_0 相比，掺加 1% 水泥对模袋竖向应力与竖向应变关系的影响稍弱，各龄期下试验结束时的竖向应变分别减小了 2.14%、2.53%、3.36% 和 6.33%；水泥掺量为 3% 时，各龄期下试验结束时的竖向应变分别减小了 7.45%、21.96%、34.01% 和 37.70%；当水泥掺量增至 5% 时，各龄期下试验结束时的竖向应变分别减小了 13.19%、25.75%、44.12% 和 48.04%。

邓子千等人[1]在不同充填度及高宽比下开展了细尾砂模袋的单轴压缩试验，研究发现充填度为 95% 时，模袋的压缩破坏主要表现为模袋边缘缝合处的崩裂；充填度降至 70% 和 80% 时，模袋的压缩破坏主要表现为模袋上（或下）平面位置处土工布的撕裂。模袋充填度由 70% 增大至 80%、95% 时，模袋在相同竖向应力作用下的应变逐渐递减。莫海鸿等人[2]的研究成果也认为模袋压缩应变随着充填度的增大而减小。因此，结合图 8-2 可以推测，随着水泥掺量和固结时间的增加，模袋充填度有所提高。

为了分析模袋在单轴压缩过程中的变形规律，可将模袋竖向应力与竖向应变的关系曲线划分为如下三个阶段（见图 8-3）。

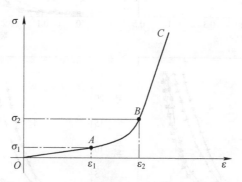

图 8-3　模袋单轴压缩试验的三个阶段

（1）试验初期，模袋竖向应力随着竖向应变的增加近似线性增长且增速较缓，模袋处于压缩变形阶段（见图 8-3 中 OA 段）。

（2）试验中期，竖向应力随着竖向应变呈非线性增长且增长速率逐渐加快，模袋由压缩变形逐渐向拉伸变形过渡（见图 8-3 中 AB 段）。

（3）试验后期，模袋竖向应力随着竖向应变近似线性增长且增速较快，模袋处于拉伸变形阶段（见图 8-3 中 BC 段）。

试验初期（OA 段），竖向应力增速较慢的原因是袋内尾砂在竖向荷载作用下出现颗粒的移动、重组，此时模袋材料对尾砂竖向变形的侧限作用不明显。水泥在模袋内水化反应所需水来自固结尾砂孔隙中的自由水，水泥掺量越多，自由水消耗量越大；同时，袋内尾砂中的水化产物数量也越多，尾砂间孔隙被水化产物填充得更加密实、颗粒骨架更加牢固。当模袋承受相同竖向荷载时,被挤压出模袋的自由水会随着水泥掺量和固结时间的增加而减少;若要进一步增大固结尾砂的竖向变形量,必须增加荷载来克服固结尾砂骨架的阻力。因此,随着水泥掺量和固结时间的增长,ε_1均呈减小趋势。

袋内尾砂在竖向荷载作用下产生压缩变形的同时也会出现侧向膨胀。试验中期(AB 段),固结尾砂侧向膨胀达到一定程度,将会加剧模袋材料的拉伸变形(模袋材料受拉初期变形相对较容易),使固结尾砂的侧向膨胀受限。于是,模袋材料对固结尾砂压缩变形的侧限作用逐渐发挥,模袋进入压缩变形-拉伸变形过渡阶段。因此,竖向应力随竖向应变非线性增长且增速逐渐加快。

当模袋材料的侧限作用充分发挥后(模袋材料拉伸后期变形较困难),模袋进入拉伸变形阶段,相当于模袋由单轴受压转变为围压较大的三轴受压。此阶段(BC 段),袋内固结尾砂已经获得了更加密实的骨架结构。若要固结尾砂继续发生竖向压缩变形,必须为其施加足够大的竖向荷载使其挣脱模袋材料的束缚。于是,在模袋边缘缝合处开始出现缝合线的崩裂。

因此,结合前人的研究成果及本书的试验结果,本书认为水泥掺量和固结时间对细尾砂模袋竖向压缩特性的影响主要表现为模袋充填度的改变。这意味着在相同充灌体积和固结时间条件下,向尾矿浆中掺加水泥可使模袋获得更大的充填度;同理,若要使模袋充填度相同,掺加水泥可缩短工期,节约时间成本。结合固结尾砂微观测试结果,随着水泥掺量和固结时间的增加,水泥在模袋内的水化程度逐渐加深,水化产物逐渐积累,特别是水化硅铝酸钙和钙矾石含量的增加,将会导致固化尾砂体积增大,进而提高了模袋的充填度,模袋材料提前发挥侧限作用,并最终导致模袋单轴压缩过程中临界应变 ε_1 和 ε_2 的减小。

模袋边缘出现缝合线崩裂的现象,模袋上、下平面均未见破坏。这意味着提高模袋接缝强度有助于增大模袋单轴压缩时模袋材料的拉伸变形,强化模袋材料对固结尾砂的包裹、限制作用,既改善了模袋竖向压缩变形特性,又提高了模袋抗压强度;此外,模袋在单轴压缩过程中,降低了固结尾砂压缩变形耗能,使更多的竖向压力向模袋界面传递。

8.2 土工模袋界面拉拔试验

将表6-4 所列的不同水泥掺量下细尾矿浆体作为充灌料,按6.2.2 节所列的试验步骤及要求对模袋进行充灌,使模袋固结 1d、3d、7d 和 28d,利用改制的土工合成材料拉拔试验系统开展模袋界面拉拔试验(见图8-4)。

选取相同水泥掺量和固结时间的 4 个模袋在试验台上垂直层叠,堆放模袋时应注意以下两点。

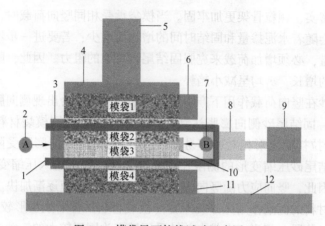

图 8-4 模袋界面拉拔试验示意图

1—钢丝绳；2—百分表 A；3—钢推板；4—承压板；5—气压缸；6, 11—横梁；

7—百分表 B；8—拉拔夹具；9—拉压电机；10—钢夹片；12—试验台

（1）模袋顶面设置的灌浆口改变了模袋材料表面的粗糙程度，若将层叠模袋的灌浆口全部朝向一个方向（向上或向下），拉拔试验中的界面强度必然受灌浆口的影响。为了解决由于灌浆口的设置造成模袋界面剪切特性失真的问题，沿模袋顶面将灌浆口割除，垂直层叠模袋时最上层模袋灌浆口朝上（即灌浆口与图 8-4 中的承压板接触），最下层模袋灌浆口朝下（即灌浆口与图 8-4 中的试验台接触），中间两层模袋灌浆口相对并作为一个整体承受钢推板的水平推力。

（2）第 3 章结论表明：模袋材料不同的界面组合型式提供的界面强度不同。为了实现模袋界面强度的改良，垂直堆放模袋时应使模袋底面（即不设置灌浆口的平面）模袋材料的纬线与拉拔方向平行，也就是将模袋界面布设为 W 型界面。

将图 8-4 中的横梁作为挡板卡住上、下两层模袋，使其在拉拔试验中不产生位移，如图 8-5（a）所示。在模袋自由端，将钢夹片铺设于中间两层模袋前端并夹紧，如图 8-5（b）所示。为了模拟尾矿库各级子坝不同埋深处的竖向荷载，利用竖直加载系统施加 1.8kN、3.6kN、5.4kN 和 7.2kN 的压力，标记模袋界面轮廓用于计算界面面积，进而算出作用在模袋界面上的法向应力。将两根直径为 8mm 的钢丝绳穿过拉拔夹具两侧的螺栓孔，连接长度、宽度及厚度分别为 400mm、100mm 和 20mm 的钢推板，钢板宽度略小于中间两层模袋高度之和，如图 8-5（c）所示。将拉压电机的加载速率设为 2mm/min，试验过程中拉压电机将通过钢丝绳带动推板运动，为中间两层模袋施加大小可测的水平推力，以此模拟工程中作用在模袋坝的土压力和水压力。

钢丝绳为柔性材料，拉动钢推板时必然产生拉伸变形，若使用拉拔系统自带的位移测量装置测量中间两层模袋在界面上的相对位移，测量结果中不可避免地

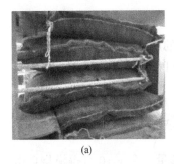 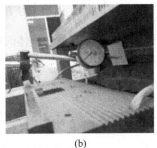 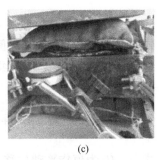

(a)　　　　　　　　　　(b)　　　　　　　　　　(c)

图 8-5　模袋界面拉拔试验装置

（a）模袋拉拔界面；（b）模袋受力端；（c）模袋自由端

包含了钢丝绳的拉伸变形，测量出的界面相对位移普遍变大。为了消除钢丝绳变形对界面拉拔位移的影响，设置百分表顶针与模袋受力端的钢推板和模袋自由端的钢夹片垂直接触（见图 8-5（b）和（c）），每隔 1min 用百分表测量钢推板和钢夹片位移作为模袋受力端和自由端位移。每组模袋界面拉拔试验进行 3 组平行试验，若试验偏差在 10%以内，取平均值进行成果计算，以此降低试验结果的离散性。

8.3　土工模袋界面渐进性破坏理论分析

Potts 等人[3]在其研究成果中指出：界面渐进性破坏是指岩土界面的不同部位先后处于破坏状态的现象。部分学者通过试验研究发现，筋土界面[4]、桩土界面[5]、纤维土界面[6]、锚固界面[7]等具有明显的渐进性破坏特征。

依据 Matsuoka 等人[8]的研究成果，可将模袋界面拉拔试验中界面的应力应变问题视为平面应变问题。原点设置于模袋自由端，规定 x 轴正向与拉拔力方向相反。中间两层模袋视为一个整体，通过钢推板在模袋受力端施加水平推力，在界面上将产生剪应力抵抗模袋滑动。

距模袋自由端 x 处的界面剪应力为 $\tau(x)$，则距模袋自由端 x 处的界面抗滑力可表示如下：

$$T(x) = 2\int_0^x \tau(x)\,\mathrm{d}x \tag{8-1}$$

在模袋自由端（$x = 0$），$T(x) = 0$；在模袋受力端（$x = L$，L 为沿拉拔方向界面长度），$T(x) = T$。

距模袋自由端 x 处的应力和应变可分别表示如下：

$$\sigma(x) = \left[2\int_0^x \tau(x)\,\mathrm{d}x\right]/H \tag{8-2}$$

$$\varepsilon(x) = \left[2\int_0^x \tau(x)\,\mathrm{d}x\right]\Big/EH \tag{8-3}$$

式中，H 和 E 分别代表中间两层模袋作为一个整体时的厚度和沿拉拔力方向的压缩模量，且假设二者在模袋拉拔过程中恒定。于是，可得距模袋自由端 x 处的界面位移为

$$U(x) = U_A + \int_0^x \varepsilon(x)\,\mathrm{d}x = U_A + \int_0^x \left[2\int_0^x \tau(x)\,\mathrm{d}x\right]\Big/EH\,\mathrm{d}x \tag{8-4}$$

式中，U_A 为模袋平动位移；$\int_0^x \varepsilon(x)\,\mathrm{d}x$ 为模袋压缩变形量。令 $x=0$ 可得模袋自由端位移为 U_A。

若模袋界面上的剪应力均匀分布，即任意 x 处的界面剪应力恒为 τ，则式 (8-2) 和式 (8-3) 可简化为

$$\sigma(x) = \left[2\int_0^x \tau(x)\,\mathrm{d}x\right]\Big/H = 2\tau x/H \tag{8-5}$$

$$\varepsilon(x) = \left[2\int_0^x \tau(x)\,\mathrm{d}x\right]\Big/EH = 2\tau x/H \tag{8-6}$$

于是，模袋受力端 $x=L$ 位移可表示为

$$U_B = U_A + \int_0^x \varepsilon(x)\,\mathrm{d}x = U_A + \int_0^x \frac{2\tau x}{EH}\mathrm{d}x = U_A + \frac{L^2\tau}{EH} \tag{8-7}$$

由上述分析可知，若拉拔试验过程中模袋界面上的剪应力均匀分布，则模袋受力端与自由端的位移差恒定，即 $U_B - U_A = \dfrac{L^2\tau}{EH}$。

模袋界面拉拔试验中，模袋受力端和自由端位移可分别由图 8-5 所示的百分表 A 和 B 通过测量钢推板和钢夹片位移近似得到。现以水泥掺量为 3%、固结时间为 7d 的模袋界面拉拔试验为例，分析模袋界面破坏特征，探讨剪应力在界面上的分布规律。将各级法向应力作用下每分钟测得的推板位移 u_A、夹片位移 u_B 及二者位移差 u_C 的时间曲线绘于图 8-6。

由图 8-6 可见，u_A 和 u_B 先随时间而增长，然后逐渐趋于稳定，直全与拉拔夹具加载速率同步；u_B 的发展滞后于 u_A，且法向应力越大 u_B 发展越慢；u_C 先增大后减小，并最终趋于零，法向应力越大 u_C 峰值越大且趋于零的耗时越长。相同法向应力下，u_B 和 u_C 趋于稳定的时间基本相同。u_C 趋于稳定之前，模袋受力端与自由端位移差随时间而变化；依据式 (8-7) 可得出结论：模袋界面上的剪应力非均匀分布。这是由于模袋界面上的剪应力逐渐由受力端向自由端传递，法向应力越大，传递阻力越大，传递过程越慢。因此，u_C 趋于稳定之前，模袋受力端在界面上的位移主要表现为模袋的压缩变形，压缩变形量为 u_C 累计值。u_C 稳定

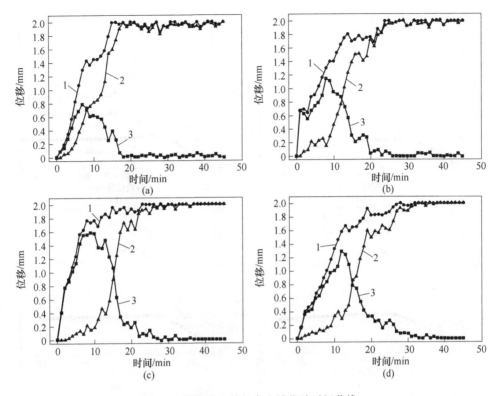

图 8-6　模袋受力端与自由端位移时间曲线

（a）35.57kPa；（b）71.45kPa；（c）106.72kPa；（d）142.29kPa

$1—u_A$；$2—u_B$；$3—u_C$

以后，模袋受力端和自由端位移增速与拉拔速率相同，模袋在水平推力作用下发生整体平动，此阶段模袋界面上的剪应力呈均匀分布。式（8-7）和图 8-6 验证了模袋界面渐进性破坏。

8.4　土工模袋界面宏观响应

8.4.1　低水泥掺量对土工模袋界面强度的影响

为了研究低水泥掺量对模袋界面摩擦特性的改良效果，假设剪应力在拉拔试验过程中均匀分布并以推板端位移作为模袋界面拉拔位移。不同水泥掺量和固结时间下界面剪应力-拉拔位移曲线绘于图 8-7~图 8-10。

由图 8-7~图 8-10 可知，不同水泥掺量及固结时间下，各界面上剪应力随拉拔位移的变化规律基本一致。界面剪应力达到峰值前，剪应力与拉拔位移正相

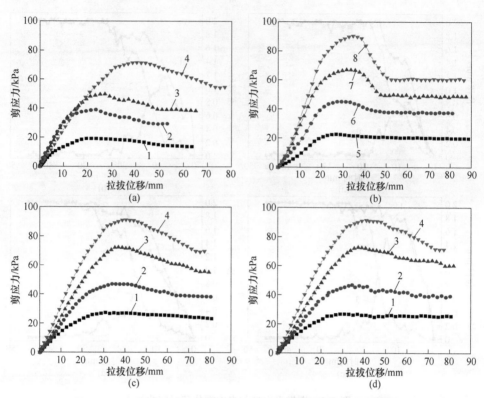

图 8-7 水泥掺量 0%时不同固结时间模袋界面剪应力-位移曲线

(a) 1d；(b) 3d；(c) 7d；(d) 28d

1—31.25kPa；2—62.50kPa；3—93.75kPa；4—125.00kPa；

5—39.06kPa；6—78.13kPa；7—117.19kPa；8—156.25kPa

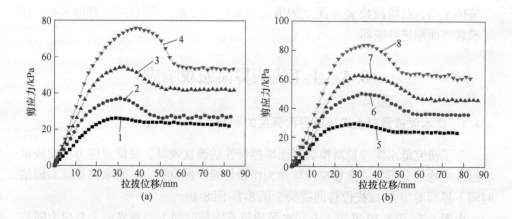

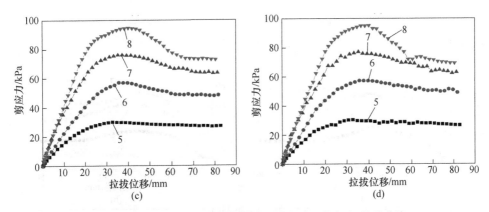

图 8-8 水泥掺量 1%时不同固结时间模袋界面剪应力-位移曲线

（a）1d；（b）3d；（c）7d；（d）28d

1—28.80kPa；2—57.60kPa；3—86.40kPa；4—115.20kPa；5—30.00kPa；

6—60.00kPa；7—90.00kPa；8—120.00kPa

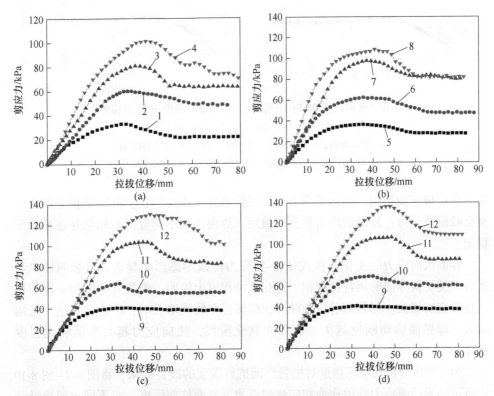

图 8-9 水泥掺量 3%时不同固结时间模袋界面剪应力-位移曲线

（a）1d；（b）3d；（c）7d；（d）28d

1—31.25kPa；2—62.50kPa；3—93.75kPa；4—125.00kPa；5—32.61kPa；6—65.22kPa；

7—97.83kPa；8—130.43kPa；9—35.57kPa；10—71.15kPa；11—106.72kPa；12—142.29kPa

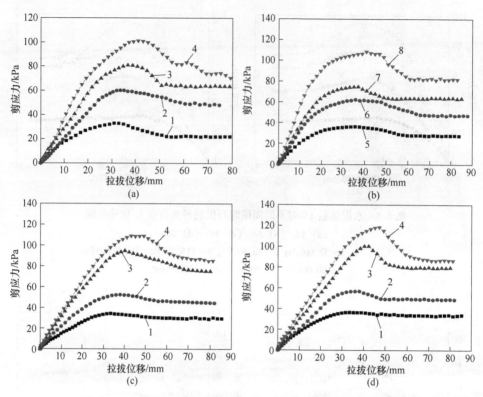

图 8-10　水泥掺量 5%时不同固结时间模袋界面剪应力-位移曲线

（a）1d；（b）3d；（c）7d；（d）28d

1—31.25kPa；2—62.50kPa；3—93.75kPa；4—125.00kPa；

5—32.61kPa；6—65.22kPa；7—97.83kPa；8—130.43kPa

关。在拉拔试验初期，界面剪应力随界面位移近似线性增长，而后增幅逐渐变缓直至峰值剪应力；界面剪应力达到峰值后，界面出现不同程度的软化并逐渐趋于稳定。

界面法向应力的变化对拉拔位移-剪应力曲线形态影响显著，且影响规律与其对模袋材料界面剪切特性类似。这在某种程度上说明，模袋界面剪切特性与模袋材料密切相关。当界面剪应力随界面位移近似线性增长时，法向应力越大增幅越大，即界面剪切刚度越大。在界面软化阶段，法向应力越大界面软化程度越高。

为了对比分析低水泥掺量对模袋界面抗剪强度的改良效果，将图 8-7~图 8-10 中所示的界面剪应力峰值作为相应法向应力下界面抗剪强度，对不同水泥掺量及固结时间的模袋界面法向应力及抗剪强度进行拟合，并绘制强度包线于图 8-11，拟合所得界面强度包线的相关系数均在 0.96 以上。

图 8-11 证明了模袋界面强度可近似用库仑公式表示，模袋界面强度由似摩擦角和似黏聚力共同决定。水泥掺量和固结时间的改变均影响着模袋界面的似摩擦角和似黏聚力，其中二者对似摩擦角的影响有较强的规律性，对似黏聚力的影响无明显规律。模袋界面似黏聚力在 5~10kPa 范围内变化，波动范围在模袋界面强度中占比较小，可忽略似黏聚力对界面强度的影响，近似认为界面强度主要由界面似摩擦角决定，且界面强度的改变主要归因于水泥掺量和固结时间对界面似摩擦角的影响。

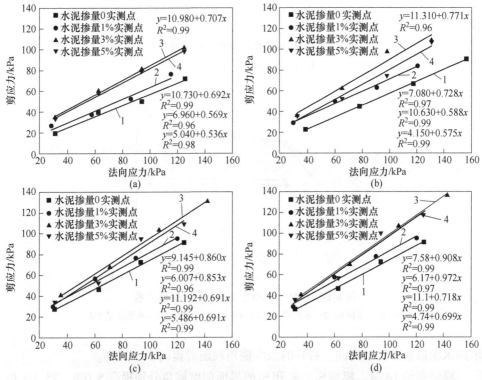

图 8-11 不同水泥掺量及固结时间下模袋界面抗剪强度包线

(a) 1d；(b) 3d；(c) 7d；(d) 28d

1—水泥掺量 0 拟合强度包线；2—水泥掺量 1% 拟合强度包线；

3—水泥掺量 3% 拟合强度包线；4—水泥掺量 5% 拟合强度包线

为了更直观地反应水泥掺量对界面似摩擦角的改良效果，将界面似摩擦角随水泥掺量及固结时间的变化曲线绘于图 8-12 和图 8-13。

模袋界面的似摩擦角随水泥掺量及固结时间的增加而增加。若细尾矿浆中不掺加水泥，模袋固结 1d 时，界面似摩擦角最小，为 28.17°；在细尾矿浆中掺加5% 的水泥作为固化剂，模袋固结 28d 时，界面似摩擦角最大，为 43.17°；通过

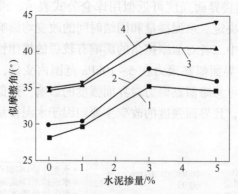

图 8-12 模袋界面似摩擦角与水泥掺量关系

1—1d；2—3d；3—7d；4—28d

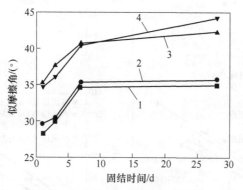

图 8-13 模袋界面似摩擦角与固结时间关系

1—水泥掺量 0；2—水泥掺量 1%；3—水泥掺量 3%；4—水泥掺量 5%

增加水泥掺量和固结时间，后者的似摩擦角较前者提高了 53.2%。

模袋固结 1d 时，模袋 S_1、S_3 和 S_5 的界面似摩擦角分别提高 5.0%、25.1% 和 23.1%；模袋固结 3d 时，模袋 S_0 的界面似摩擦角为 29.89°，模袋 S_1、S_3 和 S_5 的界面似摩擦角分别提高 1.8%、26.0% 和 20.6%；模袋固结 7d 时，模袋 S_0 的界面似摩擦角为 34.64°，模袋 S_1、S_3 和 S_5 的界面似摩擦角分别提高 2.0%、17.4% 和 16.8%；模袋固结 28d 时，模袋 S_0 的界面似摩擦角为 34.95°，模袋 S_1、S_3 和 S_5 的界面似摩擦角分别提高 2.0%、20.9% 和 26.4%。

由此可见，当模袋固结时间相同时，向细尾矿浆中掺加 1% 的水泥虽然可提高界面似摩擦角，但各固结时间下的提高幅度均不超过 5%；继续增加细尾矿浆中的水泥掺量至 3% 和 5% 时，各固结时间下界面似摩擦角的改善程度显著提高，增幅约 20%，但二者差异不大；固结 28d 时，水泥掺量由 3% 增至 5% 时，界面似摩擦角由 42.24°增至 43.17°，提高 2.2%。

各水泥掺量下，模袋界面似摩擦角整体上随着固结时间的增加而增大。对于模袋 S_0 和模袋 S_1，固结时间从 1d 增至 3d 时，界面似摩擦角分别提高了 6.1%和 2.7%；固结时间从 3d 增至 7d 时，界面似摩擦角分别提高了 15.9%和 16.2%；固结时间从 7d 增至 28d 时，界面似摩擦角均提高了 0.9%，增幅较小。因此，若忽略模袋界面似黏聚力的微小波动，可以近似认为模袋 S_0 和模袋 S_1 在固结 7d 时即可获得高于 99%的界面强度。由此可以推测：模袋 S_0 和模袋 S_1 的界面似摩擦角仅与模袋内固结尾砂的含水率有关，即使在细尾矿中掺加 1%的水泥，但由于水泥掺量极低，水泥的胶凝、固化作用不明显。

此外，由于模袋 S_0 和模袋 S_1 内固结尾砂含水率相对较大，为模袋施加法向应力后，可以观察到模袋表面有水渗出，且渗水量随法向应力的增大而增大，如图 8-14 所示。渗出的水分附着在模袋材料表面，使模袋材料处于湿润状态。由 7.3 节的研究结果可知，湿润状态的模袋界面将在水分子润滑作用下削减模袋界面似摩擦角。这可能是模袋 S_0 和模袋 S_1 在固结 1d 时，界面似摩擦角偏小的原因。

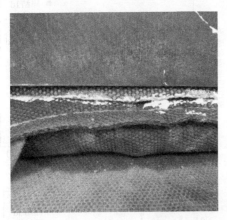

图 8-14　拉拔试验中模袋渗水

当细尾矿浆中的水泥掺量增至 3%和 5%时，由于水泥的凝结、硬化作用，固结 1d 界面似摩擦角较模袋 S_0 和模袋 S_1 显著改善，界面似摩擦角增至 35.25°和 34.68°。随着固结时间的增大，模袋内水泥的水化反应逐步深入，水化产物逐步增多，固结尾砂结构逐步优化，模袋界面似摩擦角持续改善。固结时间从 1d 增至 3d、从 3d 增至 7d 以及从 7d 增至 28d，二者的界面似摩擦角分别提高了 6.8%和 3.9%、8.0%和 12.2%以及 3.8%和 9.2%。通过上述分析可知：当水泥掺量为 3%时，固结时间 7d 内的两个时间段界面似摩擦角增幅 7%~8%，固结 7d 后界面似摩擦角增幅放缓为 4%左右。水泥掺量为 5%时，固结 7d 后界面似摩擦角增幅可接近 10%。由此可认为随着水泥掺量的增大，固结时间对界面似摩擦角影响越滞后。若假设固结 28d 后模袋界面似摩擦角不再增大且忽略界面似黏聚力的影响，可以推测：固结 7d 时，水泥掺量 3% 和 5% 的模袋界面可分别获得 90% 以上的界面强度。

8.4.2 低水泥掺量对土工模袋界面残余强度的影响

由图 8-7~图 8-10 所示的模袋界面拉拔位移-剪应力曲线可知，虽然在剪应力峰值过后界面出现了不同程度的软化，但界面强度并未全部丧失，且界面剪应力降低到一定程度后不再随着拉拔位移的增大而降低。研究模袋界面残余强度对于模袋坝技术发展具有重要意义。

依据图 8-7~图 8-10 中所示的剪应力峰值过后界面拉拔位移与界面剪应力的变化规律，选取界面拉拔位移 80mm 处的界面剪应力作为界面残余强度，并将其与峰值剪应力的百分比定义为界面强度残余率，以此定量评价水泥掺量和固结时间对界面残余强度的影响规律，分析模袋界面强度演化规律（见图 8-15~图 8-16）。

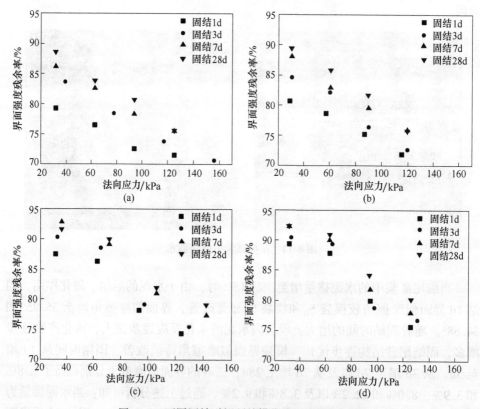

图 8-15 不同固结时间下的模袋界面强度残余率

（a）水泥掺量 0%；（b）水泥掺量 1%；（c）水泥掺量 3%；（d）水泥掺量 5%

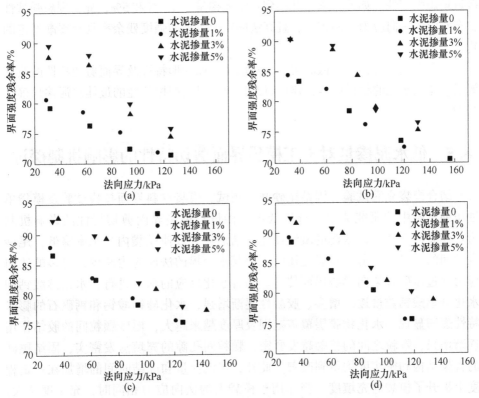

图 8-16　不同水泥掺量下的模袋界面强度残余率

(a) 1d；(b) 3d；(c) 7d；(d) 28d

模袋界面强度残余率与法向应力负相关，与固结时间正相关。对于模袋 S_0 和模袋 S_1，模袋界面强度残余率在 70%~90% 范围内变化，模袋界面强度残余率随法向应力近似线性递减；向细尾矿浆中掺加 1% 的水泥对改善界面强度残余率无显著影响。水泥掺量增至 3% 和 5% 时，界面强度残余率的波动范围提升至 75%~95%；当法向应力小于 60kPa 时，界面强度残余率随法向应力增大略有降低；当法向应力大于 60kPa 时，界面强度残余率开始随着法向应力大幅下降。由此可见，水泥掺量增至 3% 和 5% 不仅可提高界面强度残余率，还可延缓界面软化，但二者差异不明显。各水泥掺量下，增加固结时间可提高界面强度残余率，改善界面软化程度。

由图 8-16 可知，模袋固结 7d 和 28d 时，与水泥掺量 0 相比，水泥掺量 1% 对界面强度残余率改善效果不明显；水泥掺量增至 3% 和 5% 时，相同法向应力下的界面强度残余率显著提高，但二者间的差异不明显。不妨将水泥掺量 0 和 1% 视为一组，水泥掺量 3% 和 5% 视为一组；随着界面强度残余率的增大，模袋界面越接近理想弹塑性。如此一来可观察到：水泥掺量增至3%和5%，界面理想弹塑性状态对应的法向应力区间扩大，且高法向应力下界面强度残余率具有逐渐稳定的趋势。

综合上述分析，结合低水泥掺量对模袋压缩变形特性及界面剪切特性的改良效果，兼顾水泥的材料成本，建议将改良模袋界面摩擦特性的最佳水泥掺量确定为3%。

8.5 低水泥掺量对土工模袋界面剪切特性的影响机制探讨

结合模袋充灌试验、固结尾砂微观测试、模袋材料界面拉拔试验及模袋单轴压缩试验中的研究成果，分析低水泥掺量对模袋界面剪切特性的影响机制为：模袋内自由水被水泥的凝结硬化逐渐消耗，致使模袋内含水率降低，尾砂颗粒间的薄膜水变薄。模袋受压时，薄膜水分担的法向应力减少，更多的法向应力通过尾砂骨架向模袋界面传递。随着水化反应的深入进行，水化硅酸钙和水化硅铝酸钙数量逐渐增多、胶凝性逐渐增强，水化硅铝酸钙和钙矾石的膨胀特性逐渐显现。水化物膜层覆盖范围及厚度越来越大，尾砂颗粒间的胶结作用逐渐增强，颗粒之间的接触越发紧密，颗粒间孔隙的充填愈发密实，固结尾砂的骨架结构和密实度均得到改善。此外，水泥掺量和固结时间的增加在一定程度上提升了模袋的充填度。当作用于模袋上的法向应力相同时，充填度越大，模袋材料对固结尾砂压缩变形的限制作用越强，降低了由尾砂骨架变形导致的能量消耗，使更多的法向应力通过被包裹的固结尾砂骨架向模袋界面传递。于是，传递至模袋界面的法向应力增大，界面嵌锁咬合结构稳定性增强。模袋界面剪切特性在宏观上表现为：界面剪切强度提升，界面软化程度降低；由法向应力增大导致的界面软化滞后。

8.6 土工模袋界面强度预测

8.4.1节已得出结论，模袋界面强度可近似用库仑公式表述，且界面似摩擦角起主导作用。若要实现模袋界面强度预测，其核心问题是确定模袋界面似摩擦角。

潘洋等人[9]提出模袋界面似摩擦角可用模袋材料界面似摩擦角和固结土（砂）内摩擦角的平均值近似表示，实现了模袋界面强度预测；同时，为改良模袋界面强度指明了方向。为了实现低水泥掺量细尾砂模袋界面强度的精确预测，开展了模袋内固结尾砂的直剪试验（见图8-17），不同水泥掺量及固结时间下模袋内固结尾砂的内摩擦角见表8-1。

图 8-17 剪切破坏后的固结尾砂试样

表 8-1 模袋界面似摩擦角影响参数

固结时间 x_1/d	水泥掺量 x_2/%	固结尾砂内摩擦角 x_3/(°)	模袋材料界面似摩擦角 x_4/(°)	模袋界面似摩擦角 y/(°)	文献[9]预测结果 y_1/(°)	文献[9]预测误差 ε_1/%
1	0	19.28	35.393	28.17	27.34	2.96
1	1	20.50	35.393	29.62	27.95	5.65
1	3	22.75	35.393	35.25	29.07	17.53
1	5	22.07	35.393	34.68	28.73	17.15
3	0	21.84	36.549	29.89	29.19	2.33
3	1	26.07	36.549	30.43	31.31	2.89
3	3	28.15	37.704	37.65	32.93	12.54
3	5	31.16	37.704	36.04	34.43	4.46
7	0	25.61	37.704	34.64	31.66	8.61
7	1	25.59	37.704	35.35	31.65	10.48
7	3	28.81	37.704	40.68	33.26	18.25
7	5	33.34	37.704	40.45	35.52	12.18
28	0	26.22	37.704	34.95	31.96	8.55
28	1	26.68	37.704	35.66	32.19	9.73
28	3	29.33	37.704	42.24	33.52	20.65
28	5	34.21	37.704	43.17	35.96	16.71

在模袋界面拉拔试验中，固结时间为 1d 时，由于各水泥掺量下模袋内固结尾砂的含水率均较高，在竖向应力作用下固结尾砂中的自由水从模袋内排出，模袋材料处于湿润状态（见图 8-18（a）），此时模袋材料接触界面似摩擦角应按湿

润状态计算，记为 35.393°；固结时间为 3d、不掺加水泥或水泥掺量为 1% 时，虽然在模袋局部位置仍有水渗出，但渗水量较少（见图 8-18（b）），模袋材料处于潮湿状态，假设此时模袋材料接触界面似摩擦角为干燥状态和湿润状态的平均值，记为 36.459°；其他各工况下，均未观察到有水渗出模袋，认为模袋材料处于干燥状态（见图 8-18（c）），模袋材料界面似摩擦角记为 37.704°。

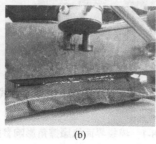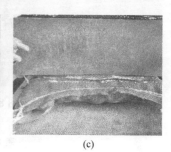

(a)　　　　　　　　　(b)　　　　　　　　　(c)

图 8-18　拉拔试验中模袋材料的干、湿状态
(a) 湿润；(b) 潮湿；(c) 干燥

利用模袋材料界面似摩擦角和袋内固结尾砂摩擦角的平均值，预测各水泥掺量及固结时间下模袋界面似摩擦角，预测结果及误差见表 8-1。由于文献[9]并未对模袋充填料进行固化处理，因此，用其提出的模型预测模袋 S_0 固结 1d、3d、7d 和 28d 的界面似摩擦角，预测误差分别为 2.96%、2.33%、8.61% 和 8.55%，预测结果较可靠；对于模袋 S_1，界面似摩擦角的预测误差略高于模袋 S_0，误差值控制在 11% 以内。然而，随着水泥掺量增加至 3% 和 5%，该预测模型的预测误差明显增大，预测误差可高达 20%。显而易见，文献[9] 的预测模型已不再适用于预测充填料经过固化处理的模袋界面似摩擦角。因此，将固结时间、水泥掺量、充填料内摩擦角和模袋材料界面似摩擦角分别视为自变量 x_1、x_2、x_3 和 x_4，模袋界面似摩擦角视为因变量 y，构建 4 个因素影响下低掺量水泥细尾砂模袋界面似摩擦角的预测模型，可进一步推动模袋技术发展。

在 SPSS 软件中，将表 8-1 中的自变量 $x_j(j = 1, 2, 3, 4)$ 和因变量 y 进行多因素线性拟合，可得到模袋界面似摩擦角 y 关于固结时间 x_1、水泥掺量 x_2、充填料内摩擦角 x_3 和模袋材料界面似摩擦角 x_4 的预测模型，如下：

$$y = -41.469 + 0.132x_1 + 1.507x_2 - 0.084x_3 + 2.016x_4 \tag{8-8}$$

式（8-8）的相关性分析见表 8-2，预测模型调整后 R^2 可达 0.796。这说明仅考虑固结时间（x_1）、水泥掺量（x_2）、充填料内摩擦角（x_3）和模袋材料界面似摩擦角（x_4）对模袋界面似摩擦角（y）的影响时，因变量 y 与自变量 x_j（$j = 1, 2, 3, 4$）的相关性高达 79.6%。

表 8-2　本文模型相关性

R	R^2	调整后 R^2
0.922	0.850	0.796

表 8-3 为多因素线性拟合过程的方差分析表，以便进行数据分析和统计判断。表 8-3 中 F 分布值为 15.602，对应的显著性概率为 0.000，组间均无显著性差异，模型效果较好。

表 8-3　方差分析表

变差类型	离差平方和	自由度	均方	F	Sig.
组间变差	261.647	4	65.412		
组内变差	46.117	11	4.192	15.602	0.000
总计	307.764	15			

利用本章模型和表 8-1 中的数据预测模袋界面似摩擦角，预测结果及预测误差见表 8-4。由表 8-4 可见，不同水泥掺量及固结时间下，本章模型的误差均控制在 5.20% 以内，预测精度高于文献[9]。

表 8-4　本章预测模型验证结果

固结时间 $(x_1)/d$	水泥掺量 $(x_2)/\%$	固结尾矿内摩擦角 $(x_3)/(°)$	模袋材料界面似摩擦角 $(x_4)/(°)$	模袋界面似摩擦角 $(y)/(°)$	本章模型预测结果 $(y_2)/(°)$	本章模型预测误差 $(\varepsilon_2)/\%$
1	0	19.28	35.393	28.17	28.40	0.80
1	1	20.50	35.393	29.62	29.80	0.61
1	3	22.75	35.393	35.25	33.63	4.60
1	5	22.07	35.393	34.68	35.70	2.93
3	0	21.84	36.549	29.89	30.78	2.96
3	1	26.07	36.549	30.43	31.93	4.92
3	3	28.15	37.704	37.65	37.09	1.47
3	5	31.16	37.704	36.04	36.86	2.27
7	0	25.61	37.704	34.64	33.32	3.82
7	1	25.59	37.704	35.35	34.82	1.49
7	3	28.81	37.704	40.68	38.57	5.19
7	5	33.34	37.704	40.45	40.20	0.62
28	0	26.22	37.704	34.95	36.04	3.11
28	1	26.68	37.704	35.66	37.50	5.17
28	3	29.33	37.704	42.24	40.30	4.60
28	5	34.21	37.704	43.17	42.90	0.63

为了分析各影响因素 x_j ($j=1$, 2, 3, 4) 对模袋界面似摩擦角的影响程度, 利用标准化公式消去影响因素 x_j ($j=1$, 2, 3, 4) 的量纲, 得到标准化预测模型, 如下:

$$y = -41.469 + 0.324x_1 + 0.660x_2 - 0.081x_3 + 0.455x_4 \qquad (8-9)$$

式 (8-9) 的拟合参数分析见表 8-5。结果显示: 在对模袋界面似摩擦角 (y) 有影响的 4 个影响因素中, 对其影响最大的是水泥掺量, 影响系数值为 0.660; 其次是模袋材料界面似摩擦角, 影响系数值为 0.455。

表 8-5 标准化经验公式拟合结果

标准化预测模型常数	非标准化系数		标准系数
	B	标准误差	
常数	−41.469	40.759	
x_1	0.132	0.060	0.324
x_2	1.507	0.549	0.660
x_3	−0.84	0.405	−0.081
x_4	2.016	1.326	0.455

参考文献

[1] 邓子千, 符思华, 刘小文, 等. 尾矿砂充填模袋单轴压缩破坏试验研究 [J]. 南昌大学学报 (工科版), 2019, 41 (2): 162-167.

[2] 莫海鸿, 杨春山, 陈俊生, 等. 土工模袋竖向抗压强度及其影响因素 [J]. 水运工程, 2016, 515 (5): 24-29.

[3] Potts D M, Zdravkovi L. Finite element analysis in geotechnical engineering: application [M]. London: Thomas Telford, 1999.

[4] Huang C C, Tatsuoka F, Sato Y. Failure mechanisms of reinforced sand slopes loaded with a footing [J]. Soils and Foundations, 1994, 34 (2): 27-40.

[5] 黄明, 张冰淇, 陈福全, 等. 基于扰动状态概念的桩-土相互作用的新荷载渐进性传递模型 [J]. 岩土力学, 2017 (S1): 173-178.

[6] Zhu H H, Zhang C C, Tang C S, et al. Modeling the pullout behavior of short fiber in reinforced soil [J]. Geotextiles & Geomembranes, 2014, 42 (4): 329-338.

[7] 王东英, 汤华, 尹小涛, 等. 基于应变软化的隧道锚渐进破坏过程探究 [J]. 岩石力学与工程学报, 2019, (S2): 3448-3459.

[8] Matsuoka H, Liu S H. New earth reinforcement method by soilbags [J]. Soils and foundations, 2003, 43 (6): 173-188.

[9] 潘洋, 秦庆娟. 土工编织袋摩擦角的试验研究 [J]. 上海水务, 2007, 23 (3): 43-46.

9 土工模袋界面渐进破坏模型

为了揭示模袋界面破坏的演化规律，依据模袋界面受力分析建立了模袋界面控制方程；基于拉拔试验中对模袋界面渐进破坏和软化规律的分析，提出了模袋界面渐进破坏模型；通过求解微分方程和边界条件，获得了模袋内部推力、界面剪应力和界面位移闭合的解析解。借助拉拔试验数据，对模袋界面渐进破坏模型进行验证，揭示模袋界面塑性区、软化区和残余区的演化规律，归纳模袋界面塑性区、软化区和残余区发展程度与受力端归一化荷载的经验公式。

通过对模袋界面拉拔试验结果的分析，可知：模袋界面在拉拔试验中渐进破坏，且模袋界面上剪应力与位移曲线特征与界面法向应力相关。界面剪应力达到峰值前，各法向应力下界面剪应力与位移曲线特征几乎相同，主要表现为：界面剪应力先随界面位移线性递增；随着界面位移的增大剪应力增长速率逐渐变缓，直至峰值剪应力。然而，界面法向应力对模袋界面的峰后特性影响显著。由图8-7~图8-10可见，模袋界面法向应力小于 60kPa 时（不妨将其称为低法向应力），剪应力峰值过后，剪应力随界面位移的增大略有降低，界面残余强度可达界面强度的85%以上。此时，模袋界面剪应力-位移关系可用图 9-1（a）所示的理想弹塑性模型近似表示。模袋界面法向应力大于等于 60kPa 时（不妨将其称为高法向应力），峰值剪应力过后，剪应力先随界面位移的增长快速降低，此后剪应力降幅减缓直至残余强度，即模袋界面先表现为塑性软化并逐渐过渡到塑性流动。此时，模袋界面剪应力-位移关系可用图 9-1（b）所示的三线性软化模型近似表示。

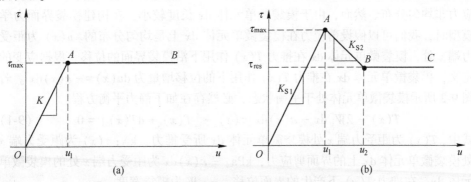

图9-1 不同法向应力下模袋界面剪应力与位移关系
(a) 低法向应力；(b) 高法向应力

9.1　土工模袋界面受力分析

在模袋坝运营过程中，模袋界面剪应力将抵抗库内尾矿施加于坝体上的土压力。在模袋界面拉拔试验时（见图 8-4），将中间两个受拉拔模袋视为整体，模袋重度为 γ，厚度为 H，模袋长度为 L，模袋宽度为 W。当模袋承受库内尾矿的土压力 T 时，在模袋上、下两个接触界面上产生剪应力 τ（见图 7-1）。受模袋自身重力影响，同一模袋上、下两个界面上的法向应力差值为 γH。依据本书 8.4.1 节中的研究成果：相同条件下，界面法向应力越大，界面上的抗剪强度越大。因此，即使在同一剖面，上、下两个界面的剪应力可能略有不同。为了简化计算，假设相同剖面上、下两个接触面上的剪应力是相同的。沿模袋拉拔方向，在距离模袋受力端 x 处，选取长度为 dx 的模袋微单元体作为研究对象，其受力分析如图 9-2 所示。

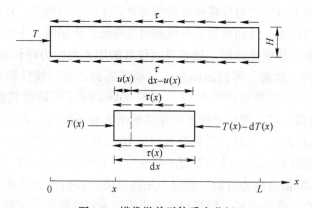

图 9-2　模袋微单元体受力分析

通过模袋拉拔试验不难发现：在模袋沿界面发生整体滑动以前，界面上的剪应力非均匀分布。然而，由于模袋微单元体 dx 长度较小，在构建模袋界面力学模型时，我们可以假设剪应力在模袋微单元体 dx 上是均匀分布的。$u(x)$ 为距受力端 x 处，模袋微单元体 dx 在推力 $T(x)$ 作用下沿模袋界面的位移。根据应变的定义，模袋微单元体 dx 在推力 $T(x)$ 作用下的位移增量为 $du(x) = -\varepsilon(x)dx$。若图 9-2 所示模袋微单元体处于平衡状态，必然存在如下静力平衡方程：

$$T(x) - 2W[dx - \varepsilon(x)dx]\tau(x) - [T(x) + dT(x)] = 0 \qquad (9-1)$$

式中，$T(x)$ 为距受力端 x 处模袋微单元体 dx 所受推力，kN；$\tau(x)$ 为距受力端 x 处模袋微单元体 dx 上的界面剪应力，kPa；$-\varepsilon(x)dx$ 为距受力端 x 处的模袋微单元体 dx，在推力 $T(x)$ 下产生的界面位移，m；W 为模袋宽度，m。

由于模袋拉拔试验中 $\varepsilon(x)$ 的数值极小，可忽略不计。于是，将模袋微单元

体的静力平衡方程整理后，可表述为

$$\frac{\mathrm{d}T(x)}{\mathrm{d}x} = -2W\tau(x) \tag{9-2}$$

在推力 $T(x)$ 作用下，模袋微单元体 $\mathrm{d}x$ 处的应变 $\varepsilon(x)$ 满足如下关系：

$$E(x) = \frac{\sigma(x)}{\varepsilon(x)} \tag{9-3}$$

式中，$E(x)$ 为距受力端 x 处模袋单元体 $\mathrm{d}x$ 的压缩模量；$\sigma(x)$ 为推力 $T(x)$ 在模袋微单元体 $\mathrm{d}x$ 横截面上的正应力。假设拉拔试验过程中，模袋横截面积恒为 $H \cdot W$，即 $\sigma(x) = \dfrac{T(x)}{H \cdot W}$，$H$ 和 W 分别为模袋高度和宽度，m。通过对拉拔试验数据的计算，模袋横截面上的正应力远小于模袋抗压强度，模袋的压缩变形必处于弹性阶段，因此模袋在任意位置处的压缩模量 $E(x)$ 可用模袋压缩模量 E 代替。

于是，作用于模袋微单元体 $\mathrm{d}x$ 上的推力 T 可以表示为

$$T(x) = -EHW\frac{\mathrm{d}u(x)}{\mathrm{d}x} \tag{9-4}$$

将式（9-4）代入式（9-2），得：

$$EH\frac{\mathrm{d}^2 u(x)}{\mathrm{d}x^2} = 2\tau(x) \tag{9-5}$$

在整个模袋拉拔试验中，界面任意位置处的剪应力和位移均满足式（9-5），可将其作为模袋界面控制方程。

9.2　土工模袋界面剪应力传递规律

在图 9-1（a）中，模袋界面剪应力与位移满足如下关系：

$$\tau(x) = \begin{cases} Ku(x) & \text{当 } 0 \leqslant u(x) < u_1 \\ \tau_{\max} & \text{当 } u(x) \geqslant u_1 \end{cases} \tag{9-6}$$

式中，K 为模袋界面的剪切模量；$\tau_{\max}$ 为模袋界面抗剪强度；u_1 为界面剪应力刚好达到界面抗剪强度时的界面位移。

由式（9-6）可知：在剪应力峰值前，模袋界面剪应力随界面位移线性增加；剪应力峰值过后，界面位移持续增大，界面剪应力不变。由 8.3 节的分析结果可知：在界面发生整体滑动以前，界面上的剪应力非均匀分布，且距离受力端越远剪应力越小；界面出现整体滑移时，界面上的剪应力均匀分布，且恒等于界面抗剪强度。为了体现模袋界面渐进破坏特征，改进了图 9-1（a）的理想弹塑性模型，并将其划分为完全弹性、弹性-塑性过渡和完全塑性三个阶段，界面剪应力传递规律如图 9-3 所示。

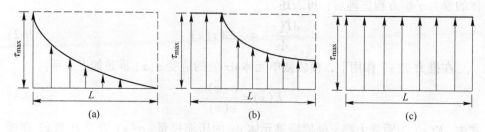

图 9-3 低法向应力下界面剪应力传递规律
（a）完全弹性阶段；（b）弹性-塑性过渡阶段；（c）完全塑性阶段

9.2.1 完全弹性阶段

假设在完全弹性阶段，界面剪应力很快布满整个界面。剪应力在界面上由受力端向自由端逐渐传递，受力端（$x=0$ 处）界面剪应力最大，自由端（$x=L$ 处）界面剪应力最小。由式（9-6）可知，在此阶段界面剪应力随界面位移线性递增。随着模袋受力端推力的增大，受力端剪应力最先达到剪应力峰值，如图 9-3（a）所示。此时，标志着界面将结束完全弹性阶段，并即将进入弹性-塑性过渡阶段。

9.2.2 弹性-塑性过渡阶段

在弹性-塑性过渡阶段，界面被划分为塑性区和弹性区两部分，塑性区靠近受力端，弹性区靠近自由端。当受力端推力增大时，界面位移继续增大。塑性区内界面剪应力恒为界面强度，塑性区范围逐渐向模袋自由端传递，如图 9-3（b）所示；而弹性区内界面剪应力依然随界面位移线性递增。

在此阶段，整个界面上剪应力随界面位移非线性增长，且增长速率随界面位移的增大逐渐降低。当界面塑性区范围传递至模袋自由端时，如图 9-3（c）所示，标志着弹性-塑性过渡阶段结束，界面即将进入完全塑性阶段。于是，为了提高低法向应力下界面渐进破坏模型的预测精度，在理想弹塑性模型中增加弹性-塑性过渡阶段，并以此来表示接近剪应力峰值时，界面剪应力与界面位移之间的非线性关系。

9.2.3 完全塑性阶段

界面进入完全塑性阶段后，若受力端推力不变，界面任意位置处的剪应力均为 τ_{max}，但界面位移却持续增大。

如图 9-1（b）所示，三线性软化模型包括线弹性、塑性软化和塑性流动三个主要阶段。各阶段模袋界面剪应力与位移满足如下关系：

$$\begin{cases} \tau(x) = K_{S1} \cdot u(x) & \text{当 } 0 \leqslant u(x) \leqslant u_1 \\ \tau(x) = \tau_{max} + K_{S2} \cdot (u(x) - u_1) & \text{当 } u_1 < u(x) \leqslant u_2 \\ \tau(x) = \tau_{res} & \text{当 } u(x) > u_2 \end{cases} \quad (9\text{-}7)$$

式中，K_{S1} 为剪应力峰值前模袋界面的剪切模量；K_{S2}（$K_{S2} < 0$）为模袋界面软化过程中的剪切模量；τ_{max} 为模袋界面抗剪强度；τ_{res} 为模袋界面残余强度；u_1 为界面剪应力刚好达到界面抗剪强度时的界面位移；u_2 为界面剪应力刚好达到界面残余强度时的界面位移。

与低法向应力下界面剪应力传播规律类似，模袋界面由受力端向自由端渐进破坏。为了体现界面剪应力临近界面抗剪强度和界面残余强度时，界面剪应力与界面位移之间的非线性关系，在相邻两个阶段之间增设过渡阶段。因此，在模袋拉拔试验中，模袋界面将先后经历完全弹性、弹性-软化过渡、完全软化、软化-残余过渡和完全残余 5 个阶段。于是，构建的模袋界面渐进破坏模型如图 9-4 所示。

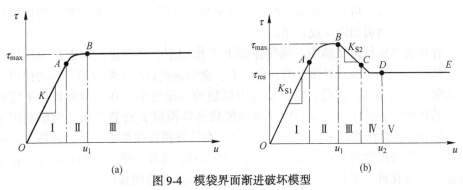

图 9-4　模袋界面渐进破坏模型

(a) 改进后弹塑性模型；(b) 改进后三线性软化模型

依据模袋界面控制方程式（9-5）和界面剪应力与界面位移关系式（9-6）和式（9-7），可分别计算界面渐进破坏模型中各个阶段、任意位置的模袋推力 $T(x)$、界面剪应力 $\tau(x)$ 和界面位移 $u(x)$。

9.3　土工模袋界面渐进破坏模型解析

9.3.1　低法向应力下土工模袋界面渐进破坏模型

9.3.1.1　完全弹性阶段

模袋界面处于完全弹性阶段时，模袋界面上的剪应力与界面位移符合式（9-6），将其代入模袋界面控制方程式，整理后，得：

$$\frac{d^2 u(x)}{dx^2} - \frac{2K}{EH} u(x) = 0 \quad (9\text{-}8)$$

在推力 $T(x)$ 作用下，模袋微单元体 dx 的上、下两个界面将产生剪应力 $\tau(x)$。由于 dx 的尺寸极小，可认为 $\tau(x)$ 在界面上均匀分布，并满足：

$$T(x) = 2A'\tau(x) = 2KA'u(x) \tag{9-9}$$

式中，$2A'$ 为模袋微单元体 dx 上下两个界面的面积之和。于是，模袋界面位移 $u(x)$ 和推力 $T(x)$ 存在如下关系：

$$u(x) = \frac{T(x)}{2KA'} \tag{9-10}$$

将式 (9-10) 代入式 (9-8)，整理后，得：

$$\frac{d^2T}{dx^2} - \alpha^2 T = 0 \tag{9-11}$$

式中，α 为界面特性影响因子，并表示为

$$\alpha = \sqrt{\frac{2K}{EH}} \tag{9-12}$$

由式 (9-12) 可知，界面特性影响因子与模袋压缩模量和模袋界面厚度成反比，与模袋界面剪切刚度成正比。

在模袋界面拉拔试验中，模袋在推力 T 作用下会在拉拔方向上产生压缩变形。然而，施加于模袋界面上的法向应力，会限制模袋的压缩变形，且法向应力越大限制程度越高。因此，拉拔试验中模袋的压缩变形是在有侧限条件下完成的。若依据模袋抗压强度试验中算得的模袋弹性模量 E 计算界面特性影响因子 α，将会为计算结果带来较大误差。因此，在计算模袋在推力 T 下沿拉拔方向的应变时，应考虑到模袋自由端沿界面发生的位移，将模袋受力端和自由端的位移差作为模袋在推力 T 作用下的压缩变形量，并以此计算模袋应变。

对式 (9-11) 的微分方程进行求解，可得模袋界面处于完全弹性阶段时，界面任意位置 x 处的推力通解为

$$T_e(x) = C_1\exp(-\alpha x) + C_2\exp(\alpha x) \tag{9-13}$$

式中，$T_e(x)$ 为模袋界面处于完全弹性阶段时，距受力端 x 处模袋所承受的推力；C_1 和 C_2 为常系数，可依据模袋界面边界条件算得。

模袋界面处于完全弹性阶段时，界面边界条件可表述如下：

$$\begin{cases} T(x=0) = T_0 \\ T(x=L) = 0 \end{cases} \tag{9-14}$$

式中，T_0 为界面受力端推力。将界面边界条件式 (9-14) 代入式 (9-13) 后，算得：

$$\begin{cases} C_1 = \dfrac{\exp(\alpha L)}{\exp(\alpha L) - \exp(-\alpha L)}T_0 \\ C_2 = \dfrac{-\exp(-\alpha L)}{\exp(\alpha L) - \exp(-\alpha L)}T_0 \end{cases} \tag{9-15}$$

将式 (9-15) 代入式 (9-13)，可求得模袋界面处于完全弹性阶段时，距受力端 x 处模袋所受推力为

$$T_e(x) = \frac{T_0}{1 - e^{-2\alpha l}} \cdot (e^{-\alpha x} - e^{-2\alpha L + \alpha x}) \qquad (9\text{-}16)$$

将式 (9-16) 代入式 (9-2)，可得出模袋界面处于完全弹性阶段时，距受力端 x 处的界面剪应力：

$$\tau_e(x) = \frac{\alpha}{2} \cdot \frac{T_0}{W} \cdot \frac{e^{-\alpha x} + e^{-2\alpha L + \alpha x}}{1 - e^{-2\alpha L}} \qquad (9\text{-}17)$$

由式 (9-17) 可知，在界面完全弹性阶段的某一时刻，界面剪应力由模袋受力端向模袋自由端指数递减。将式 (9-17) 代入式 (9-6)，可得出模袋界面处于完全弹性阶段时，距受力端 x 处的界面位移：

$$u_e(x) = \frac{T_0}{W} \cdot \frac{e^{-\alpha x} + e^{-2\alpha L + \alpha x}}{E \cdot H \cdot \alpha \cdot (1 - e^{-2\alpha L})} \qquad (9\text{-}18)$$

由式 (9-16)~式 (9-18) 可知：任一位置 x 处的模袋推力 $T_e(x)$、界面剪应力 $\tau_e(x)$ 和界面位移 $u_e(x)$ 均与界面特性影响因子 α 有关。

在式 (9-18) 中，令 $x = 0$，则可算得完全弹性阶段时界面受力端位移为

$$u_e(0) = \frac{T_0}{W} \cdot \frac{1}{E \cdot H \cdot \alpha} \cdot \frac{1 + e^{-2\alpha L}}{1 - e^{-2\alpha L}} \qquad (9\text{-}19)$$

由式 (9-19) 可知：在完全弹性阶段，界面受力端推力和位移满足线性关系。

将 $x = 0$ 和 $\tau_e(0) = \tau_{max}$ 代入式 (9-17)，可求得完全弹性阶段与弹性-塑性过渡阶段界面受力端的临界推力 $T_{e\text{-}p}$：

$$T_{e\text{-}p}(0) = 2 \cdot W \cdot \tau_{max} \cdot \frac{1 - e^{-2\alpha L}}{\alpha(1 + e^{-2\alpha L})} \qquad (9\text{-}20)$$

依据式 (9-20) 可以确定界面处于完全弹性阶段时，界面受力端推力 T_0 取值范围是 $T_0 \in [0, T_{e\text{-}p}(0)]$。

9.3.1.2 弹性-塑性过渡阶段

在弹性-塑性过渡阶段，随着受力端推力的增大，界面塑性区范围由受力端向自由端逐渐扩大。假设模袋界面塑性区范围为 $l_p(0 \leq l_p \leq L)$，即当 $0 \leq x \leq l_p$ 时界面处于塑性阶段，界面剪应力恒为 τ_{max}；界面弹性区范围为 $L - l_p(0 \leq l_p \leq L)$，即当 $l_p \leq x \leq L$ 时界面仍然处于弹性阶段。

在弹性区范围内 $(l_p \leq x \leq L)$，模袋内部推力 $T'_e(x)$、模袋界面剪应力 $\tau'_e(x)$ 和模袋界面位移 $u'_e(x)$ 与完全弹性阶段类似，可表述为

$$T'_e(x) = \frac{T'_0}{1 - e^{-2\alpha(L - l_p)}} \cdot (e^{-\alpha(x - l_p)} - e^{-2\alpha(L - l_p) + \alpha(x - l_p)}) \qquad (9\text{-}21)$$

$$\tau'_e(x) = \frac{\alpha}{2} \cdot \frac{T'_0}{W} \cdot \frac{e^{-\alpha(x-l_p)} + e^{-2\alpha(L-l_p)+\alpha(x-l_p)}}{1 - e^{-2\alpha(L-l_p)}} \tag{9-22}$$

$$u'_e(x) = \frac{\alpha}{2K} \cdot \frac{T'_0}{W} \cdot \frac{e^{-\alpha(x-l_p)} + e^{-2\alpha(L-l_p)+\alpha(x-l_p)}}{1 - e^{-2\alpha(L-l_p)}} \tag{9-23}$$

式中，T'_0 为界面处于弹性-塑性过渡阶段时，界面弹性区起点（$x=l_p$）处的推力。$x=l_p$ 为塑性区和弹性区的临界点，此处界面剪应力为 τ_{max}。于是，将 $x=l_p$ 和 $\tau'_e(l_p)=\tau_{max}$ 代入式（9-22），经整理后，T'_0 可表述为

$$T'_0 = W \cdot \frac{2\tau_{max}}{\alpha} \cdot \frac{1 - e^{-2\alpha(L-l_p)}}{1 + e^{-2\alpha(L-l_p)}} \tag{9-24}$$

在塑性区范围内（$0 \leqslant x \leqslant l_p$），界面剪应力恒为 τ_{max}，式（9-2）可改写为

$$dT_p(x) = -2W\tau_{max}dx \tag{9-25}$$

对式（9-25）进行积分，可得塑性区（$0 \leqslant x \leqslant l_p$）模袋内部推力 $T_p(x)$ 通解：

$$T_p(x) = -2W\tau_{max}x + C_3 \tag{9-26}$$

在弹性-塑性过渡阶段，塑性区终点即为弹性区起点。因此，塑性区模袋界面边界条件为

$$\begin{cases} T_p(x=0) = T_0 \\ T_p(x=l_p) = T'_e(x=l_p) = T'_0 \end{cases} \tag{9-27}$$

将式（9-24）和式（9-26）代入式（9-27），解得积分常数 C_3。于是，塑性区（$0 \leqslant x \leqslant l_p$）模袋内部推力 $T_p(x)$ 可表示为

$$T_p(x) = -2W\tau_{max}x + 2W\tau_{max}l_p + 2W\tau_{max} \cdot \frac{1}{\alpha} \cdot \frac{1 - e^{-2\alpha(L-l_p)}}{1 + e^{-2\alpha(L-l_p)}} \tag{9-28}$$

在式（9-28）中，令 $x=0$，则塑性区起点推力，即弹性-塑性过渡阶段模袋受力端推力为

$$T_p(0) = 2W\tau_{max}l_p + 2W\tau_{max} \cdot \frac{1}{\alpha} \cdot \frac{1 - e^{-2\alpha(L-l_p)}}{1 + e^{-2\alpha(L-l_p)}} \tag{9-29}$$

若已知弹性-塑性过渡阶段受力端推力，依据式（9-29）可反算界面塑性区范围 l_p。将式（9-28）代入式（9-4），可得：

$$\frac{du_p(x)}{dx} = \frac{2\tau_{max}x}{EH} - \frac{2\tau_{max}l_p}{EH} - \frac{1}{EH} \cdot \frac{2\tau_{max}}{\alpha} \cdot \frac{1 - e^{-2\alpha(L-l_p)}}{1 + e^{-2\alpha(L-l_p)}} \tag{9-30}$$

整理式（9-29）可得：

$$\frac{2\tau_{max}}{\alpha} \cdot \frac{1 - e^{-2\alpha(L-l_p)}}{1 + e^{-2\alpha(L-l_p)}} = \frac{T_p(0)}{W} - 2\tau_{max}l_p \tag{9-31}$$

利用式（9-31）化简式（9-30），得：

$$\frac{\mathrm{d}u_\mathrm{p}(x)}{\mathrm{d}x} = \frac{2\tau_{\max}x}{EH} - \frac{1}{EH} \cdot \frac{T_p(0)}{W} \tag{9-32}$$

将式（9-32）积分后，可得塑性区（$0 \leqslant x \leqslant l_\mathrm{p}$）模袋界面位移 $u_\mathrm{p}(x)$ 通解：

$$u_\mathrm{p}(x) = \frac{\tau_{\max}}{EH} \cdot x^2 - \frac{1}{EH} \cdot \frac{T_p(0)}{W} \cdot x + C_4 \tag{9-33}$$

在弹性区和塑性区的临界点 $x = l_\mathrm{p}$ 处，界面位移边界条件为 $u_\mathrm{p}(x = l_\mathrm{p}) = u'_\mathrm{e}(x = l_\mathrm{p}) = u_1$。于是，可解得 C_4，进而求得塑性区（$0 \leqslant x \leqslant l_\mathrm{p}$）模袋界面位移 $u_\mathrm{p}(x)$ 为

$$u_\mathrm{p}(x) = \frac{\tau_{\max}}{EH}(x^2 - l_\mathrm{p}^2) - \frac{1}{EH} \cdot \frac{T_p(0)}{W} \cdot (x - l_\mathrm{p}) + \frac{\tau_{\max}}{K} \tag{9-34}$$

在式（9-29）中，令 $l_\mathrm{p} = L$，即可求得模袋界面全部进入塑性区时，模袋受力端推力：

$$T_{\mathrm{p\text{-}L}}(0) = 2WL\tau_{\max} \tag{9-35}$$

依据式（9-35）的计算结果，可以得出界面处于弹性-塑性过渡阶段时，界面受力端推力 T_0 取值范围是 $T_0 \in [T_{\mathrm{e\text{-}p}}(0),\ T_{\mathrm{p\text{-}L}}(0)]$。将 $x = 0$ 代入式（9-34），经整理后，可得弹性-塑性过渡阶段模袋受力端推力与受力端位移的关系式：

$$T_\mathrm{p}(0) = W \cdot l_\mathrm{p} \cdot \tau_{\max} + \frac{W \cdot E \cdot H}{l_\mathrm{p}} \cdot \left[u_\mathrm{p}(0) - \frac{\tau_{\max}}{K} \right] \tag{9-36}$$

由式（9-36）可知，在弹性-塑性过渡阶段，模袋受力端推力与受力端位移呈非线性关系。

在式（9-34）中，令 $x = 0$，$l_\mathrm{p} = L$，联合式（9-35）即可求得弹性-塑性过渡阶段和完全塑性阶段的临界点时，界面受力端位移为

$$u_{\mathrm{p\text{-}L}}(0) = \frac{\tau_{\max}}{K} + \frac{\tau_{\max}}{EH}L^2 \tag{9-37}$$

9.3.1.3　完全塑性阶段

界面进入完全塑性阶段后，界面上的剪应力恒为界面抗剪强度，界面位移持续增加。模袋界面任意位置的推力：

$$T'_\mathrm{p}(x) = 2W\tau_{\max}(L - x) \tag{9-38}$$

在式（9-34）中，令 $l_\mathrm{p} = L$，并联合式（9-35）和式（9-38）整理后，可得界面刚进入完全塑性阶段时，任意位置处的位移为

$$u_{\mathrm{p\text{-}L}}(x) = \frac{\tau_{\max}}{EH}x^2 - \frac{2L\tau_{\max}}{EH}x + u_{\mathrm{p\text{-}L}}(0) \tag{9-39}$$

当模袋受力端推力恒定不变时，模袋将沿界面整体滑移。在完全塑性阶段的某一时刻，界面任意位置处的位移增量均相同，并可表示为 $\Delta u = t \cdot v$，其中 t 为进入完全塑性阶段的时间，v 为拉拔速率，Δu 为界面整体滑移位移。因此，完全

塑性阶段，界面任意位置处的位移可表述为

$$u_p'(x) = u_{\text{p-L}}(x) + \Delta u = \frac{\tau_{\max}}{EH}x^2 - \frac{2L\tau_{\max}}{EH}x + u \tag{9-40}$$

式中，u 为完全塑性阶段模袋受力端位移，$u = u_{\text{p-L}}(0) + \Delta u$。

9.3.2　高法向应力下土工模袋界面渐进破坏模型

如图 9-4（b）所示，在高法向应力下模袋界面的三线性软化模型划分为完全弹性、弹性-软化过渡、完全软化、软化-残余过渡和完全残余 5 个阶段。

9.3.2.1　完全弹性阶段

完全弹性阶段的模袋内部推力、界面剪应力和界面位移均与低法向应力下模袋界面的理想弹塑性模型类似，即

$$T_e(x) = \frac{T_0}{1 - e^{-2\alpha'L}} \cdot (e^{-\alpha'x} - e^{-2\alpha'L + \alpha'x}) \tag{9-41}$$

$$\tau_e(x) = \frac{\alpha'}{2} \cdot \frac{T_0}{W} \cdot \frac{e^{-\alpha'x} + e^{-2\alpha'L + \alpha'x}}{1 - e^{-2\alpha'L}} \tag{9-42}$$

$$u_e(x) = \frac{\alpha'}{2K_{S1}} \cdot \frac{T_0}{W} \cdot \frac{e^{-\alpha'x} + e^{-2\alpha'L + \alpha'x}}{1 - e^{-2\alpha'L}} \tag{9-43}$$

式中，峰前界面特性影响因子 $\alpha' = \sqrt{\dfrac{2K_{S1}}{EH}}$；$K_{S1}$ 为峰前界面剪切刚度。

模袋受力端（$x = 0$ 处）位移为

$$u_e(0) = \frac{\alpha'}{2K_{S1}} \cdot \frac{T_0}{W} \cdot \frac{1 + e^{-2\alpha'L}}{1 - e^{-2\alpha'L}} \tag{9-44}$$

当 $\tau_e(0) = \tau_{\max}$ 时，受力端率先结束完全弹性阶段，并将进入软化阶段。式（9-42）整理后，可得完全弹性阶段与弹性-软化过渡阶段的临界推力为

$$T_{e\text{-L}}'(0) = \frac{2W\tau_{\max}}{\alpha'} \cdot \frac{1 - e^{-2\alpha'L}}{1 + e^{-2\alpha'L}} \tag{9-45}$$

由式（9-45）可知：界面处于完全弹性阶段时，界面受力端推力 T_0 取值范围是 $T_0 \in [0, T_{e\text{-L}}'(0)]$。

9.3.2.2　弹性-软化过渡阶段

若模袋受力端界面位移继续增大，模袋界面出现软化区，其范围随着界面位移的增加由受力端向自由端逐渐扩展。自界面受力端开始出现软化现象起至界面自由端被软化前，模袋界面处于弹性-软化过渡阶段。假设模袋界面软化区范围为 $l_s (0 \leq l_s \leq L)$，即 $0 \leq x \leq l_s$ 范围内界面出现软化现象；界面弹性区范围为 $L - l_s (0 \leq l_s \leq L)$，即 $l_s \leq x \leq L$ 时界面仍然处于弹性阶段。

当 $l_s \leqslant x \leqslant L$ 时，模袋内部推力 $T_{e\text{-}s}(x)$、模袋界面剪应力 $\tau_{e\text{-}s}(x)$ 和模袋界面位移 $u_{e\text{-}s}(x)$ 与弹性阶段类似，可表述为

$$T_{e\text{-}s}(x) = \frac{T_0''}{1 - e^{-2\alpha'(L-l_s)}} \cdot (e^{-\alpha'(x-l_s)} - e^{-2\alpha'(L-l_s)+\alpha'(x-l_s)}) \tag{9-46}$$

$$\tau_{e\text{-}s}(x) = \frac{\alpha'}{2} \cdot \frac{T_0''}{W} \cdot \frac{e^{-\alpha'(x-l_s)} + e^{-2\alpha'(L-l_s)+\alpha'(x-l_s)}}{1 - e^{-2\alpha'(L-l_s)}} \tag{9-47}$$

$$u_{e\text{-}s}(x) = \frac{\alpha'}{2 \cdot K_{S1}} \cdot \frac{T_0''}{W} \cdot \frac{e^{-\alpha'(x-l_s)} + e^{-2\alpha'(L-l_s)+\alpha'(x-l_s)}}{1 - e^{-2\alpha'(L-l_s)}} \tag{9-48}$$

式（9-46）中，令 $x=l_s$，则有 $T_{e\text{-}s}(l_s) = T_0''$，即 T_0'' 为界面处于弹性-软化过渡阶段时，软化区与弹性区临界点（$x=l_s$）处的推力。在临界点（$x=l_s$）处，界面剪应力为 τ_{max}，即

$$\tau_{e\text{-}s}(l_s) = \tau_{max} = \frac{\alpha'}{2} \cdot \frac{T_0''}{W} \cdot \frac{1 + e^{-2\alpha'(L-l_s)}}{1 - e^{-2\alpha'(L-l_s)}} \tag{9-49}$$

则软化区与弹性区临界点（$x=l_s$）处的推力为

$$T_{e\text{-}s}(l_s) = T_0'' = \frac{2W\tau_{max}}{\alpha'} \cdot \frac{1 - e^{-2\alpha'(L-l_s)}}{1 + e^{-2\alpha'(L-l_s)}} \tag{9-50}$$

当 $0 \leqslant x \leqslant l_s$ 时，模袋界面处于软化区，界面剪应力 $\tau(x)$（$0 \leqslant x \leqslant l_s$）满足式（9-7），并将其代入界面控制方程，即式（9-5），整理后得：

$$\frac{d^2 u(x)}{dx^2} - \frac{2K_{S2}}{EH} u(x) + \frac{2}{EH}(K_{S2} \cdot u_1 - \tau_{max}) = 0 \tag{9-51}$$

此时，作用于模袋微单元体 dx 上的推力 $T(x)$ 可表示为

$$T(x) = 2A'\tau(x) = 2A'[\tau_{max} + K_{S2} \cdot u(x) - K_{S2} \cdot u_1] \tag{9-52}$$

整理式（9-52）后，得到软化区界面位移 $u(x)$ 和推力 $T(x)$ 关系：

$$u(x) = \frac{T(x)}{2K_{S2}A'} + u_1 - \frac{\tau_{max}}{K_{S2}} \tag{9-53}$$

将式（9-53）代入式（9-51），整理后，得：

$$\frac{d^2 T(x)}{dx^2} + \beta^2 T(x) = 0 \tag{9-54}$$

将 β 定义为剪应力峰值过后模袋界面特性影响因子，并表示为 $\beta = \sqrt{\frac{-2K_{S2}}{EH}}$，其中 K_{S2} 为峰后界面剪切刚度。假设 $T(x) = e^{\lambda x}$ 为微分方程式（9-54）的特解，将其代入式（9-54），得：

$$(\lambda^2 + \beta^2) \cdot e^{\lambda x} = 0 \tag{9-55}$$

由于 $e^{\lambda x} \neq 0$，若要式（9-55）成立，其特征方程必恒等于零，即

$$\lambda^2 + \beta^2 = 0 \tag{9-56}$$

由于 K_{S2} 为峰后界面剪切刚度，$K_{S2} < 0$，因此，$\Delta = -4\beta^2 = \dfrac{8K_{S2}}{EH} < 0$，式（9-56）的特征方程的解为一对共轭复根，即

$$\begin{cases} \lambda_1 = \beta i \\ \lambda_2 = -\beta i \end{cases} \tag{9-57}$$

于是，界面软化区（$0 \leqslant x \leqslant l_s$）任意位置处模袋推力通解为

$$T_s(x) = C_5 \cos\beta x + C_6 \sin\beta x \tag{9-58}$$

在弹性-软化过渡阶段，软化区（$0 \leqslant x \leqslant l_s$）界面边界条件为

$$\begin{cases} T_s(x = 0) = T_0 \\ T_s(x = l_s) = T_{e\text{-}s}(x = l_s) = T_0'' \end{cases} \tag{9-59}$$

将式（9-50）和式（9-58）代入边界条件式（9-59），得

$$\begin{cases} C_5 = T_s(0) \\ C_6 = \dfrac{2 \cdot W \cdot \tau_{\max}}{\alpha' \cdot \sin(\beta l_s)} \cdot \dfrac{1 - e^{-2\alpha'(L-l_s)}}{1 + e^{-2\alpha'(L-l_s)}} - C_5 \cot(\beta l_s) \end{cases} \tag{9-60}$$

从式（9-60）可以看出，仅通过式（9-60）无法求得 C_5 和 C_6。然而，软化区与弹性区临界点（$x = l_s$）处的剪应力相等且刚好为峰值剪应力。将式（9-58）代入式（9-2），令 $x = l_s$，即可求得弹性-软化过渡阶段，软化区与弹性区临界点处的剪应力，即

$$\frac{\beta}{2 \cdot W}\big[C_5 \sin(\beta l_s) - C_6 \cos(\beta l_s) \big] = \tau_{\max} \tag{9-61}$$

将式（9-60）与式（9-61）联立，可解得 C_5 和 C_6 为

$$\begin{cases} C_5 = T_s(0) = 2 \cdot W \cdot \tau_{\max}\left[\dfrac{\cos(\beta l_s)}{\alpha'} \cdot \dfrac{1 - e^{-2\alpha'(L-l_s)}}{1 + e^{-2\alpha'(L-l_s)}} + \dfrac{\sin(\beta l_s)}{\beta} \right] \\ C_6 = 2 \cdot W \cdot \tau_{\max}\left[\dfrac{\sin(\beta l_s)}{\alpha'} \cdot \dfrac{1 - e^{-2\alpha'(L-l_s)}}{1 + e^{-2\alpha'(L-l_s)}} - \dfrac{\cos(\beta l_s)}{\beta} \right] \end{cases} \tag{9-62}$$

由式（9-62）可知，软化区（$0 \leqslant x \leqslant l_s$）模袋推力 $T_s(0)$ 与软化区界面长度相关。当模袋受力端界面开始出现软化以后，可通过受力端推力预测界面软化范围。

将式（9-62）代入式（9-58），可得弹性-软化过渡阶段，软化区（$0 \leqslant x \leqslant l_s$）模袋受力端推力为

$$T_s(x) = 2 \cdot W \cdot \tau_{\max}\left\{ \frac{\cos[\beta(l_s - x)]}{\alpha'} \cdot \frac{1 - e^{-2\alpha'(L-l_s)}}{1 + e^{-2\alpha'(L-l_s)}} + \frac{\sin[\beta(l_s - x)]}{\beta} \right\}$$

$$\tag{9-63}$$

将式 (9-63) 代入式 (9-2)，可得弹性-软化过渡阶段，软化区（$0 \leqslant x \leqslant l_s$）模袋界面剪应力为

$$\tau_s(x) = \tau_{max}\left\{\cos[\beta(l_s - x)] - \frac{\beta \cdot \sin[\beta(l_s - x)]}{\alpha'} \cdot \frac{1 - e^{-2\alpha'(L-l_s)}}{1 + e^{-2\alpha'(L-l_s)}}\right\}$$

$$(9-64)$$

将式 (9-64) 代入式 (9-7)，可得弹性-软化过渡阶段，软化区（$0 \leqslant x \leqslant l_s$）模袋界面位移为

$$u_s(x) = \frac{\tau_{max}}{K_{S2}}\left\{\cos[\beta(l_s - x)] - \frac{\beta \cdot \sin[\beta(l_s - x)]}{\alpha'} \cdot \frac{1 - e^{-2\alpha'(L-l_s)}}{1 + e^{-2\alpha'(L-l_s)}}\right\} - \frac{\tau_{max}}{K_{S2}} + u_1$$

$$(9-65)$$

当界面软化区恰好传递至自由端时，即 $l_s = L$，界面自由端开始出现软化，界面弹性-软化过渡阶段结束，界面即将进入完全软化阶段。将 $x = 0$ 和 $l_s = L$ 代入式 (9-63)，可得弹性-软化过渡阶段和完全软化阶段的模袋受力端临界推力：

$$T_s^L(0) = 2 \cdot W \cdot \tau_{max} \cdot \frac{\sin(\beta L)}{\beta} \qquad (9-66)$$

由式 (9-66) 可知：界面处于弹性-软化过渡阶段时，界面受力端推力 T_0 取值范围是 $T_0 \in [T'_{e-L}(0), T_s^L(0)]$。

9.3.2.3 完全软化阶段

在完全软化阶段，整个界面上的剪应力均满足式 (9-7)，且满足界面控制方程。界面任意位置处的推力通解仍然可以表示为式 (9-58)。然而，界面边界条件却发生了改变，并表述如下：

$$\begin{cases} T_{s\text{-}L}(x = 0) = T_{s\text{-}L}(0) \\ T_{s\text{-}L}(x = L) = 0 \end{cases} \qquad (9-67)$$

结合推力通解及边界条件，可求得完全软化阶段界面任意位置处的推力为

$$T_{s\text{-}L}(x) = T_{s\text{-}L}(0)[\cos(\beta x) - \cot(\beta L)\sin(\beta x)] \qquad (9-68)$$

进而求得完全软化阶段，界面任意位置处的界面剪应力、界面位移和受力端位移：

$$\tau_{s\text{-}L}(x) = \frac{\beta T_{s\text{-}L}(0)}{2W} \cdot [\sin(\beta x) + \cot(\beta L) \cdot \cos(\beta x)] \qquad (9-69)$$

$$u_{s\text{-}L}(x) = \frac{\beta \cdot T_{s\text{-}L}(0)}{2 \cdot W \cdot K_{S2}} \cdot [\sin(\beta x) + \cot(\beta L) \cdot \cos(\beta x)] - \frac{\tau_{max}}{K_{S2}} + u_1 \quad (9-70)$$

$$u_{\text{s-L}}(0) = \frac{\beta \cdot T_{\text{s-L}}(0)}{2 \cdot W \cdot K_{S2}} \cdot \cot(\beta L) - \frac{\tau_{\max}}{K_{S2}} + u_1 \tag{9-71}$$

当 $u_{\text{s-L}}(0) = u_2$ 时,受力端界面刚好处于残余阶段,模袋界面即将进入软化-残余阶段,此时受力端推力为完全软化阶段和软化-残余过渡阶段的临界推力,即

$$T_{\text{s-r}}(0) = \frac{2 \cdot W \cdot \tan(\beta L) \cdot \tau_r}{\beta} \tag{9-72}$$

由式 (9-72) 可知:界面处于完全软化阶段时,界面受力端推力 T_0 取值范围是 $T_0 \in [T_s^L(0), T_{\text{s-r}}(0)]$。

9.3.2.4 软化-残余过渡阶段

此阶段,残余区由受力端向自由端逐渐传递。假设模袋界面残余区范围为 l_r $(0 \leqslant l_r \leqslant L)$,即 $0 \leqslant x \leqslant l_r$ 范围内界面强度为残余强度;界面软化区范围为 $L-l_r$,即 $l_s \leqslant x \leqslant L$ 界面仍然不断软化直至达到残余强度。

当 $l_r \leqslant x \leqslant L$ 时,界面处于完全软化阶段,模袋内部推力 $T_{\text{s-r}}^{l_r}(x)$、模袋界面剪应力 $\tau_{\text{s-r}}^{l_r}(x)$ 和模袋界面位移 $u_{\text{s-r}}^{l_r}(x)$ 与完全软化阶段类似,可表述为

$$T_{\text{s-r}}^{l_r}(x) = T_{\text{s-r}}^{l_r}(l_r)\{\cos[\beta(x - l_r)] - \cot[\beta(L - l_r)] \cdot \sin[\beta(x - l_r)]\} \tag{9-73}$$

$$\tau_{\text{s-r}}^{l_r}(x) = \frac{\beta T_{\text{s-r}}^{l_r}(l_r)}{2W} \cdot \{\sin[\beta(x - l_r)] + \cot[\beta(L - l_r)] \cdot \cos[\beta(x - l_r)]\} \tag{9-74}$$

$$u_{\text{s-r}}^{l_r}(x) = \frac{\beta \cdot T_{\text{s-r}}^{l_r}(l_r)}{2 \cdot W \cdot K_{S2}} \cdot \{\sin[\beta(x - l_r)] + \cot[\beta(L - l_r)] \cdot$$

$$\cos[\beta(x - l_r)]\} - \frac{\tau_{\max}}{K_{S2}} + u_1 \tag{9-75}$$

$x = l_r$ 为残余区和软化区的临界点,此处剪应力恰好为残余强度 τ_{res},由式 (9-74) 可算得残余区与软化区临界点处的推力:

$$T_{\text{s-r}}^{l_r}(l_r) = 2 \cdot W \cdot \tau_{\text{res}} \cdot \frac{\tan[\beta(L - l_r)]}{\beta} \tag{9-76}$$

当 $0 \leqslant x \leqslant l_r$ 时,模袋界面处于残余阶段,界面剪应力 $\tau(x)$ $(0 \leqslant x \leqslant l_r)$ 不再随界面位移而发生变化,界面剪应力恒为 τ_{res}。于是,式 (9-2) 改写为

$$dT_r(x) = -2W\tau_{\text{res}}dx \tag{9-77}$$

对式 (9-77) 进行积分,可得残余区 $(0 \leqslant x \leqslant l_r)$ 模袋内部推力 $T_r(x)$ 通解:

$$T_r(x) = -2W\tau_{\text{res}}x + C_7 \tag{9-78}$$

残余区 $(0 \leqslant x \leqslant l_r)$,模袋界面边界条件为

$$\begin{cases} T_r(x = 0) = T_r(0) \\ T_r(x = l_r) = T_{s\text{-}r}^{l_r}(l_r) \end{cases} \tag{9-79}$$

联合式（9-76）、式（9-78）和式（9-79），可解得 C_7，进而求得残余区（$0 \leqslant x \leqslant l_r$）模袋内部推力：

$$C_7 = T_r(0) = 2 \cdot W \cdot \tau_{res} \cdot \left\{ l_r + \frac{\tan[\beta(L - l_r)]}{\beta} \right\} \tag{9-80}$$

$$T_r(x) = 2 \cdot W \cdot \tau_{res} \cdot \left\{ l_r - x + \frac{\tan[\beta(L - l_r)]}{\beta} \right\} \tag{9-81}$$

将式（9-81）代入式（9-4），得：

$$\frac{du_r(x)}{dx} = \frac{2\tau_{res}x}{EH} - \frac{2\tau_{res}}{EH}\left\{ l_r + \frac{\tan[\beta(L - l_r)]}{\beta} \right\} \tag{9-82}$$

将式（9-82）积分后，可得残余区（$0 \leqslant x \leqslant l_r$）模袋界面位移 $u_r(x)$ 通解为

$$u_r(x) = \frac{\tau_{res}}{EH}x^2 - \frac{2\tau_{res}}{EH}\left\{ l_r + \frac{\tan[\beta(L - l_r)]}{\beta} \right\} \cdot x + C_8 \tag{9-83}$$

在残余区和软化区的临界点 $x = l_r$ 处，界面位移边界条件为 $u_r(x = l_r) = u_2$。于是，可解得 C_8，即残余区受力端界面位移 $u_r(0)$：

$$C_8 = u_r(0) = u_2 + \frac{\tau_{res}}{EH} \cdot l_r^2 + \frac{2\tau_{res}}{EH} \cdot \frac{\tan[\beta(L - l_r)]}{\beta} \cdot l_r \tag{9-84}$$

当界面残余区恰好传递至自由端时，即 $l_r = L$，自由端处界面剪应力达到残余强度，界面软化-残余过渡阶段结束，整个界面即将进入残余阶段。将 $x = 0$ 和 $l_r = L$ 代入式（9-81）和式（9-84），可得整个界面刚进入残余阶段时模袋受力端推力和界面位移：

$$T_r^L(0) = 2 \cdot W \cdot \tau_{res} \cdot L \tag{9-85}$$

$$u_r^L(0) = u_2 + \frac{L^2}{EH} \cdot \tau_{res} \tag{9-86}$$

由式（9-86）可知：界面处于完全软化阶段时，界面受力端推力 T_0 取值范围是 $T_0 \in [T_{s\text{-}r}(0), T_r^L(0)]$。

9.3.2.5 完全残余阶段

在完全残余阶段，界面受力端推力保持不变，界面任意位置处的剪应力均为残余强度 τ_{res}，但是界面位移持续增加。任意位置处推力为

$$T_{r\text{-}L}(x) = 2 \cdot W \cdot \tau_{res} \cdot (L - x) \tag{9-87}$$

参照低法向应力下，完全塑性阶段界面位移的计算方法。在式（9-83）中，令 $l_r = L$，可求界面刚进入残余阶段时，任意位置处界面位移：

$$u_r^L(x) = \frac{\tau_{res}}{EH} \cdot (x^2 + L^2) - \frac{2\tau_{res}}{EH} \cdot Lx + u_2 \tag{9-88}$$

此后，随着时间的推移，模袋将沿界面整体滑动，界面各位置处位移增量为 $\Delta u = t \cdot v$，其中 t 为界面进入残余阶段时间，v 为拉拔速率。于是，残余阶段任意时刻、任意位置处的界面位移为

$$u_{r\text{-}L}(x) = u_r^L(x) + \Delta u = \frac{\tau_{res}}{EH} \cdot (x^2 + L^2) - \frac{2\tau_{res}}{EH} \cdot Lx + u \qquad (9\text{-}89)$$

式中，u 为残余阶段受力端界面位移。

9.4 土工模袋界面渐进破坏模型验证

9.4.1 模型验证步骤

以高法向应力下的三线性软化模型为例，按照以下步骤对模袋界面渐进破坏模型进行验证。

（1）依据拉拔试验，绘制界面位移-界面剪应力关系曲线，并在曲线中提取界面峰值剪应力 τ_{max} 及所对应的界面位移 u_1，界面残余强度 τ_{res} 及首次达到界面残余强度的位移 u_2，确定峰前、峰后界面剪切刚度 K_{S1} 和 K_{S2}。

（2）依据拉拔试验中模袋受力端推力及模袋界面厚度（H）和宽度（W），计算作用于模袋横截面的正应力 σ。拉拔试验中，模袋在各级正应力 σ 作用下的压缩变形量为模袋受力端和自由端位移差，可由图 8-4 中的百分表测得。结合模袋界面长度（L），计算各级正应力 σ 下模袋应变 ε，绘制 σ-ε 曲线，拟合求得不同法向应力作用下模袋压缩模量 E。依据模型参数 E、K_{S1} 和 K_{S2}，计算峰前、峰后模袋界面特性影响因子 α' 和 β。

（3）利用式（9-45）、式（9-66）、式（9-72）和式（9-85），分别计算界面相邻阶段受力端的临界推力，进而确定每个阶段受力端推力的取值范围。将弹性-软化过渡阶段和软化-残余过渡阶段受力端推力分别代入式（9-62）和式（9-80），利用 MATLAB 软件计算上述两个过渡阶段，界面软化区和残余区长度 l_s 和 l_r。

（4）将各阶段受力端推力及相应的软化区长度 l_s 和残余区长度 l_r 代入式（9-44）、式（9-65）、式（9-71）和式（9-84），计算界面受力端位移，绘制模型预测的界面剪应力与位移关系曲线，并与试验曲线进行比对，完成模型验证。

9.4.2 模型验证结果

以水泥掺量 3%，固结 7d 的模袋在 4 个法向应力作用下的拉拔试验数据为例，按照上述步骤，对本书提出的模袋界面渐进破坏模型进行验证。假设模袋拉拔试验中，界面尺寸为：$L = 0.25m$，$W = 0.25m$，$H = 0.1m$。由图 5-7~图 5-10 可

见，在低法向应力条件下，剪应力峰值前界面剪应力与界面位移的非线性关系不明显，且非线性位移占比较小。然而，随着法向应力的增大，剪应力峰值前界面剪应力与界面位移的非线性关系逐渐显现，且非线性位移占比有所提高。峰前界面剪切刚度 K_{S1} 反映了界面剪应力随界面位移的增长速率，其取值影响着峰前界面特性影响因子 α'，进而影响模型可靠性与适用性。为此，在模型验证过程中，对峰前界面剪切刚度 K_{S1} 的取值进行了三种不同的尝试。

（1）观察图 8-7~图 8-10 可以发现：在拉拔试验初期，当界面位移在 20mm 以内时，界面剪应力与位移基本满足线性关系。线性拟合该范围的界面剪应力和界面位移，将拟合直线的斜率作为峰前界面剪切刚度，如图 9-5（a）所示，相应模型记为模型 1。

（2）在界面位移-界面剪应力曲线中，对峰值剪应力前的所有数据点进行线性拟合，并将拟合直线的斜率作为峰前界面剪切刚度，如图 9-5（b）所示，相应模型记为模型 2。

（3）利用峰值剪应力及其所对应的界面位移计算界面剪切刚度，相应模型记为模型 3。

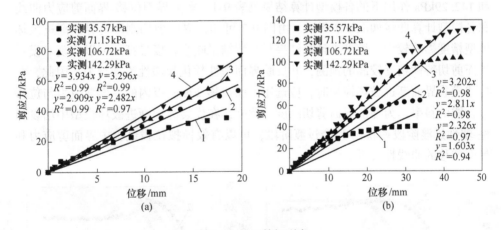

图 9-5 界面剪切刚度

(a) 模型 1；(b) 模型 2

1—拟合 35.57kPa；2—拟合 71.15kPa；3—拟合 106.72kPa；4—拟合 142.29kPa

假设模袋界面拉拔试验中模袋横截面尺寸不发生改变，恒为 0.25m×0.1m。依据拉拔试验数据采集系统记录的受力端推力，可算得沿拉拔方向施加于模袋正截面上的正应力；通过百分表测量模袋受力端和自由端位移，并依据二者差值计算模袋沿拉拔方向的应变；绘制模袋横截面上正应力与应变关系于图 9-6，并进行线性拟合，进而得出不同法向应力作用下模袋沿拉拔方向的压缩模量。显而易见，作用于模袋界面上的法向应力不同时，模袋沿拉拔方向的压缩模量不同；法向应力越大，模袋沿拉拔方向的压缩模量越大。因此，在对模袋界面渐进破坏关系进行验证、预测时，应采用模袋沿拉拔方向的动压缩模量。

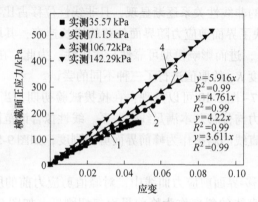

图 9-6　模袋沿拉拔方向动压缩模量
1—拟合 35.57kPa；2—拟合 71.15kPa；3—拟合 106.72kPa；4—拟合 142.29kPa

水泥掺量 3%，固结 7d 的模袋在法向应力 35.57kPa、71.55kPa、106.72kPa 和 142.29kPa 作用下的各模型计算结果见表 9-1，实测界面位移-界面剪应力曲线和各模型计算曲线如图 9-7 所示。由图 9-7 可知，界面剪切刚度对界面渐进破坏模型精度影响较大。模型 1 计算结果与实测结果吻合程度最高，可以实现对模袋界面剪切特性精度较高的预测，并反映界面塑性软化和塑性流动行为。因此，在构建模袋界面渐进破坏模型时，应选用界面位移 20mm 以内的界面剪应力与位移拟合线的斜率作为峰前界面剪切刚度。此外，在模袋界面渐进破坏模型中增设弹性-塑性过渡阶段和软化-残余过渡阶段，可以有效模拟拉拔试验中界面剪应力和界面位移的非线性关系。

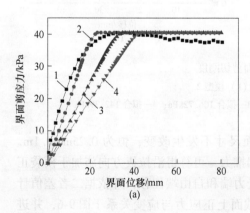

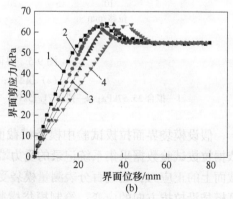

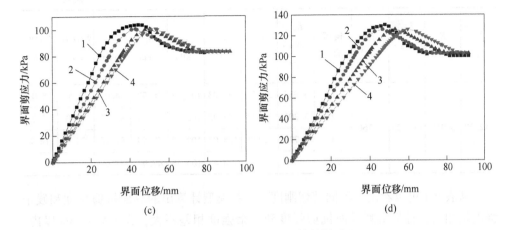

图 9-7 试验结果与模型计算结果对比

(a) 35.57kPa；(b) 71.55kPa；(c) 106.72kPa；(d) 142.29kPa

1—实测；2—模型 1；3—模型 2；4—模型 3

表 9-1 模型参数及验证结果

Σ_n /kPa	E /MPa	K_{S2} /MPa·m^{-1}	β /m^{-1}	模型编号	K_{S1} /MPa·m^{-1}	α /m^{-1}	τ_{max} /kPa	τ_{res} /kPa	u_1 /mm	u_2 /mm	$\Delta u_1/u_1$ /%	$\Delta u_2/u_2$ /%
35.57	3.611	—	—	1	2.482	3.708	40.47	—	25.31	—	16.9	—
				2	1.460	2.844	40.47	—	34.72	—	13.87	—
				3	1.246	2.528	40.47	—	43.50	—	42.70	—
				实测	—	—	40.47	—	30.49	—	—	—
71.55	4.220	-0.771	1.912	1	2.909	3.713	63.70	54.87	31.36	42.48	6.9	4.1
				2	2.326	3.320	63.70	54.87	36.89	48.01	9.4	8.3
				3	1.795	2.917	63.70	54.87	45.04	56.16	33.6	26.7
				实测	—	—	64.12	54.87	33.72	42.31	—	—
106.72	4.761	-0.689	1.712	1	3.296	3.747	100.50	82.96	43.17	70.63	1.0	5.3
				2	2.811	3.458	100.50	82.96	50.43	77.89	15.7	4.4
				3	2.377	3.320	100.50	82.96	53.57	81.03	22.9	8.6
				实测	—	—	103.63	82.96	43.60	74.60	—	—

Σ_n /kPa	E /MPa	K_{S2} /MPa·m^{-1}	β /m^{-1}	模型编号	K_{S1} /MPa·m^{-1}	α /m^{-1}	τ_{max} /kPa	τ_{res} /kPa	u_1 /mm	u_2 /mm	$\Delta u_1/u_1$ /%	$\Delta u_2/u_2$ /%
142.29	5.916	-0.923	1.766	1	3.934	3.647	126.03	102.78	46.72	74.01	2.5	5.0
				2	3.203	3.377	126.03	102.78	53.17	82.15	11.0	5.2
				3	2.722	3.113	126.03	102.78	59.84	89.35	24.9	14.7
				实测	—	—	130.46	102.78	47.92	77.92	—	—

从表9-1可以看出，不同剪切刚度下，各模型计算出的界面抗剪强度和残余强度均相同，且与实测界面抗剪强度和残余强度相差不大，误差均在3%以内；然而，与界面强度误差相比，各模型计算界面位移与实测位移相差较大，且受界面法向应力影响。在模型1中，模型计算所得 u_1 和 u_2 均小于实测数值。当界面法向应力为 35.57kPa 时，界面峰值剪应力所对应的界面位移误差较大（16.9%）；界面法向应力增至 71.55kPa、106.72kPa 和 142.29kPa 时，界面峰值剪应力所对应的界面位移误差逐渐减小至 6.9%、1.0% 和 2.5%。

分析低法向应力下模型1预测位移误差偏大的原因可能为：

（1）与高法向应力相比，低法向应力下界面峰值位移较小，20mm 位移内可能已经出现了界面剪应力与位移的非线性关系，界面已经体现出渐进性破坏特征；

（2）低法向应力下剪应力峰值不明显，且剪应力峰值过后界面软化迟钝。

模型1中峰前界面剪切刚度和模袋沿拉拔方向的动压缩模量与界面法向应力关系如图9-8所示，二者随界面法向应力近似线性增长。

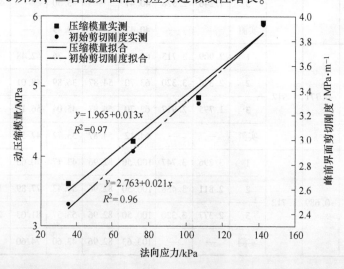

$y=1.965+0.013x$
$R^2=0.97$

$y=2.763+0.021x$
$R^2=0.96$

图 9-8　界面初始剪切刚度和模袋压缩模量与法向应力关系

通过线性拟合，可得出峰前界面剪切刚度及模袋沿拉拔方向的动压缩模量与法向应力之间的经验公式，即

$$E = 0.0212\sigma_n + 2.76301 \tag{9-90}$$

$$K = 0.01341\sigma_n + 1.96501 \tag{9-91}$$

当法向应力从40kPa增至140kPa时，用式（9-90）和式（9-91）对峰前界面剪切刚度和模袋沿拉拔法向的动压缩模量进行预测，进而计算峰前界面特性影响因子。然而，查看表9-1中的峰前界面特性影响因子，发现其值在3.65~3.75的小范围内波动。这表明模袋界面法向应力的改变，虽然会导致峰前界面剪切刚度和模袋沿拉拔法向的动压缩模量的改变，但对峰前界面特性影响因子的影响较小。于是，可以推测：峰前界面特性影响因子对界面法向应力表现出较强的惰性。

从图9-7中的试验曲线可以看出，当界面剪应力接近界面抗剪强度和界面残余强度时，界面剪应力和界面位移呈现非线性关系。这恰好能反映出模袋界面在拉拔试验中渐进破坏的特征。为了定量说明模袋界面的渐进性破坏特性，将各法向应力下模型1中前四个阶段（理想弹塑性模型中前两阶段）的界面位移分别在界面残余强度（理想弹塑性模型中抗剪强度）对应位移$u_2(u_1)$中的占比绘于图9-9。

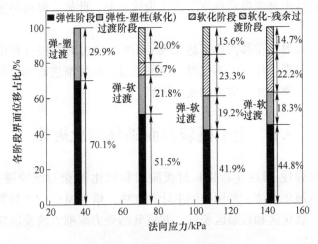

图9-9 各阶段界面位移占比

通过图9-9不难发现，各法向应力下界面处于完全弹性阶段的界面位移占比最大，在理想弹塑性模型中的占比更是高达70%；在三线性界面软化模型中完全弹性阶段的界面位移占比40%~50%。在高法向应力作用下，约60%~70%的界面位移发生在界面峰值位移以前。这说明在模袋坝运营过程中，要借助较大的位移来发展界面强度。

当法向应力为35.57kPa时，弹性-塑性过渡阶段界面位移占比约为30%，占

完全弹性阶段界面位移的 40%。在高法向应力作用下，弹性-软化过渡阶段界面位移占比约为 20%，弹性-塑性过渡阶段界面位移约为完全弹性阶段界面位移的40%。这意味着在界面强度发展后期，有近一半的位移（约40%）界面上已经出现了最大剪应力，且其在界面上的分布范围随着位移的增加逐步扩大。

剪应力峰值过后，随着法向应力的增大，界面开始出现软化现象，并由塑性软化逐步转变为塑性流动。当法向应力为 71.75kPa 时，完全软化阶段界面位移占 6.7%，软化-残余过渡阶段界面位移占比 20.0%，完全软化界面位移约占塑性软化界面位移的 25%。这说明模袋界面在较小界面位移内（6.7%）完成软化，界面剪应力随界面位移近似线性递减；此后剪应力降幅逐渐减缓直至塑性流动。因此，界面强度残余率较高。

当法向应力增至 106.72kPa 和 142.29kPa 时，完全软化界面位移占比均超过20%，分别为 23.3% 和 22.2%；软化-残余过渡阶段界面位移占比 15.0% 左右，分别为 15.6% 和 14.7%；完全软化界面位移约占塑性软化界面位移的 60%。这意味着随着法向应力的增大，界面剪应力随界面位移线性递减的特征愈发明显，即界面软化程度随法向应力逐渐升高；与法向应力 71.75kPa 相比，界面残余率较低。于是，可以推断模袋界面峰后特性与界面法向应力相关，随着界面法向应力的增大，界面特性由理想弹塑性逐步演化为软化型；此外，界面强度残余率也逐渐降低。

两个过渡阶段界面位移占比可达 35%~40%。通过对拉拔过程中各阶段界面位移占比的分析发现：模型 1 不仅可以较好地反映模袋渐进破坏特性，还能恰当解释界面强度残余率随法向应力的变化机制。

9.5   土工模袋界面破坏演化规律

为了研究在弹性-塑性（软化）过渡阶段和软化-残余过渡阶段界面塑性区、软化区和残余区演化规律，采用模型 1 计算方法，借助 MATLAB 计算各法向应力下界面塑性区、软化区和残余区长度，并将其随受力端推力的发展规律分别绘于图 9-10 和图 9-11。

从图 9-10 可以看出，各法向应力下，弹性-塑性（软化）过渡阶段受力端推力增量分别为 1.080kN、1.412kN、2.540kN 和 2.869kN。虽然弹性-塑性（软化）过渡阶段受力端推力变化范围随法向应力的增加逐渐扩大，但是其占各自峰值推力的比例稳定在 20% 左右，分别为 21.2%、18.3%、20.2% 和 18.2%。然而，与法向应力 35.57kPa 相比，受力端推力增量分别增长 30.7%、135.2% 和 165.6%。从某种程度来说，弹性-塑性（软化）过渡阶段受力端推力范围的扩大，可能是剪应力与位移非线性关系越发明显的原因。

当模袋界面处于弹性-塑性（软化）过渡阶段时，塑性区（软化区）逐渐由受力端扩展至自由端。塑性区（软化区）范围随受力端推力非线性增长，且受力端推力越大塑性区（软化区）发展越迅速。

以法向应力 35.57kPa 为例分析界面塑性区的发展规律。由模型 1 可算得界面处于弹性-塑性过渡阶段时，模袋受力端推力自 3.979kN 增至 5.059kN，并可通过式（9-29）反算此范围内任意荷载下的塑性区长度。不妨将受力端推力划分为如下 7 个区间：3.979~4.0kN、4.0~4.2kN、4.2~4.4kN、4.4~4.6kN、4.6~4.8kN、4.8~5.0kN 以及 5.0~5.059kN。依据模型 1 计算结果，可算得在上述 7 个区间内推力每增加 0.1kN，塑性区占比增幅分别为 3.8%、4.0%、4.4%、5.2%、6.8%、11.8%和 59.0%。由此可见，塑性区占比增幅随推力非线性递增，且增速逐渐加快；特别是临近弹性-塑性过渡阶段与完全塑性阶段的临界推力时，塑性区范围激增。因此，可以得出结论：当界面塑性区占比达到 50%时，若推力再继续增大，则界面发生塑性破坏的风险剧增。

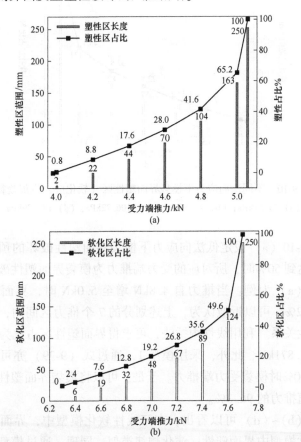

(a)

(b)

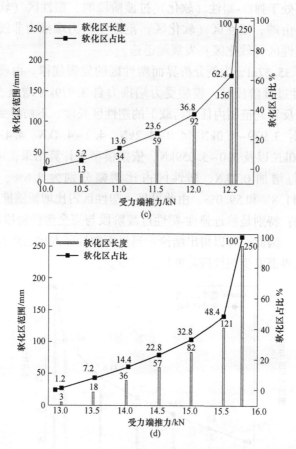

图 9-10 不同法向应力下模袋界面塑性区 (软化区) 发展规律

(a) 35.57kPa; (b) 71.55kPa; (c) 106.72kPa; (d) 142.29kPa

可依据图 9-10 (a) 设定低法向应力下模袋界面塑性破坏的预警值。假设界面塑性区占比达到 50%时, 所对应的受力端推力为模袋界面塑性破坏的预警值上限。以图 9-10 (a) 为例: 当推力自 4.8kN 增至 5.0kN 时, 界面塑性区占比自 41.6%增至 65.2%。可以近似认为, 上述划分的 7 个推力区间内, 推力与界面塑性区占比呈线性关系。利用线性内插法, 可求得界面塑性区占比为 50%时, 模袋受力端推力为 4.871kN。此外, 采用模型 1, 通过式 (9-29) 亦可直接算得界面塑性区占比为 50%时模袋受力端推力。于是, 可以将模袋界面塑性破坏预警值上限设为界面峰值推力的 96.3%。

从图 9-10 (b)~(d) 可以看出, 在三线性软化模型中, 界面软化区演化规律与理想弹塑性模型中界面塑性区演化规律类似。同理, 通过模型 1 的计算, 可以确定界面法向应力为 71.55kPa、106.72kPa 和 142.29kPa 时, 模袋界面出现塑性软化的预警值上限为峰值推力的 98.5%、97.6% 和 98.2%。

在高法向应力下，界面剪应力达到峰值后，受力端推力开始减小，但界面位移持续增加；界面表现出塑性软化特征并逐渐向塑性流动转变。从图 9-11 可以看出，在软化-残余过渡阶段，界面残余区范围随着受力端推力的减小非线性扩展。参照界面塑性软化预警值上限的确定方法，将法向应力为 71.55kPa、106.72kPa 和 142.29kPa 时，界面塑性流动预警值下限确定为峰值推力的 89.9%、83.4% 和 82.3%。

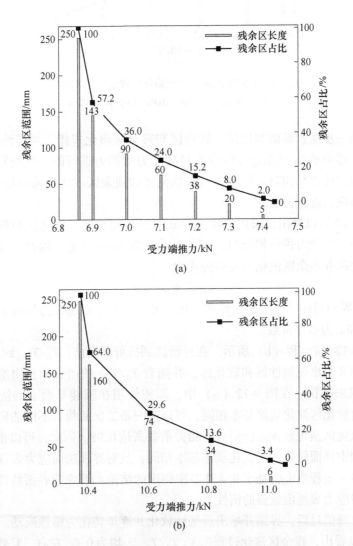

(a)

(b)

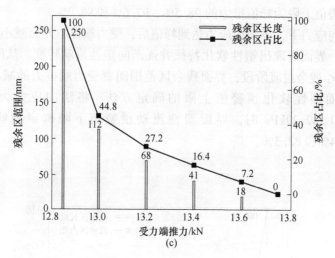

图 9-11 不同法向应力下模袋界面残余区发展规律
(a) 71.55kPa；(b) 106.72kPa；(c) 142.29kPa

为了进一步探索界面塑性区、软化区和残余区演化规律，对弹性-塑性（软化）过渡阶段和软化-残余过渡阶段的模袋受力端推力进行归一化处理，将推力与峰值推力的比值与相对应的塑性区、软化区和残余区占比的关系绘于图 9-12，并用二次多项式进行拟合。

由图 9-12 可以看出：采用二次多项式对界面塑性区、软化区和残余区占比与受力端归一化推力进行拟合时，相关系数均在 0.99 以上。因此，得到界面塑性区、软化区和残余区演化的经验公式为

$$y = ax^2 + bx + c \tag{9-92}$$

式中，y 为界面塑性区、软化区和残余区占比；x 为受力端推力与峰值推力的比值；a、b 和 c 为拟合常数。

如图 9-12（a）和（b）所示，在界面达到抗剪强度前，T_0/T_{max} 约为 0.8 时，界面受力端开始出现塑性区和软化区，并随着 T_0/T_{max} 的增长向自由端扩展，且扩展速度越来越快。在图 9-12（b）中，即使作用在模袋界面上的法向应力不同，但界面软化区演化规律基本相同。可以用一条二次曲线对不同法向应力作用下，界面软化区演化规律进行拟合，相关系数高达 0.98。因此，可以推测在三线性软化模型中界面软化区的演化规律基本相同，且对界面法向应力表现出极强的惰性。这在一定程度上验证了 9.4.2 节中得出的结论：即峰前界面特性影响因子对界面法向应力表现出极强的惰性。

剪应力峰值过后，界面开始出现塑性软化并逐步转化为塑性流动。从图 9-12（c）中可以看出，残余区演化过程中 $V(T_0/T_{max})$ 均为 0.06 左右，且残余区演化

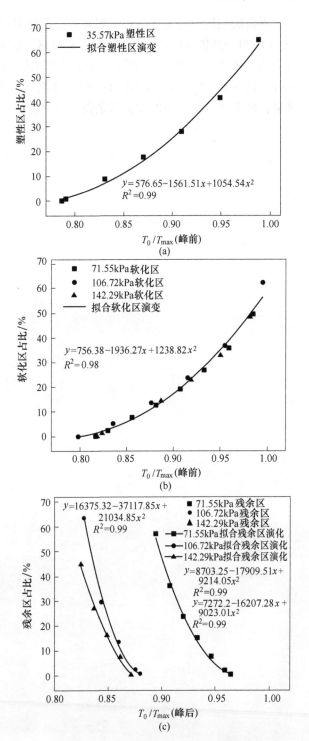

图 9-12 塑性区、软化区和残余区演化规律

(a) 塑性区；(b) 软化区；(c) 残余区

速率差别不大，但是界面法向应力对演化历程影响显著。在受力端推力逐渐降低的过程中，法向应力为 71.55kPa 时，界面最早进入残余区，此时 T_0/T_{max} 约为 0.96；然而，法向应力 106.72kPa 和 142.29kPa 的界面却依然处于完全软化阶段，二者开始进入残余区时 T_0/T_{max} 约为 0.88 和 0.87。这说明，法向应力越小残余区演化开始得越早，残余区演化结束时界面残余强度越高。这一结果与第 8 章结论一致。

10 土工合成材料加筋尾矿坝现场试验

加筋尾矿堆积坝的受力机制、变形规律和稳定性不仅与加筋材料的性质及其布置有关,还与尾矿砂的性质、施工工艺及环境等因素有关,仅采用模型试验无法完全模拟现场具体的施工方式和环境影响。由于加筋机理的复杂性,既有的试验成果不可能全部为加筋尾矿工程提供依据,现场加筋尾矿坝试验有利于对加筋尾矿机理的进一步认识。

10.1 现场试验方案设计

为了研究加筋尾矿堆积坝的受力、变形及工作性能,基于室内试验和模型试验的基础上,在辽宁鞍钢矿业集团齐大山选矿厂风水沟尾矿库 5 号副坝位置进行了土工合成材料加筋尾矿堆积坝现场试验。通过开展 3 种不同型式尾矿堆积坝(常规坝、格栅加筋坝、土工布加筋坝)现场原型试验,在排浆及排浆之后一段时间对尾矿坝坝体内部的孔隙水压力和土压力进行持续观测,分析筋材铺设对尾矿坝的影响及在排浆后坝体内部孔压和土压的变化规律,并将常规坝、格栅加筋坝和土工布加筋坝 3 个试验坝的监测数据进行对比分析。在风水沟尾矿库 5 号副坝进行加筋尾矿堆积坝现场试验,图 10-1 所示为加筋尾矿坝现场试验的具体位置。具体的试验区边长大概 15m,在试验区开挖 1m 左右的浅坑,堆筑 4m 高的四周堆积坝。

10.1.1 现场筑坝设计方案

在图 10-1 所示试验区进行现场试验,堆积外坡比为 1∶1 的四周堆积坝,坝顶宽度为 3m。将四周堆积坝编号为①、②、③、④。四周尾矿堆积坝堆筑方式为:②号堆积坝设计为常规堆筑;①、③号堆积坝设计为土工合成材料堆筑,土工合成材料分别选用土工格栅和土工布;④号堆积坝设计为模袋法筑坝(本章不涉及此坝)。具体堆积坝尺寸设计如图 10-2 所示。现场加筋尾矿堆积坝试验整体布置三维图如图 10-3 所示。前三个堆积坝具体的堆筑型式及铺设参数见表 10-1。

图 10-1 现场试验位置

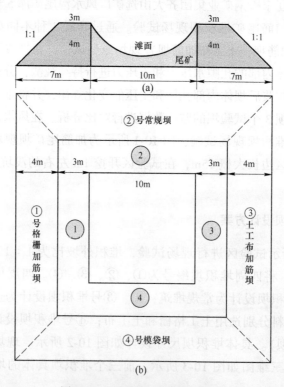

图 10-2 四周尾矿堆积坝的设计

(a) 主视图及侧视图；(b) 俯视图

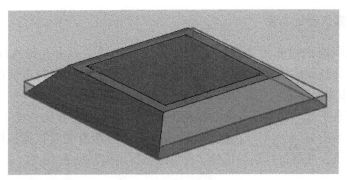

图 10-3　加筋尾矿坝现场试验整体布置三维示意图

表 10-1　四周堆积坝的堆筑型式及相关参数

堆积坝	②	①	③	④
堆筑型式	常规	TGSG35 玻璃纤维土工格栅	针刺短纤土工织物	模袋法
铺设长度	—	满铺	满铺	模袋充灌
铺设间距	—	1m	1m	0.8m

②号堆积坝采用常规上游筑坝法堆筑；①、③号堆积坝采用土工织物加筋堆筑，形式类似①号常规坝，多一道工序即在堆筑过程中按要求铺设筋材，其中土工织物分别选用短纤针刺土工布和 TGSG35 双向拉伸塑料土工格栅，这两种土工织物在各种加筋工程中有较好应用效果，具体的加筋材料参数见表 3-1。在应用土工织物现场加筋堆积坝时，选用外边回折的加筋结构形式，如图 10-4 所示。④号坝采用模袋法筑坝，将尾矿与水按一定比例混合，用水力或机械方式加压充填至由土工织物缝制成的一定尺寸的模袋内，靠自身的重力和渗水压力作用脱水固结后，形成比较密实的尾矿-土工织物复合土体，这种由尾矿-土工织物复合土体堆叠而成的坝体，称为模袋坝。

图 10-4　加筋堤坝结构形式

10.1.2　测量仪器的布设

在堆积坝堆积过程中布设测量仪器，测量仪器主要有孔隙水压力测量仪器——孔压计和坝体内部压力测量仪器——土压力盒，其中需布设孔压计 8 个（每个堆积坝中间横断面间隔 2m 水平布设 2 个），压力盒 10 个（前三个堆积坝中间横断面水平方向和竖直方向各布设 1 个，模袋坝水平方向布设 4 个），具体的仪器布置如图 10-5 所示。在仪器布设完成后，将所有测量仪器连接至数据采集仪与计算机，准备进行现场试验。现场试验所用仪器见表 10-2。

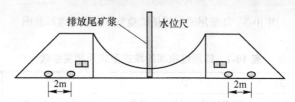

图 10-5　现场测量仪器的布设

表 10-2　现场试验所用仪器

仪器	数量	用　　途
渗压计	8	测量浸润线（每号坝分别 2 个）
压力盒	10	测量坝体内部水平和竖直方向压力（①、②、③号坝 2 个，④号坝 4 个）
数据采集仪	1	数据采集
电线	若干	连接测量仪器及数据采集仪
PVC 管	8	4 个 5.5m，4 个 3.5m
水位尺	1	长度为 6m 的水位尺

现场测量仪器选用常州金土木工程仪器有限公司的 JTM-Y3000 型孔隙水压力传感器和 TM-Y2000 箔式微型压力盒，仪器如图 10-6 所示，具体的仪器参数见表 10-3。

(a)

(b)

图 10-6　现场测量仪器

（a）JTM-Y3000 型孔隙水压力传感器；（b）TM-Y2000 箔式微型压力盒

表 10-3 现场测量仪器主要技术指标

测量仪器	尺寸 （直径×厚度） /mm×mm	量程 /MPa	灵敏度 /mV·MPa⁻¹	接线 方式	防水性能
JTM-Y3000 孔压计	35×60	0.1	0.2	全桥	可在饱和水介质中工作
TM-Y2000 土压力盒	117×30	1	约为 1.5		

10.1.3 试验所测量数据

在准备工作完成后，排放尾矿浆，开始进行加筋尾矿堆积坝现场试验，随着尾矿浆的排放，主要测量两部分数据以用于试验结果的分析：

（1）四周堆积坝库内水位，通过水位尺测量库内水位随时间的变化规律；

（2）四周尾矿堆积坝内部压力，采用土压力盒分别测量 3 种类型堆积坝内部水平和竖向方向压力随时间的变化规律；

（3）四周堆积坝内孔隙水压力及浸润线，采用孔压计分别测量 3 种类型堆积坝内部靠近库内和靠近库外的孔压随时间变化规律，进而确定堆积坝浸润线的变化情况。

10.2 现场试验工序

10.2.1 常规坝和加筋坝堆筑工序

10.2.1.1 筋材铺设工作

A 土工格栅布设

土工格栅的铺设一共分为四层，分别是起坝前最底面铺设第一层，中间间隔铺设间距 1m 铺设第二、三、四层，最顶面不铺设筋材。①号土工格栅加筋尾矿堆积坝的铺设过程如图 10-7 所示。

(a)   (b)

图 10-7   ①号加筋坝的土工格栅铺设

(a) 第一层；(b) 第二层；(c) 第三层；(d) 第四层；(e) 堆筑完成

B   土工布布设

土工布的铺设一共分为四层，分别是起坝前最底面铺设第一层，中间间隔铺设间距 1m 铺设第二、三、四层，最顶面不铺设筋材。③号土工布加筋尾矿堆积坝的铺设过程如图 10-8 所示。

10.2.1.2   传感器埋设工作

A   孔压计埋设

在每个堆积坝最底层（加筋坝铺设完成第一层筋材时）坝体中间断面位置水平预埋 2 个 PVC 管，在 PVC 管内安装孔隙水压力计（对 PVC 管底部进行一定的花管处理，在 PVC 管两端采用窗砂包裹），保持孔压计在坝体中间断面与库内方向垂直间隔 2m 布设，如图 10-9 所示 3 个堆积坝孔隙水压力计的埋设。

图 10-8 ③号加筋坝的土工布铺设
(a) 第一层;(b) 第二层;(c) 第三层;(d) 第四层;(e) 堆筑完成

(a)

(b)

(c)

图 10-9　孔压计的埋设

（a）②号常规坝；（b）①号土工格栅加筋坝；（c）③号土工布加筋坝

B　压力计埋设

堆积坝筑坝过程中，在前 3 个堆积坝第二层（加筋坝铺设完成第二层筋材）坝体中间位置，每个堆积坝分别预埋 2 个土压力盒，一个水平放置测量竖直方向内部压力，一个竖直放置测量水平方向内部压力。如图 10-10 所示为 3 个堆积坝土压力盒的预埋。

10.2.2　土工模袋坝施工工序

10.2.2.1　筑坝方案设计

为了增强现场试验所得结论对工程施工的指导性，参考风水沟尾矿库现有尾矿坝子坝的设计、施工资料，对试验坝及库区尺寸进行设计，如图 10-11 所示。

图 10-10 土压力盒的埋设

(a) ②号常规坝；(b) ①号土工格栅加筋坝；(c) ③号土工布加筋坝

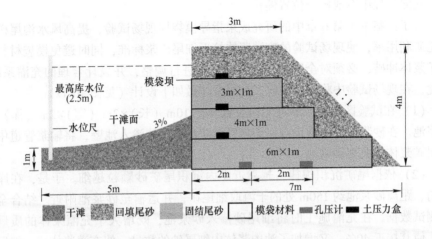

图 10-11 试验坝尺寸及设备布设

　　试验坝外坡比 1：1，坝高 4m，坝顶宽 3m，坝底宽 7m；4 个试验坝围成 10m×10m 的试验库，在试验库内设置坡度为 3% 的干滩面，干滩面最低点与坝底的垂直距离为 1m。试验库内中心附近设置水位尺，以监测库水位变化规律，水位尺底部埋设在干滩面内至少 0.5m。为保证现场筑坝试验的安全性，向试验库放矿时，将库内最大水位设计为 2.5m。因此，在模袋坝设计时，为了减少模袋材料消耗、降低施工成本，将模袋坝设计为 3 层模袋层叠构筑坝芯，每层模袋充灌成型后设计高度为 1m，利用筑坝尾矿回填、修坡至设计要求。由此构筑的模袋坝，既可满足试验需求又节约模袋材料成本。

　　试验坝施工时，将土压力盒及孔压计埋设在坝体中，用以监测坝体竖向应力及孔隙水压力。在各试验坝坝底中间位置，垂直坝体走向布设两个孔压计，靠近库内 2m 处，布设第一个孔压计，与其相距 2m 处布设第二个孔压计；在第一层模袋顶部均匀布设 5 个土压力盒，在第二层和第三层模袋顶部各布设 1 个土压力盒，令不同埋深位置的土压力盒位于同一条铅垂线上；在常规坝距离坝底 1m 处布设 1 个土压力盒。现场试验用监测设备主要技术指标见表 10-3。

10.2.2.2　充灌系统及充灌浆体设计

　　现场筑坝试验预选用全尾矿放矿浆体进行模袋充灌施工。为了掌握风水沟尾矿库全尾矿的级配特性，在放矿作业时采集放矿浆体样本 5 份，开展全尾矿质量浓度测定及颗粒大小分析，将 5 份测试样本的试验结果取平均值，得出全尾矿质量浓度为 28.56%，全尾矿颗粒级配曲线如图 7-2 所示。与第 6 章充灌试验中的材料相比，风水沟尾矿库全尾矿浓度较小，颗粒较粗。此外，通过前期调研得知，风水沟尾矿库现场放矿作业时的矿浆流速约为 100m³/h，浆体流速快、压力大。若直接采用放矿管充灌模袋，在充灌初期可能导致模袋材料被放矿浆体冲破或在充灌过程中造成模袋位置偏移。

　　为了借鉴本书第 6 章中的研究成果指导模袋坝现场试验，提高风水沟尾矿库细尾矿利用率，使现场试验的充灌浆体接近细尾矿浆标准，同时避免模袋材料被放矿浆体冲破，必须对全尾矿浆的颗粒级配进行调整，并设计合理的充灌系统。为此，在现场试验中将充灌系统及充灌浆体做如下设计（见图 10-12）。

　　（1）在试验区附近、靠近库内位置开挖 10m（长）×3m（宽）×2m（深）的砂浆池。在砂浆池内壁铺设双层塑料膜以防池内浆体渗入池壁，将输浆管道中的全尾矿浆体排放至砂浆池。

　　（2）依据尾矿沉积规律，越靠近库内沉积尾矿砂颗粒越细。于是，在库内方向、距离砂浆池约 150m 处的干滩取细尾矿，并运输至砂浆池附近。结合全尾矿测试数据，在充灌施工时将细尾砂掺入砂浆池，既增大了充灌浆体的质量浓度，使其接近 40%，又增加了池内浆体中细尾砂的数量，使充灌浆体接近细尾矿浆标准。

图 10-12 现场试验的模袋充灌装置

（3）借助直径 50mm 钢管及长度可调节的钢链，将与电器启动器和输浆管连接的渣浆泵悬吊于砂浆池内，使渣浆泵距离池底约 10cm。利用扬程 30m、流速 30m³/h 的渣浆泵自砂浆池内抽取调配后的尾矿浆，经输浆管充灌至模袋。

向现场试验的充灌浆体中掺入 3% 的 P.O 42.5 普通硅酸盐水泥，可提高模袋充灌效率和细尾砂利用率，改善模袋压缩变形特性及界面强度。模袋现场充灌施工中，将水泥掺入形式设计为在充灌袖口处掺入水泥干料。依据渣浆泵启停时间间隔、渣浆泵流量、调配后尾矿浆质量浓度及密度估算水泥用量。

10.2.2.3 土工模袋坝施工工序

采用聚丙烯机织布缝制三条扁平模袋，平面尺寸分别为：10.5m×6.5m、10.0m×5.0m 和 9.0m×3.0m，聚丙烯机织布技术参数见表 10-4。采用不易老化降解的尼龙线缝制模袋，其强度不低于 180 N，接缝处强度不低于机织布断裂强度的 70%。由于模袋尺寸较小，在每个模袋中部设置直径 20cm 的充灌口，充灌袖口长 0.5m。

表 10-4 聚丙烯机织布技术参数

聚丙烯机织布	单位面积质量 /g·m⁻²	厚度/mm	经向强度 /kN·m⁻¹	经向伸长率 /%	等效孔径 /mm
技术参数	300	2	70	<15	0.2

用白石灰在 5 号坝的干滩面标记试验区和砂浆池边界。挖掘机进场后，按照放样线整平试验区并开挖砂浆池。将坝基的淤泥、杂质及有碍模袋摊铺施工的障碍物清除干净，防止杂物损坏模袋。在模袋坝试验区基底垂直于坝体走向放置两个孔压计，二者距离 2m（见图 10-13）。铺设、整平第一层模袋，沿模袋边界每隔 2m 用重物预压（见图 10-14）。

图 10-13　埋设孔压计　　　　　　　　图 10-14　铺设第一层模袋

　　为了避免模袋在充灌过程中出现大范围滑移，模袋充灌工作应循序进行，并配备专人掌控输浆管长度及方向。模袋充灌施工可参照如下步骤进行。

　　(1) 在充灌初期，为了控制充入模袋内的尾矿浆数量，便于模袋纠偏，每次开启渣浆泵的时间约为 1min（见图 10-15）。结合尾砂颗粒沉积规律可知，粗颗粒距离模袋中心最近，反之粒径越细。此时，模袋底部的孔隙没有被沉积尾砂堵塞，粒径小于机织布等效孔径的细尾砂颗粒随自由水从底部机织布孔隙排出模袋。因此，首次充灌模袋时，模袋内较粗的尾砂颗粒基本分布在模袋中心附近，可以起到固定模袋的作用。虽然尾矿浆在模袋内流动过程中，可能会出现受力不均导致的模袋偏移，但由于充入模袋内的尾矿浆数量不大，因此纠正模袋位置相对容易。随着模袋被固定的范围越来越大，充灌时出现滑移的概率逐渐降低，可根据实际情况，适当延长每次开启渣浆泵的时间。

图 10-15　模袋首次充灌

（2）将输浆管逐渐伸入模袋，并调整出浆口方向，参照步骤（1）均匀地向模袋内充灌尾矿浆。每次充灌尾矿浆量不应过大，切记不可只朝向一个位置进行充灌，否则自充灌口喷出的尾矿浆可能会造成模袋破损，甚至可能会由于受力不均发生模袋滑移，且纠正难度极大。当沉积在模袋底部的尾砂厚度达到 2cm 时，认为模袋位置基本固定，可逐渐增大每次的充灌量，但必须保证均匀充灌。当沉积在模袋底部的尾砂厚度达到 5cm 时，调整输浆管长度及方向，先向模袋四角充灌，再向模袋各边充灌，使较粗尾砂颗粒在模袋边界沉积，进一步压实、固定模袋的同时，还能确保模袋内固结尾砂颗粒分布均匀，将模袋荷载均匀传至地基，避免出现偏心荷载。

（3）当沉积在模袋底部的尾砂厚度达到 10cm 时，可以认为模袋已经完全固定。后续的每次充灌，可将模袋充灌至最大高度（1m），如图 10-16（a）所示。在充灌过程中，依据模袋内尾矿浆高度及时调整输浆管在模袋内的长度及方向（见图 10-16（b）），既可避免输浆管被埋在固结尾砂中，又可确保袋内尾砂颗粒均匀分布。随着时间推移，模袋内尾砂颗粒逐渐固结，自由水在静水压力和渗透力作用下，从模袋孔隙排出，如图 10-16（c）所示。

(a) (b) (c)

图 10-16　模袋坝充灌

(a) 充至 1m 高的模袋；(b) 调整输浆管长度及方向；(c) 静水压力和渗透力排水

（4）模袋充灌施工时，为了加快模袋排水，可使用钢管敲击模袋表面（见图 10-17（a）），同时在模袋顶面进行踩排（见图 10-17（b）），破坏附着在模袋内表面的泥膜，增加模袋有效排水面积，提高模袋排水效率。

（5）随着自由水从模袋内排水，模袋内的静水压力逐渐减小。约 1h 后，敲击、踩排增强模袋透水性的效果逐渐减弱。此时，模袋内尾砂出现清晰的分层，即自下而上尾砂粒径逐渐变细，自由水在最上层。于是，可以将充灌袖口打开，使最上层的自由水连同泥颗粒一同排出模袋（见图 10-18）。为了提高模袋内固结尾砂的密实程度，通过充灌袖口排水时，可沿模袋长度方向由两侧向中间踩排，便于排出模袋边缘处的泥颗粒。

(a)　　　　　　　　　　　　　　　　　　(b)

图 10-17　模袋坝充灌后处理
(a) 敲击排水；(b) 模袋踩排

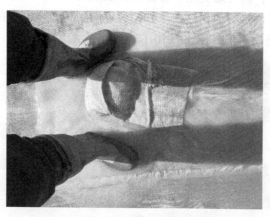

图 10-18　袖口排水

按照上述 5 个步骤，对预制的三个模袋逐层进行充灌施工。当模袋内固结尾砂高度达到 0.8m 时，视为模袋充灌完毕（见图 10-19）。在每层模袋顶部中心放置压力盒（见图 10-20），用于测定尾矿坝运营期间坝体内部竖向应力。利用库区内的粗尾砂，分层回填模袋坝至预定尺寸，并对模袋坝进行修坡。

模袋坝施工优化。

(1) 由孔压监测数据可知，模袋具有较大的密实度，尾砂难以入渗，模袋坝内浸润线较低。然而，若粗尾砂回填层高度过大，库内尾水会向其中渗透，造成回填层破坏（见图 10-21 (d)）。因此，建议在修筑模袋坝时，尽量减少粗尾砂回填层的厚度或增加回填层的密实度，以期提高坝体稳定性。

(2) 缝制模袋时，应在模袋顶面增设充灌口，设置标准可参考每 20m² 设置一个充灌口。如此一来，在充灌施工时可实现多处充灌，既能缩短充灌时间、确保尾砂颗粒均匀，又能增加充灌袖口排水量，缩短模袋固结排水时间。因此，增设充灌口可缩短工期，节约造价。

图 10-19 充灌完毕

图 10-20 布设压力盒

（3）观察模袋内排出浆体，可以发现排出浆体中尾砂颗粒不易固结，这说明排出模袋的尾砂颗粒为黏土颗粒或泥粒，且采用袖口排水时仍有大量泥粒首先排出。因此，建议在缝制模袋时，可适当降低模袋材料克重并适当增大模袋材料等效孔径，以便降低材料成本，节约造价。

10.2.3　四周堆积坝堆筑完成

如图 10-21 所示为堆积坝堆筑完成后，按照图 10-5 所示在四周堆积坝库内插入一根水位尺，将库内滩面视为水位起始点（滩面距库内最底面约为 1m），用于测量排放尾矿浆时的水位变化。将各坝体内部的传感器与采集仪和计算机连接好，当开始将尾矿浆向四周尾矿堆积坝内排放时，启动计算机进行数据采集。

(a)

(b)

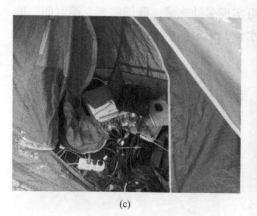

（c）　　　　　　　　　　　　　　　　（d）

图 10-21　加筋尾矿堆积坝整体堆筑完成及数据采集

（a）堆筑完成；（b）四周试验坝；（c）采集数据；（d）水位观测

10.2.4　排浆及沉淀

10.2.4.1　开始排浆工作

从尾矿库排浆主管道到现场堆筑尾矿库内引一根尾矿浆排放管，按照一定流速向试验库内排放尾矿浆。排浆后开始记录测量数据，排浆的流速约为 $100m^3/h$，在库内水位上升过程中，每隔相同时间观察记录库内水位变化情况，在排浆 3h 水位达到设计水位后停止排放尾矿浆，继续观测测量数据，直至某一堆积坝出现溃坝现象，结束观测。如图 10-22 所示为开始向四周堆积坝排浆及数据采集情况。

（a）　　　　　　　　　　　　　　　　（b）

图 10-22　开始向四周堆积坝排浆

（a）开始排浆；（b）结束排浆

10.2.4.2 尾矿浆沉淀后坝体破坏

将尾矿浆排放至试验库后，库内尾水将向四周坝体内渗透，进入坝内的尾水相当于增加了尾砂的重度；同时，在坝内尾水渗透力的带动下，坝内尾砂逐渐向下固结。试验数据采集期间，观测各试验坝的破坏情况，并将观测到的坝体破坏细节列于图 10-23。排浆结束后 2h，在常规坝顶部最先出现由库内向库外扩展的沉降裂缝（见图 10-23（a））；排浆结束后 3h，图 10-23（a）中的裂缝扩展至整个坝顶（见图 10-23（b）），并蔓延至常规坝坝坡（见图 10-23（c））。在此期间，并未观测到格栅坝、土工布坝出现明显破坏。

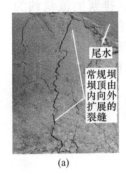
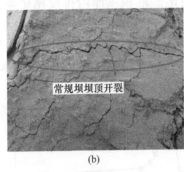

(a)   (b)   (c)

图 10-23　排浆结束 3h 后常规坝破坏细节

数据采集结束时（约排浆后 18h），在土工布坝与常规坝顶部交角处出现裂缝（见图 10-24（a））。在各试验坝内侧坝顶附近，出现不同程度的开裂。常规坝开裂程度最严重，能清晰观察到断层式裂缝（见图 10-24（b））；格栅坝和土工布坝在沿坝体走向方向均出现较长的裂缝（见图 10-24（b）和（c）），且土工布坝破坏现象显著，但二者均未出现断层式裂缝。

(a)   (b)   (c)   (d)

图 10-24　排浆结束 18h 试验坝破坏细节

10.3 现场测量数据分析

在试验开始注浆后，通过水位尺观测库内水位随时间的变化规律，通过预设在3个试验坝传感器监测坝体内部孔隙水压力和内部压力的变化规律，并将常规坝、格栅加筋坝、土工布加筋坝3个试验坝的数据情况进行对比分析。

10.3.1 坝体库内水位分析

通过尾矿库排浆管向四周尾矿堆积坝库内排放尾矿浆，排浆的流量约为100m³/h，在库内水位上升过程中，每隔相同时间记录库内水位变化情况，在排浆3h后直至水位达到设计水位约2.5m，此时水位距坝体最低面约3.5m，停止排放尾矿浆，继续观测库内水位的变化情况直到库内水位基本稳定，四周堆积坝库内水位随时间的变化关系如图10-25所示。

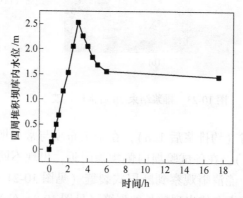

图10-25 四周堆积坝库内水位随时间的变化关系

由图10-25可以发现，在排浆的3h内库内水位随时间基本呈线性上升，此阶段排放尾矿浆流速远大于矿浆向四周试验坝的渗透速率，所以表现出的水位上升速度基本是矿浆的排放流速；在3~6h时间段，库内水位随时间逐渐下降，此阶段矿浆排满向四周试验坝渗透；在6~17.5h（晚上采集时间段）库内水位开始趋于稳定，说明尾矿浆向四周堆积坝的渗透逐渐完成，在数据采集结束后各试验坝内侧坝顶附近，出现不同程度开裂。

10.3.2 坝体内部竖向压力分析

10.3.2.1 坝体不同位置内部压力变化规律

在向四周尾矿坝注浆后，4种类型试验坝的内部压力随时间变化关系如图10-26所示。由图10-26可以发现，前3个试验坝在开始进行测量数据观测后坝体内部压力随观测时间大致变化基本一致，竖直和水平方向内部压力均随时间增大，最后趋于稳定，水平方向压力约为竖直方向压力的 0.5 倍。模袋坝内竖向应力增幅约为 5%，相较于其他试验段尾矿坝，其竖向应力增幅最小。

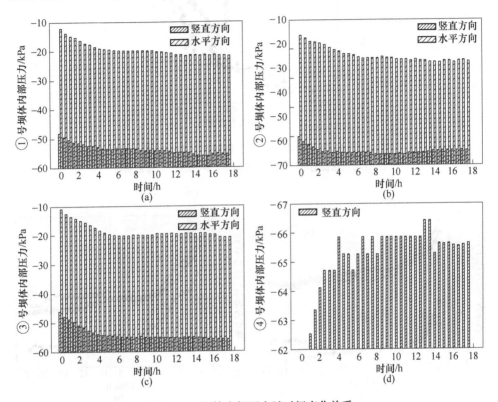

图 10-26 坝体内部压力随时间变化关系

（a）①号土工格栅加筋坝；（b）②号常规坝；（c）③号土工织物加筋坝；（d）④号模袋坝

图 10-27 是根据 3 种不同类型堆积坝中竖直方向和水平方向的实测压力计算出的静止土压力系数 K_0，由图 10-27 可知 K_0 值随着观测时间的持续而增大，最终达到稳定；其中，②号常规坝 K_0 的稳定值为 0.43，①号格栅加筋坝和③号土工布加筋坝 K_0 的稳定值分别为 0.39、0.37；由此可见，加筋尾矿堆积坝的 K_0 稳定值比常规坝的 K_0 稳定值降低约 10%，这说明加筋能够明显调节坝体内部的压力变化。

10.3.2.2 不同尾矿堆积坝内部压力对比分析

图 10-28 所示为开始进行数据测量后 3 种类型堆积坝内部压力随时间的对比情况。由图 10-28 可知，堆积坝竖直方向和水平方向的坝体内部压力在开始进行观测测量数据前 6h（也就是注浆结束后 4h）内变化均较为明显，之后趋于稳定；但二者的区别为水平方向压力相较竖直方向压力在稳定前变化更为剧烈；其中，

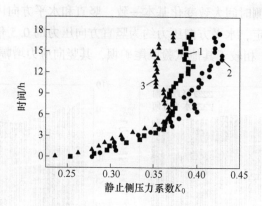

图 10-27 静止侧压力系数随时间变化关系

1—①号格栅加筋坝；2—②号常规坝；3—③号土工布加筋坝

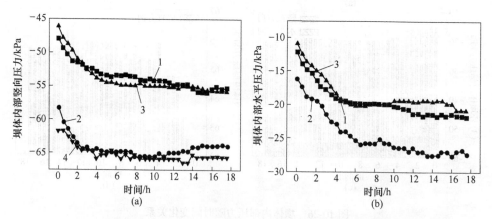

图 10-28 3种尾矿堆积坝内部压力随时间的对比情况

（a）竖直方向；（b）水平方向

1—①号格栅加筋坝；2—②号常规坝；3—③号土工布加筋坝；4—④号模袋坝

②号常规坝相比于①号格栅加筋坝和③号土工布加筋坝的内部压力相差较大，说明加筋可有效降低坝体内部压力；而对比分析①号格栅加筋坝和③号土工织物加筋坝可以发现，土工格栅和土工织物对于加筋尾矿坝内部压力的降低基本一致，说明对尾矿坝进行加筋能够有效降低坝体内部压力，增强尾矿坝的稳定性，但就对改善坝体压力而言，格栅和土工织物的效果大致相差不多。

在4种类型尾矿坝中，模袋坝内的竖向应力最大，且变化幅度最小。模袋充灌时，通过渣浆泵将全尾矿浆充至模袋，袋内尾砂颗粒粒径跨度较大。由于模袋脱水作用，小于机织布等效粒径的尾砂颗粒随自由水排出模袋，袋内尾砂颗粒将在渗透力作用下首先完成固结，并获得了较密实的骨架结构。在上层模袋进行充灌施工时，上层模袋内尾矿浆的压力直接作用于下层模袋。于是，下层模袋的孔隙水再次被挤出，固结尾砂的骨架结构更加密实，进而提高了固结尾砂的重度。随着施工的深入进行，模袋密实度不断提高，因此模袋坝内的竖向应力显著增大。

进一步分析坝体内部压力在整个数据测量过程中的变化情况，具体数据见表10-5。根据表10-5可知，4种类型堆积坝的水平方向坝体内部压力的变化率均大于竖直方向的内部压力，即水平方向的坝体内部压力变化更为敏感，这是由于在整个数据采集过程中坝体内部水分的迁移所导致水平方向压力变化明显于竖直方向压力。

表10-5 坝体内部压力变化情况

数值情况	①号格栅加筋坝/kPa		②号常规坝/kPa		③号土工布加筋坝/kPa		④号模袋坝/kPa
	竖直	水平	竖直	水平	竖直	水平	竖直
初始值	−48.06	−12.17	−58.15	−16.23	−46.08	−10.85	−62.67
稳定值	−55.95	−21.78	−64.97	−27.50	−55.77	−20.77	−65.55
变化率/%	14.10	44.12	10.50	40.98	17.37	47.76	4.59

10.3.3 坝体内部孔隙水压力分析

10.3.3.1 坝体不同位置孔隙水压力变化规律

在向四周尾矿坝注浆后，4种类型试验坝内部孔隙水压力随时间变化关系如图10-29所示。由图10-29可以发现，前3个试验坝在开始进行数据观测后孔压随测量时间的变化基本一致，在观测开始前6h孔压均随测量时间的持续逐渐增大，之后趋于稳定；前3个试验坝靠近库外孔压稳定值约为靠近库内孔压的0.6倍。模袋坝靠近库内处孔压的变化规律与其他三类尾矿坝不同，在监测时间4h内孔压均在0.3kPa以下，这可能是模袋施工时排出的自由水渗入坝基并残留在模袋坝底部所导致的。在监测时间6h，靠近库内的孔隙水压力达到峰值，约为0.6kPa。然而，模袋坝内的自由水继续向含水率较低的固结尾砂处迁移，于是靠近库内处的孔隙水压力逐渐降低，靠近边坡处的孔隙水压力略有增长。

10.3.3.2 不同尾矿坝相同位置孔隙水压力对比分析

分析注浆后4种不同类型堆积坝内部孔隙水压力随时间的对比情况，如图10-30所示。由图10-30可知，②号常规坝孔压稳定值最大，①号格栅加筋坝和③号土工布加筋坝的孔压稳定值相差不大，说明加筋对于尾矿坝内部孔压的"抵制"有很大作用，对尾矿坝进行加筋可有效促进坝体内部水位的降低。进一步对比分析①号格栅加筋坝和③号土工布加筋坝可以发现，土工格栅对于尾矿坝的加筋效果更好一些，这是格栅独特的网口所导致的，使得土工格栅加筋尾矿坝能更有效促进坝体内部水分的排出。在4种类型尾矿坝中，模袋坝底部孔隙水压力最

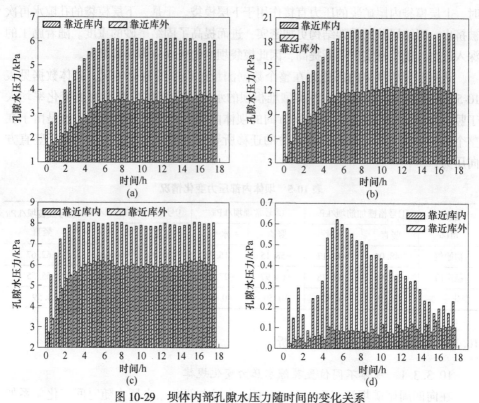

图 10-29   坝体内部孔隙水压力随时间的变化关系

(a) ①号土工格栅加筋坝；(b) ②号常规坝；(c) ③号土工织物加筋坝；(d) ④号模袋坝

小，模袋坝底部最大孔隙水压力约为常规坝的 1/30；靠近边坡处的孔隙水压力较小，随时间增长微弱增加，并稳定在 0.1kPa 左右。

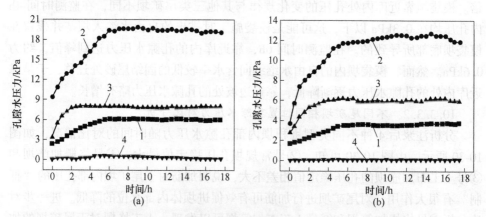

图 10-30   4 种尾矿堆积坝内部孔隙水压力随时间的对比情况

(a) 靠近库内；(b) 靠近库外

1—①号格栅加筋坝；2—②号常规坝；3—③号土工布加筋坝；4—④号模袋坝

进一步分析坝体孔压在整个数据测量过程中的变化情况，具体数据见表 10-6。根据表 10-6 可知，前 3 个堆积坝中，两个加筋坝靠近库内和靠近库外的孔压变化率均比常规坝两个位置处的孔压变化率大，说明加筋能够使坝体内部孔压变化更为敏感。

表 10-6 坝体内部孔压变化情况

数值情况	①号格栅加筋坝/kPa		②号常规坝/kPa		③号土工布加筋坝/kPa		④号模袋坝/kPa	
	库内	库外	库内	库外	库内	库外	库内	库外
初始值	2.33	1.69	9.41	3.74	3.44	2.76	0	0
稳定值	6.05	3.80	19.74	12.52	8.06	6.20	0.2	0.1
变化率	61.48%	55.52%	47.55%	32.62%	57.32%	55.48%	—	—

10.3.3.3 坝体内部浸润线的变化关系

根据 10.3.3.2 节孔压的测量结果，可以估算出 4 种试验坝最终浸润线的变化情况，如图 10-31 所示。由图 10-31 可知，加筋能够较大程度地降低坝体浸润线，其中格栅加筋和土工布加筋对坝体浸润线的影响相差不大，格栅加筋对尾矿坝浸润线的降低效果稍好一些。而模袋法筑坝对坝体浸润线的影响最明显，这是由于模袋内固结尾砂密实度较大，颗粒骨架结构密实，库内尾水很难通过机织布进入固结尾砂。

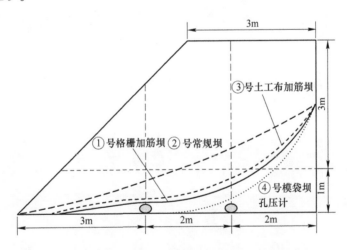

图 10-31 4 种试验坝最终浸润线变化情况示意图

10.4 4 种筑坝方式对比

综合以上分析，对常规筑坝、格栅加筋筑坝、土工布加筋筑坝和模袋筑坝的优缺点进行分析，具体情况见表 10-7。

表 10-7　四种筑坝方式对比

筑坝方式	优点对比	缺点对比	适用范围
常规筑坝	就地取材、施工简单，可满足一般堆积坝筑坝要求	相对加筋稳定性差，堆积坝平均外坡比过于平缓，造成库容浪费	常规尾矿砂堆筑，常用筑坝方法
格栅加筋筑坝	相对常规筑坝，坝体浸润线降低明显，稳定性提高约两成，可适当放大堆积坝外坡比	相对常规筑坝，筑坝施工需每隔一定间距铺设筋材，且筋材有一定造价	加筋要求为主的堆积坝可选择格栅加筋筑坝
土工布加筋筑坝	相对模袋筑坝，工序少，施工方便，造价不高	相对模袋筑坝，坝体浸润线降低和稳定性提高不如模袋坝	除加筋要求，坝体还有反滤要求的堆积坝可选择土工布加筋筑坝
模袋筑坝	坝体浸润线降低最明显、稳定性最好	工序多、施工困难、造价最高	适用于对坝体浸润线和稳定性有较高要求的堆积坝